Dieter Schott (Hrsg.)

Frege: Freund(e) und Feind(e)
Proceedings of the International Conference 2013

Logos Verlag Berlin

Bibliografische Information der Deutschen Nationalbibliothek

Die Deutsche Nationalbibliothek verzeichnet diese Publikation in der
Deutschen Nationalbibliografie; detaillierte bibliografische Daten sind
im Internet über http://dnb.d-nb.de abrufbar.

978-3-8325-3864-4

Logos Verlag Berlin GmbH
Comeniushof, Gubener Str. 47,
D-10243 Berlin
Germany

Tel.:   +49 (0)30 / 42 85 10 90
Fax: +49 (0)30 / 42 85 10 92
http://www.logos-verlag.com

Inhalt – Contents

Nachklang – Closing Remarks

Dieter Schott

Die Gottlob-Frege-Konferenz in Wismar – eine Einführung

Zur Bedeutung von Gottlob Frege

Der große Mathematiker, Logiker und Philosoph GOTTLOB FREGE wurde 1848 in der Hansestadt Wismar geboren und erhielt dort seine Schulausbildung, lehrte nach seinem Studium als Mathematikprofessor an der Universität Jena, verbrachte den Lebensabend in Bad Kleinen und wurde 1925 nach seinem Tod auf dem Ostfriedhof in Wismar beigesetzt.

Nach seiner Promotion und Habilitation auf mathematischem Gebiet wandte FREGE sich der *Begründungsproblematik* der Mathematik zu. Obwohl damals viele Kollegen nicht verstanden, was FREGE bewegte, erwiesen sich seine Forschungen später als äußerst fruchtbar. Ausgehend von der Frage, was natürliche Zahlen eigentlich sind, kam FREGE zu der Überzeugung, dass diese und damit die Arithmetik logische Wurzeln besitzen (*Logizismus*). Er entwickelte dazu auf der Grundlage von logischen Funktionen (Implikation, Negation) und Quantoren (Allquantor) eine (zweiwertige) *axiomatische Logik*, die die veraltete, noch auf ARISTOTELES zurückgehende *Syllogistik* ersetzte. Damit begann ein völlig neues Zeitalter der Logik.

Zur Ausarbeitung seiner Logik betrieb FREGE auch sprachphilosophische Studien, die später die Entstehung der *Analytischen Philosophie* stark beförderten. Die bekannte RUSSELLsche Antinomie zeigte aber, dass eines seiner logischen Axiome zu einem logischen Widerspruch führte. Dieses Dilemma traf FREGE schwer, weil er sein Lebenswerk zerstört sah. Heute benutzen wir FREGEs Logik, die dieser in seiner originellen zweidimensionalen *Begriffsschrift* notierte, in moderner Schreibweise und mit einer geeigneten Modifizierung der Axiomatik weiter. Ohne eine solche Logik wäre die spektakuläre Entwicklung der Computertechnik (*Informatik*) gar nicht möglich gewesen. FREGE stand am Anfang einer Entwicklung, die in einen großen *Grundlagenstreit* auf dem Gebiet der Mathematik mündete, aus dem sich viele neue Sichtweisen auf diese Wissenschaft ergaben und der die Entwicklung der *Wissenschaftstheorie* entscheidend befeuerte. Noch heute sind FREGEs Ideen Ausgangspunkt für fruchtbare Weiterentwicklungen und streitbare Diskussionen. Das wurde auf der FREGE-Konferenz in Wismar noch einmal eindrucksvoll bestätigt.

Zur Frege-Tradition in Deutschland

Nachdem die Ideen von GOTTLOB FREGE zunächst im englisch-amerikanischen Sprachraum aufgegriffen und weiterentwickelt wurden, begann man in den 70-er Jahren des 20. Jahrhunderts auch in Deutschland, seine Leistungen stärker zu würdigen und seine Werke aufzuarbeiten. Es wurden wiederholt *Symposien* und *Kolloquien* zum FREGE-Erbe abgehalten. Zwei *internationale Konferenzen* fanden im Mai 1979 an der Universität Jena und im September 1984, von der Universität Jena organisiert, in Schwerin statt. Von Schwerin aus besuchten die Teilnehmer auch FREGE-*Gedenkstätten* in Wismar und Bad Kleinen.

Seit 1987 werden um Wismar herum jährlich FREGE-Wanderungen veranstaltet, die die Erinnerung an diesen hervorragenden Repräsentanten der Stadt auch in der Öffentlichkeit wach halten sollen. Anlass ist die Tatsache, dass FREGE noch im fortgeschrittenen Alter den etwa 500 km langen Weg zwischen seiner Wirkungsstätte an der Universität Jena und seiner Heimatstadt Wismar in den Semesterpausen zu Fuß bewältigte.

In Wismar wandte man sich anlässlich des 150. Geburtstages von FREGE im Jahre 1998 mit Vorträgen und anderen Veranstaltungen wieder verstärkt seinem großen Sohn zu .

Im Jahre 2000 wurde das GOTTLOB-FREGE-*Zentrum* an der Hochschule Wismar gegründet, das neben dem FREGE-Erbe auch die Verbesserung der Mathematikausbildung im Fokus hat. Seitdem hat sich eine fruchtbare Zusammenarbeit zwischen den Stadtvertretern und der Hochschule bei der FREGE-Ehrung entwickelt. Seit 2009 steht eine Büste von GOTTLOB FREGE im Skulpturenpark an der Marienkirche. Die Gedenktafel wurde vom GOTTLOB-FREGE-Zentrum gestiftet (siehe Abb. 1).

Da das FREGE-Zentrum die Tradition der FREGE-Konferenzen nicht abreißen lassen wollte, lud es interessierte Kollegen aus aller Welt in die Hansestadt Wismar ein. Aus Anlass des 165. Geburtstages von FREGE fand dort vom 12. bis zum 15. Mai 2013 die 3. Internationale Konferenz auf deutschem Boden statt. Im Vorfeld war gerade ein Buch über FREGE unter maßgeblicher Mitwirkung von Wismarer Autoren erschienen, das neben FREGEs Leistungen auch historische, kulturelle und touristische Aspekte seines Wirkens berücksichtigte (siehe Literatur [1] am Ende des Beitrages).

Abb. 1: Frege-Büste

Zur Frege-Konferenz in Wismar

Die Frege-Konferenz 2013 in Wismar war ein großer Erfolg. Das örtliche Organisationskomitee wurde maßgeblich von BERTRAM KIENZLE vom Institut für Philosophie der Universität Rostock, der das Programmkomitee leitete, unterstützt. Ich möchte den Mitgliedern des Organisationskomitees, des Programmkomitees, den Sponsoren, den Rednern und allen Teilnehmern für ihr großes Engagement ausdrücklich und herzlich danken. Informationen zum genannten Personenkreis findet man vor allem im Anhang. Der Erfolg hat uns in dem Vorhaben beflügelt, neben den zur Konferenz vorliegenden, aber unvollständigen elektronischen Proceedings auch eine gedruckte Form im Nachgang zu produzieren. Für viele Kollegen ist ein Buch doch noch greifbarer und vorzeigbarer als eine elektronische Datei. Die Publikationen sind gemäß der zeitlichen Abfolge im Vortragsprogramm angeordnet. Sie lehnen sich in der Regel zwar stark an die Vorträge an, weichen aber teilweise davon ab. Neben formalen Änderungen (z.B. des Titel) gibt es auch Unterschiede im Inhalt. Je nach dem Zeitbudget der Autoren liegen gekürzte oder inhaltlich weiterentwickelte Beiträge vor. Nur eines der Grußworte wurde in den Band aufgenommen.

Die umfangreichen Diskussionen der Tagung können hier nicht eingefangen werden. Trotzdem habe ich versucht, durch Zusatzinformationen in meinem Resümee und im Anhang die Atmosphäre und das Umfeld der Konferenz zu charakterisieren. Dem Logos-Verlag Berlin danke ich für die gute Zusammenarbeit bei der Umsetzung dieser Proceedings.

Eine Besonderheit der Konferenz war die Nutzung zweier Sprachen. Während sonst auf internationalen Tagungen Englisch gesprochen wird, konnten die Teilnehmer hier selbst entscheiden, ob sie deutsch oder englisch vortragen wollten. Auch in den Diskussionen wurden beide Sprachen eingesetzt. Diese Parallelität zeigt sich erneut im Titel der Proceedings und in den vorliegenden Beiträgen. Bei FREGE-Experten kann man in der Regel davon ausgehen, dass sie die Werke von GOTTLOB FREGE im Original studieren.

Literaturverweis

[1] **Schott, D. (Hg.)**: *Gottlob Frege - ein Genius mit Wismarer Wurzeln. Leistung - Wirkung - Tradition.* Leipziger Universitätsverlag, Leipzig 2012.

Dieter Schott als Herausgeber
Wismar, November 2014

Benedikt Löwe

Grußwort – Welcoming Address

der Deutschen Vereinigung für Mathematische Logik und für Grundlagenforschung der exakten Wissenschaften (DVMLG)

Sehr geehrter Herr Minister Brodkorb,
sehr geehrter Herr Senator Berkhahn,
sehr geehrter Herr Präsident Dr. Zielenkewitz,
sehr geehrter Herr Prorektor Wollensak,
liebe Kollegen Schott und Kienzle,
dear colleagues and friends,

I should like to extend the most cordial welcome to the participants of the conference *Frege: Freunde und Feinde* in my role as the president of the *Deutsche Vereinigung für mathematische Logik und für Grundlagenforschung der exakten Wissenschaften* (DVMLG), one of the sponsors of this conference. It is a great honour to greet so many eminent scholars here in Wismar, and it is a particular joy for me to do so at a conference in honour of Gottlob Frege, a remarkable thinker at the crossroads between mathematical logic and the foundations of the exact sciences.

Since it is likely that very few of the participants know much about the DVMLG, let me give a brief description of our association and explain why addressing the participants of a conference on Gottlob Frege is so special for me and the association. The DVMLG represents the fields of logic and philosophy of science both as the national representation at the international level and as a voice of the research community in discussions with policy makers (such as leaderships of universities, ministries, and funding agencies). Mathematical logic and philosophy of science have been traditionally linked very closely; in the 1950s, an international discussion involving (among others) Evert W. Beth, Alonzo Church, and Alfred Tarski (cf. [1]) resulted in the decision to have a *Division of Logic, Methodology and Philosophy of Science* (DLMPS) in the *International Union for History and Philosophy of Science* (IUHPS) jointly representing these two fields; our association is the German voice in this institution.

The view that logic and philosophy of science should be treated as one field are not just a historical curiosity, but is still very relevant for the DVMLG in particular and our entire field in general. In addition to the obvious positive effects of interdisciplinarity, this heritage comes with a number of practical consequences: mathematical logic and philosophy of science, even if intimately connected, belong to different academic cultures, and the history of the DVMLG has its share of culture clashes between the mathematical and the philosophical cultures. Additional culture clashes emerged when in the 1980s, computer science became an important discipline with a considerable overlap with the community that Beth, Church and Tarski had in mind, but yet another, rather distinct disciplinary culture. In recent years, the DVMLG has returned to embracing the holistic views of the 1950s that resulted in the marriage of philosophy of science and logic, conceived as a broad interdisciplinary subject, nowadays including mathematicians, philosophers, and computer scientists, as well as some disciplines that were not foreseen as part of the community in the 1950s, such as computational linguistics and cognitive science.

In Christian Frege's presentation yesterday evening, we saw the memorial plaque in Böttcherstraße 2a where Frege's birth house was located. It calls Frege a "mathematician and philosopher" and stresses that Frege's work made "elektronische Datenverarbeitung" (meaning "computer science" in modern terms) possible (see Figure 1).

Mathematics, philosophy, computer science are the three fields in whose intersection the DVMLG finds its intellectual home; Gottlob Frege's work was central to the development of our understanding of our own research area. Studying Frege's work and Frege's interaction with his contemporaries, both friends and enemies, gives us an insight into a formative period of the development of our own field, and I am greatly looking forward to the contributions at this conference and wish us all a productive time here in Wismar.

Figure 1: Memorial plaque at the location of Frege's former birth house

Bibliography

[1] **van Ulsen, P.**: *The Birth Pangs of DLMPS*. Online document published on the website of the Division for Logic, Methodology and Philosophy of Science of the International Union for History and Philosophy of Science and Technology (DLMPS/IUHPST), 2010.

Author

Prof. Dr. Benedikt Löwe
Deutsche Vereinigung für Mathematische Logik und für Grundlagenforschung der exakten Wissenschaften (DVMLG)
Fachbereich Mathematik der Universität Hamburg
Bundesstraße 55
D-20146 Hamburg
Germany
Email: bloewe@science.uva.nl

Hans Sluga

Wie Frege zu Sinn und Bedeutung kam

Im Jahre 1892 veröffentlichte Gottlob Frege seinen Aufsatz „Über Sinn und Bedeutung" im 100. Band der *Zeitschrift für Philosophie und philosophische Kritik*. Er ist bis heute seine meist gelesene, meist übersetzte, und auch am meisten wiedergedruckte Arbeit. Der Aufsatz nimmt insbesondere in der englischsprachigen philosophischen Literatur eine wichtige Stellung ein. Der ursprüngliche Anstoß dazu kam von Bertrand, der 1903 in einem Anhang zu seinen *Principles of Mathematics* Freges Gesamtwerk ausführlich besprach und dabei auch seine Unterscheidung von Sinn und Bedeutung unter die Lupe nahm. Zwei Jahre später unterzog Russell in seinem Aufsatz „On Denoting" Freges Bedeutungstheorie noch einmal einer kritischen Analyse und legte dabei seine eigene Alternative zu dieser Theorie vor. Auch in Ludwig Wittgenstein *Tractatus* und ebenso in seinen *Philosophischen Untersuchungen* finden sich immer wieder Hinweise auf Freges Bedeutungstheorie. Im Jahre 1948, 56 Jahre nach der ursprünglichen Veröffentlichung, erschien der Aufsatz „Über Sinn und Bedeutung" dann als erster ins Englische übertragener Text Freges in der renommierten amerikanischen Zeitschrift *Philosophical Review* ([1], S. 207-230). Die Übersetzung stammte von Max Black, der eng mit Wittgenstein liiert war und auf dessen Inspiration diese Übersetzung möglicherweise zurückgeht. Im folgenden Jahr erschien gleich eine zweite englische Übersetzung von Herbert Feigl in dem Sammelband *Readings in Philosophical Analysis* ([2], S. 85-102). Feigl stand wiederum Rudolf Carnap nahe und schloss sich terminologisch an Carnaps Diskussion von Freges Aufsatz in seinem 1947 erschienenen Buch *Meaning and Necessity* an. Inzwischen ist die Literatur zu Freges Aufsatz fast unübersehbar geworden.

Das fortdauernde Interesse an Freges Aufsatz ist allerdings verständlich, denn er behandelt eine Reihe von wichtigen und originellen Themen.

1. **ein Rätsel:** Warum sind manche Identitätssätze trivial, aber andere informativ? Während „Der Morgenstern ist der Morgenstern" ein trivialer und, in der Tat, analytisch wahrer und sogar logisch wahrer Satz ist, drückt „Der Morgenstern ist der Abendstern" eine empirische Erkenntnis aus.

2. **eine einfache Erklärung:** Wir müssen zwei verschiedene Komponenten in unserem umgangssprachlichen Bedeutungsbegriff unterscheiden, die Frege respektive „Sinn" und „Bedeutung" nennt. Die Ausdrücke „der Morgenstern" und „der Abendstern" haben zwar dieselbe Bedeutung (sie sind beide Bezeichnungen für den Planeten Venus), aber nicht denselben Sinn. Ein Identitätssatz von der Form „A = B" ist analytisch wahr und daher trivial, wenn die beiden Ausdrücke „A" und „B" denselben Sinn haben; er ist wahr, wenn sie beiden dieselbe Bedeutung haben; er ist nicht analytisch und nicht logisch wahr, wenn sie zwar dieselbe Bedeutung, aber verschiedenen Sinn haben.

3. **eine gewagte Annahme:** Frege wendet seine Unterscheidung von Sinn und Bedeutung auf Sätze an und kommt dabei zu dem Schluss, dass alle wahren Sätze dieselbe Bedeutung haben. Er nennt diese Bedeutung „das Wahre"; alle falschen Sätze bedeuten dagegen nach ihm „das Falsche". Es scheint daraus zu folgen, dass ein Satz in jedem Satzzusammenhang durch einen anderen mit dem gleichen Wahrheitswert ersetzt werden kann, ohne die Bedeutung des Ganzen zu ändern.

4. **ein versuchter Nachweis:** Zu dieser letzten Annahme gibt es aber Gegenbeispiele. Frege dabei weist auf „Nebensätze" hin, die nicht ohne Bedeutungsänderung des ganzen Satzes miteinander ersetzt werden können. Zu diesen gehören insbesondere Sätze, die in ungerader Rede gebraucht werden. „Adam glaubt, dass der Morgenstern mit dem Morgenstern identisch ist" mag wahr sein während „Adam glaubt, dass der Morgenstern mit dem Abendstern identisch ist" falsch ist, obwohl die beiden Nebensätze den gleichen Wahrheitswert haben. Frege versucht nun seine Annahme rechtfertigen, indem er eine Übersicht über die verschiedene Arten der Einbettung von Nebensätzen gibt und zu zeigen versucht, dass er alle mit seiner Annahme in Übereinstimmung bringen kann. Er schließt: „Hieraus geht wohl mit hinreichender Wahrscheinlichkeit hervor, dass die Fälle, wo ein Nebensatz durch einen anderen desselben Wahrheitswertes ersetzbar sind, nichts gegen unsere Ansicht beweisen, der Wahrheitswert sei die Bedeutung des Satzes, dessen Sinn ein Gedanke ist." ([3], S. 162)

5. **eine überraschende Schlussfolgerung:** Dieser Nachweis gelingt ihm aber nur dadurch, dass er annimmt, dass Sätze in ungerader

Rede ihre Bedeutung wechseln; ihr normaler Sinn funktioniert in diesem Falle als ihre Bedeutung.

Jedes dieser Themen ist noch heute von philosophischem Interesse. Freges Rätsel („Frege's puzzle", wie es in englischsprachigen Veröffentlichungen heißt) beschäftigt noch immer die philosophische Literatur. Dabei geht es um zweierlei: erstens, die Frage, wie das Rätsel zu lösen sei; zweitens darum, wie Freges Darstellung dieses Rätsels zu verstehen sei. Freges Semantik von Sinn und Bedeutung ist zwar umstritten, gilt aber bis heute als eine der paradigmatischen Formen der Bedeutungstheorie. Sie bleibt dabei auch von historischem Interesse durch ihre enge Beziehung zu den alternativen Bedeutungs-Konzeptionen, die von Russell und Wittgenstein entwickelt worden sind. Bis heute umstritten ist Freges Versuch, Wort- und Satzsemantik zu vereinheitlichen. Während Frege glaubt, seine These, dass Sätze Wahrheitswerte bedeuten, nur als wahrscheinlich erweisen zu können, hat es in der neueren Literatur verschiedentliche Versuche gegeben, einen strikten Beweis für diese These zu konstruieren. Die zustande gekommenen „sling-shot"-Argumente sind auch weiterhin in der Diskussion. Schließlich besteht auch noch heute großes Interesse an Freges Überlegungen zu Sätzen in ungerader Rede und insbesondere in modalen und intentionalen Kontexten. Der Aufsatz „Über Sinn und Bedeutung" ist in jeder dieser Beziehungen von fortdauernder philosophischer Relevanz. Es ist nicht erstaunlich, dass viele Leser nur diese eine Arbeit Freges kennen. Frege gilt für sie daher vornehmlich als ein Sprachphilosoph und Bedeutungstheoretiker.

Das ist allerdings eine Fehlinterpretation. Frege hat *auch* über Sprache und Bedeutung nachgedacht. Aber seine diesbezüglichen Überlegungen haben einen breiteren Zusammenhang. Denn der Aufsatz „Über Sinn und Bedeutung" gehört zu einer Reihe von Schriften um 1891-92, in denen Frege seine ursprünglichen Überlegungen zur Logik, wie er sie in seiner *Begriffsschrift* von 1879 dargestellt hatte, substantiell modifizierte und erweiterte. „Über Sinn und Bedeutung" muss als organischer Bestandteil von Freges Gesamtwerk verstanden werden. Dieses Gesamtwerk hat Frege dem Wissenschaftshistoriker Ludwig Darmstaedter noch ganz spät in den folgenden Worten beschrieben:

„Von der Mathematik ging ich aus. In dieser Wissenschaft schien mir die dringlichste Aufgabe einer besseren Grundlegung zu bestehen... Bei solchen Untersuchungen war die logische

Unvollkommenheit der Sprache hinderlich. Ich suchte Abhilfe in meiner Begriffsschrift. So kam ich von der Mathematik zur Logik. Das Eigenartige meiner Auffassung der Logik wird zunächst dadurch kenntlich, dass ich den Inhalt des Wortes 'Wahr' an die Spitze stelle... Ich gehe also nicht von den Begriffen aus und setze aus ihnen den Gedanken oder das Urteil zusammen, sondern ich gewinne die Gedankenteile durch Zerfällung des Gedankens." ([4], S. 273)

Wir können diese Bemerkungen mit dem Vorwort von Freges *Begriffsschrift* von 1879 zusammenstellen. Aus beiden Texten geht hervor, dass Frege sich Zeit seines Lebens vornehmlich als ein Philosoph der Mathematik betrachtete, dass es ihm zeitlebens um die Grundlegung der Mathematik ging. Dabei nahm er von der Zeit der *Begriffsschrift* bis ungefähr 1915 an, dass die Arithmetik im leibnizschen Sinne eine erweiterte Logik sei. Diese Annahme hatte ihn in der *Begriffsschrift* zu Ausarbeitung seiner neuen Logik bewogen. Durch diese Arbeit sah er sich aber auch gezwungen, bedeutungstheoretische Überlegungen anzustellen. Diese stellen also, historisch betrachtet, nur einen Baustein in Freges Werk dar.

„Über Sinn und Bedeutung" entstand in einer Zeit ungewöhnlicher wissenschaftlicher Produktivität in Freges Leben. Zu keiner anderen Zeit hat Frege so viele Arbeiten auf einmal geschrieben und veröffentlicht, nämlich

„Über das Trägheitsgesetz" (Rezension, 1891),
Funktion und Begriff (1891),
„Über Sinn und Bedeutung" (1892),
„Über Begriff und Gegenstand" (1892),
„Georg Cantor, Zur Lehre vom Transfiniten" (Rezension, 1892),
„Anmerkungen zu Sinn und Bedeutung" (um 1892, unveröffentlicht).

Wir müssen uns fragen: Was ist die Stellung von „Über Sinn und Bedeutung" in Bezug auf diese anderen Arbeiten? Dabei erweist sich, dass Freges Hauptarbeit in dieser Periode die Monographie *Funktion und Gegenstand* ist und dass alle anderen Arbeiten dieser Periode Ableger oder Beiprodukte dieser Monographie sind. Das gilt auch für den Aufsatz „Über Sinn und Bedeutung." Er muss also mit Bezug auf *Funktion und Begriff* gelesen werden.

Freges *Funktion und Begriff* war das Resultat langjähriger Überlegungen. Es war ihm daher wichtig, dass die Arbeit als separate Monographie und nicht nur als Zeitschriftenaufsatz erschien. Er hatte allerdings Schwierigkeit, einen Verleger zu finden. Anfang 1891 verhandelte er mit dem Breslauer Verleger Wilhelm Koebner. Die Monographie erschien dann endlich by H. Pohle in Jena. Zuvor hatte sich Frege allerdings schon an den ihm von Jena her als Kollegen bekannten Herausgeber der *Zeitschrift für Philosophie* gewandt. Er hatte Richard Falckenberg im Juni 1890 vorgeschlagen, einen Aufsatz zum Thema Sinn und Bedeutung zu schreiben – d.h. zu einem Teil der Thematik, die ihn auch in *Funktion und Begriff* beschäftigte hatte. Falckenbergs Antwort deutet an, dass Frege zu diesem Zeitpunkt den Aufsatz „Über Sinn und Bedeutung" erst konzipiert hatte. Er antwortete auf Freges Angebot: „Die Logische Abhandlung über Sinn und Bedeutung nehme ich, wenn sie nicht gar zu umfangreich ausfällt, gern und mit Freuden an." ([5], S. 48) „Über Sinn und Bedeutung" war also das Resultat einer relativ kurzfristigen Arbeit. Die *Zeitschrift für Philosophie* war dabei kaum ein ideales Medium für die Veröffentlichung von Freges neuen logischen Einsichten. Sie war hauptsächlich philosophiehistorischen Themen aus dem Umkreis des deutschen Idealismus gewidmet. Freges Aufsatz stellte daher ein Unikum in der *Zeitschrift* dar und blieb zunächst einmal ohne philosophisches Echo. Er ist eigentlich erst durch seine Rezeption in der englischsprachigen Philosophie und durch seine Bedeutung für Wittgenstein und Carnap bekannt geworden.

Im Gegensatz zu dem Aufsatz „Über Sinn und Bedeutung", der sich nur mit eine Facette von Freges neuen Überlegungen zur Logik befasste, beschäftigt sich die Monographie *Funktion und Begriff* Freges Gesamtprogramm. In ihr geht es (so schreibt Frege im Vorwort) um „die grundlegenden Definitionen der Arithmetik" und „Beweise" und wie sie in der Begriffsschrift ausgedrückt werden können ([6], S. 125). Dazu sind allerdings „einige Ergänzungen und neue Fassungen" in der Begriffsschrift, i.e., Freges Logik, nötig, wie es im ersten Paragraphen der Arbeit heißt. Und diese verlangen wiederum. dass man in genauer Weise „Form und Inhalt, Zeichen und Bezeichnetes" unterscheidet ([6], S. 126).

Was trägt „Über Sinn und Bedeutung" nun genau zu der Diskussion in *Funktion und Gegenstand* bei? Am folgenreichsten ist sicher die ausführliche Erörterung der These, dass Sätze Wahrheitswerte bedeuten. Diese These hatte Frege zunächst in *Funktion und Gegenstand* aufgestellt; er hat sie aber dann erst in „Über Sinn und Bedeutung" detailliert dargelegt und verteidigt. Die These erlaubte ihm, Begriffe als Wahrheitsfunktionen aufzufassen, und sie vereinheitlichte so seine gesamte Logik in einer Funktionstheorie. Schon in *Begriffsschrift* hatte er den Begriff der Funktion als grundlegend für seine neue Logik bezeichnet, aber es war erst mit der Einführung der Wahrheitsfunktionen, dass er diese Behauptung konkretisieren konnte. Die Unterscheidung von Sinn und Bedeutung erlaubte Frege, zweitens, zu rechtfertigen, dass er seine Logik als eine rein extensionale Theorie konzipierte (und daher auch keine Modallogik brauchte). Nach Frege spricht die Unterscheidung von Sinn und Bedeutung (für Begriffswörter) „sehr zugunsten der Logiker des Umfangs." ([7], S. 128) Frege konnte nun, drittens, auch argumentieren, dass sowohl der Sinn von Sätzen wie ihre Bedeutung „objektiv" sind. Er konnte Logik so als eine objektive Wissenschaft verstehen, was ihm in seiner Auseinandersetzung mit dem modernen Psychologismus ein wichtiges Anliegen war. Wesentlich war ihm hier das Bemühen von „Über Sinn und Bedeutung" zwischen subjektiven Vorstellungen und objektivem Sinn zu unterscheiden. „Objektivität" hieß ihm dabei so viel als „intersubjektive Zugänglichkeit." Von entscheidender Wichtigkeit war ihm aber schließlich, viertens, dass die Unterscheidung von Sinn und Bedeutung ihm erlaubte seine ursprüngliche Auffassung von Identitätssätzen zu modifizieren.

Frege hatte seine *Begriffsschrift* von 1879 auf der Basis der Leibnizschen Konzeption einer *Lingua Characterica* konstruiert. Er hatte dabei auch Teile seiner frühen Bedeutungstheorie von Leibniz übernommen und dies wird insbesondere in seinen Bemerkungen über den Identitätsbegriff deutlich. Frege schreibt bekanntermaßen in seiner *Begriffsschrift*: „Die Inhaltsgleichheit unterscheidet sich dadurch von der Bedingtheit und Verneinung, dass sie sich auf Namen, nicht auf Inhalte, bezieht." ([8], S. 13) Bei Leibniz heißt es nun ganz ähnlich aber in einer etwas zweideutigen Formulierung: „Wenn da A und B sind und A geht in irgendeinen wahren Satz ein und, indem man darin an irgendeiner Stelle für A B einsetzt, ein neuer Satz entsteht und dieser ebenso wahr ist... sagt man, A und B seien dieselben." ([9], S. 315) Um zwischen analytischen und synthetischen Identitätsurteilen zu unterscheiden, differenziert Frege in der *Begriffsschrift* zwischen dem Inhalt eines Zeichens und seiner „Bestimmungsweise". In

Bezug auf informative Identitätssätze schreibt er: „Hieraus geht hervor, dass die verschiedenen Namen für denselben Inhalt nicht immer bloß eine gleichgültige Formsache sind, sondern dass sie das Wesen der Sache selbst betreffen, wenn sie mit verschiedenen Bestimmungsweisen zusammenhängen." ([8], S. 15) Leibniz erklärt nun im gleichen Sinne in seinem „Dialog über die Verbindung zwischen Dingen und Worten" : „Es besteht unter den Zeichen, besonders wenn sie gut gewählt sind, eine Beziehung oder Ordnung, die einer Ordnung in den Dingen entspricht... Denn wenngleich die Charaktere also solche willkürlich sind, so kommt dennoch in ihrer Anwendung und Verknüpfung etwas zur Geltung was nicht mehr willkürlich ist." ([10], S.19-20) Während die Bedeutungen von „lux" und „fero" zum Beispiel willkürlich sind, gilt dies nicht mehr für „lucifer."

Nach Freges *Begriffsschrift* ist nun ein wahrer Identitätssatz der Form „A = B" im Kantischen Sinne synthetisch, wenn die beiden Namen „A" und „B" mit verschiedenen Bestimmungsweisen zusammenhängen; das heißt, wenn „A" und „B" aus verschiedenen Einzelnamen und/oder in verschiedener Weise konstruiert sind. Daraus folgt nun aber, dass arithmetische Gleichungen von der Form „A = B" nur dann analytische Wahrheiten ausdrücken, wenn „A" und „B" mit derselben Bestimmungsweise zusammenhängen. Und das bedeutet nun, dass die meisten arithmetischen Gleichungen nur höchstens synthetisch a priori im Kantischen Sinne sein können. Damit wäre natürlich Freges These widerlegt, dass Arithmetik eine erweiterte Logik sei. Das Leibnizsche Programm einer Zurückführung der Arithmetik auf Logik wäre damit zunichte gemacht. Frege müsste sich in seiner versuchten Grundlegung der Mathematik auf eine kantische Position oder gar eine empiristische zurückziehen.

Um seine logizistischen These aufrecht zu erhalten, sah sich Frege nach 1884 gezwungen, ein neues Axiom seiner *Begriffschrift* von 1879 hinzu zufügen. Wir können dieses Axiom (Freges „Grundgesetz V") so formulieren:

$$\acute{\varepsilon}(f\varepsilon) = \acute{\alpha}(g\alpha) \quad = \quad (\mathrm{a})(f\mathrm{a} = g\mathrm{a}). \tag{1}$$

Dieses Axiom wäre aber nun nach der Identitätstheorie der *Begriffschrift* „im Kantischen Sinne" selbst ein synthetisches Urteil und also keine logische Wahrheit.

In *Funktion und Begriff* suchte Frege diese Konsequenz nun zu umgehen, indem er eine Unterscheidung von Sinn und Bedeutung einführte. Er behauptete demgemäß, dass in der Gleichung

$$\acute{\varepsilon}(\varepsilon^2 - 4\varepsilon) = \acute{\alpha}(\alpha(\alpha - 4)) \quad = \quad (x)(x^2 - 4x = x(x - 4)) \tag{2}$$

die beiden Teilformeln

$$\acute{\varepsilon}(\varepsilon^2 - 4\varepsilon) = \acute{\alpha}(\alpha(\alpha - 4)) \quad \text{und} \quad (x)(x^2 - 4x = x(x - 4)) \tag{3}$$

„denselben Sinn" ausdrücken, „aber in anderer Weise." Aber die Gleichung (2) ist nur ein Spezialfall von Grundgesetz V (siehe (1)). Nach Frege müssen die beiden Teilformeln von Grundgesetz V

$$\acute{\varepsilon}(f\varepsilon) = \acute{\alpha}(g\alpha) \quad \text{und} \quad (a)(fa = ga) \tag{4}$$

nicht nur die gleiche Bedeutung haben – anders wäre die Gleichung falsch; sie müssen auch denselben Sinn haben, wenn Grundgesetz V logisch wahr sein soll. Axiom (1), d.h. Grundgesetz V, stellt nun die Umwandlung einer Äquivalenzbeziehung in eine Identitätsbeziehung dar. Die beiden Seiten von (1) drücken nach Frege denselben Gedanken aus (aber bestimmen ihn in verschiedener Weise). Grundgesetz V ist also eine logische Wahrheit.

Um seine logizistische These zu retten, musste Frege also seine neue Identitätstheorie konstruieren. Diese Konzeption erläuterte er nun auf den ersten Seiten von „Über Sinn und Bedeutung". Er erklärte den neuen „Sinn" Begriff dadurch, dass er zwischen dem von einem Zeichen Bezeichneten und der „Art des Gegebenseins des Bezeichneten" unterschied. Diese Unterscheidung ist aber wesentlich kantischen Ursprungs. Das paradoxe Resultat war also, dass Frege von einer ursprünglich von Leibniz inspirierten Bedeutungs- und Identitätstheorie auf eine von Kant inspirierte umwechselte, um seine wiederum von Leibniz inspirierte und gegen Kant gerichtete logizistische Konzeption der Arithmetik aufrecht zu erhalten. Aber das war noch nicht das Ende der Geschichte. Im Jahre 1902 entdeckte Frege auf Russells Hinweis hin, dass sein Grundgesetz V unhaltbar war, weil es die Ableitung von mengentheoretischen Widersprüchen erlaubte. Nach Versuchen, das Axiom zu modifizieren, gab Frege schließlich den gesamten Versuch auf, die Arithmetik von seiner Logik abzuleiten. Er kehrte nun zu der von ihm lange abgewiesenen Auffassung Kants zurück, nach der die arithmetischen Gleichungen synthetisch a priori sind. Sein spätes Fragment über die „Erkenntnisquellen der Mathematik und der mathematischen Naturwissenschaften" zeigt, wie stark er sich am Ende den Annahmen der Kantischen Philosophie angeschlossen hat. Wir können also insgesamt eine Entwicklung Freges von einer wesentlich an Leibniz orientierten Position zu einer an Kant orientierten feststellen.

Dies beeinflusste auch die Weise, wie er in späten Jahren seine Theorie von Sinn und Bedeutung beurteilte. Während diese Theorie zu Anfang ganz im Dienst seiner logizistischen Grundlegung der Arithmetik gestanden hatte, betrachtete er sie in seinen letzten Jahren zunehmend als ein unabhängiges Ergebnis seiner Forschung – wie er auch Ludwig Darmstaedter klar zu machen versuchte. Frege selbst bahnte so die Bewertung seines Aufsatzes „Über Sinn und Bedeutung" an, die sich heute durchgesetzt hat. Freges Logizismus hat jetzt nur noch wenige Anhänger; seine Aussagen- und Prädikatenlogik sind zum großen Teil in die heutige Praxis der Logik integriert. Als philosophisch diskussionswert bleibt also hauptsächlich nur Freges Bedeutungstheorie.

Literaturverzeichnis

[1] **Frege, G.**: *Sense and Reference*. Philosophical Review, Bd. 57, 148, 1948.

[2] **Frege, G.**: *On Sense and Nominatum*. Readings in Philosophical Analysis, hgg. von Herbert Feigl and Wilfred Sellars, Appleton-Century-Crofts: New York 1949.

[3] **Frege, G.**: *Über Sinn und Bedeutung*. Kleine Schriften, hgg. von Igancio Angelleli, Georg Olms, Hildesheim 1967.

[4] **Frege, G.**: *Aufzeichnungen für Ludwig Darmstaedter*. Nachgelassene Schriften, hgg. von Hans Hermes u.a., Felix Meiner, Hamburg 1969.

[5] **Frege, G.**: *Wissenschaftlicher Briefwechsel*, hgg. von Gottfried Gabriel u.a., Felix Meiner, Hamburg 1976.

[6] **Frege, G.**: *Funktion und Begriff*. Kleine Schriften, hgg. von Igancio Angelleli, Georg Olms, Hildesheim 1967.

[7] **Frege, G.**: *Anmerkungen über Sinn und Bedeutung*. Nachgelassene Schriften, hgg. von Hans Hermes u.a., Felix Meiner, Hamburg 1969.

[8] **Frege, G.**: *Begriffsschrift und andere Aufsätze*, 2. Auflage, hgg. von Igancio Angelelli, Georg Olms, Hildesheim 1964.

[9] **Leibniz, G. W.**: *Fragmente zur Logik*, hgg. und übersetzt von Franz Schmidt, Akademie Verlag, Berlin 1960.

[10] **Leibniz, G. W.**: *Dialog ueber die Verknuepfung zwischen Dingen und Worten.* Hauptschriften zur Grundlegung der Philosophie, hgg. von Ernst Cassirer, übersetzt von A. Buchenau, Felix Meiner, Leipzig 1924.

Autor

Prof. Dr. Hans Sluga
Department of Philosophy
University of California
314 Moses Hall #2390
Berkeley, CA, 94720-2390, USA
Email: sluga@berkeley-edu

David Zapero

Zwischen Fehler und Unsinn.
Über Freges Kritik des Psychologismus

Freges ausführlichste Auseinandersetzung mit dem Psychologismus findet man in seinem Vorwort zu den *Grundgesetzen der Arithmetik* (1893-1894), wo er, wie schon in früheren Werken, den « verderblichen Einbruch der Psychologie in die Logik » ([1], S. XIV) beklagt und sich mit einer energischen Kritik an der sogenannten Vermischung des Logischen und des Psychologischen gegen einen solchen Einfluss, bzw. gegen den Psychologismus, wendet. Doch diese in dem Vorwort zu den *Grundgesetzen* formulierte Kritik ist nicht einfach, wie man es erwarten könnte, eine detailliertere Darstellung oder eine gründlichere Rechtfertigung der Kritik, die Frege schon in früheren Werken zum Ausdruck gebracht hat. Es stellt sich heraus, dass diese ausführliche Auseinandersetzung mit dem Psychologismus in den *Grundgesetzen* neue Elemente in seine Psychologismus-Kritik einbringt, die sich aber nicht ganz mit den schon vorhandenen versöhnen lassen und dass sich somit Freges Ablehnung des Psychologismus nicht so leicht festlegen lässt, wie man es an hand der früheren Werke gedacht hätte.

So scheint die Kritik der *Grundgesetze*, auf der einen Hand, mit der in früheren Werken formulierten Kritik in Einklang zu stehen. Wie auch in früheren Werken, tritt die Kritik des Psychologismus im Vorwort der *Grundgesetze* als ein Widerlegungsversuch auf. Es handelt sich zunächst, auch bei ihr, um einen Versuch den Psychologismus folgenden Fehlers zu überführen.

Der Psychologismus erhebt den Anspruch, dass die Gesetze der Logik psychologische Gesetze sind oder zumindest von solchen begründet werden. Doch mit dieser Auffassung der Logik, als ein Teilbereich der Psychologie, oder zumindest als eine auf die Psychologie begründete Disziplin, stützt sich der Psychologismus Frege zufolge auf einen Doppelsinn des Wortes « Gesetz »:

> « Der Doppelsinn des Wortes 'Gesetz' ist hier verhängnisvoll. In dem einen Sinne besagt es, was ist, in dem andern schreibt es vor, was sein soll. Nur in diesem Sinne können die logischen Gesetze Denkgesetze genannt werden, in dem sie festsetzen, wie

gedacht werden soll. [...] Das Wort 'Denkgesetz' verleitet zu der Meinung, diese Gesetze regierten in derselben Weise das Denken, wie die Naturgesetze die Vorgänge der Außenwelt. Dann können sie nichts anderes als psychologische Gesetze sein; denn das Denken ist ein seelischer Vorgang. Und wenn die Logik mit diesen psychologischen Gesetzen zu tun hätte, so wäre sie ein Teil der Psychologie. Und so wird sie in der Tat [vom Psychologismus] aufgefasst. » ([1], S. XV)

So würde der Fehler des Psychologismus darin bestehen, dass er zwei kategorial grundlegend verschiedene Gegenstände verwechsle. Er trenne nicht sachgemäß die faktischen oder psychologischen Gesetze, mit denen sich unsere tatsächliche Denktätigkeit beschreiben lässt, von den logischen Gesetzen, die vorschreiben wie gedacht werden soll, wenn man richtig denken möchte.

Dabei begehe der Psychologismus letzten Endes den Fehler das Wahrsein nicht vom Fürwahrhalten zu unterscheiden. Denn sobald an diesem Unterschied konsequent festgehalten werde, würde man erkennen, dass die Gesetze der Logik keine psychologischen Gesetze seien und auch nichts mit diesen zu tun haben können. Das Fürwahrhalten lässt sich anhand von deskriptiven Gesetzen beschreiben: solche Gesetze, wenn es sie gibt, erfassen wie wir tatsächlich Denken und sind somit durchaus psychologische Gesetze. Doch sie wären eben nur deskriptiv: sie würden nur beschreiben wie wir tatsächlich Denken und was wir tatsächlich für wahr halten. Sie könnten eben nicht erklären, *warum* etwas für wahr gehalten werden *soll*.

Nun kann der psychologische Logiker durchaus behaupten er erkläre auch *warum* etwas für wahr gehalten wird. Ihm zufolge liegen letzten Endes die Gründe dafür, dass wir gewisse Sätze für wahr halten und andere nicht, dass gewisse Sätze sich ausschließen und andere nicht, in unserem psychischen Apparat. Die psychologischen Gesetze, die diesen beschreiben, würden erklären warum etwas (für uns) als wahr gilt: es wäre letzten Endes unsere psychische Funktionsweise, die der Grund sei warum etwas wahr ist oder nicht - wobei der psychologische Logiker jegliches Wahrsein einschränken und zumindest implizit als ein Wahrsein für uns Menschen auffassen muss.

Doch Frege zufolge wird hierbei das Wahrsein nicht richtig vom Fürwahrhalten unterschieden. Denn was der psychologische Logiker als Gründe anführt, sind keine wirklichen Gründe. Unsere faktischen Denkprozesse kann man vielleicht anhand von psychologischen Gesetzen erklären und somit Gründe angeben weshalb sie so sind wie sie sind und nicht anders. Aber die Gründe, die benötigt werden um einen wahren Satz zu begründen, müssen ganz andere sein. Die Gründe des Wahrseins sind gänzlich unabhängig von dem was wir tatsächlich über den wahren Satz denken mögen, d.h. ob wir ihn für wahr halten. Die Gründe des Wahrseins, d.h. die logischen Gründe, betreffen nicht wie faktisch gedacht wird, und auch nicht was faktisch als wahr gilt, sondern sie beziehen sich darauf, wie gedacht *soll*, wenn man die Wahrheit eines Satzes erkennen will.

Die Gründe des Wahrseins sind somit normativ in einem Sinn in dem es die Gründe des Fürwahrhaltens nicht sind. Und so versucht auch Frege von Anfang an den Fehler des Psychologismus darin zu sehen, dass dieser die normative Dimension der logischen Gesetze übersehe und sie auf die bloß faktische Dimension der psychologischen Gesetze zurückzuführen versuche. Das zentrale Problem ist dann, die Eigentümlichkeit dieser normativen Dimension zu fassen, denn auch der Psychologismus kann zumindest den Anschein aufrecht erhalten, dass er eine Unterscheidung zwischen Faktischem und Normativen treffe. So kann der psychologistische Logiker problemlos behaupten, dass die Gesetze der Logik vorschreiben wie gedacht werden soll. Die Normativität erhalten die logischen Gesetze dem Psychologismus zufolge eben daher, dass es die Gesetze des normalen Denkens sind: um normal oder richtig zu Denken, müsste man sich an die Gesetze der Logik halten. Zwar wären die logischen Gesetze ein Spezialfall für die Psychologie, da diese Disziplin alle Gesetze des Urteilens, ob richtige oder falsche zu erforschen hat, aber dies heiße noch lange nicht, dass sie nicht auch psychologische Gesetze wären.[1]

Frege will in seiner Kritik aufzeigen, dass hiermit die Normativität der logischen Gesetze nicht sachgemäß gefasst worden ist. Denn der psychologistische Logiker kann zwar das normale menschliche Denken als Norm festlegen und dann, aufgrund einer solchen Festlegung, die Gesetze des normalen Denkens als normative Gesetze auffassen. Doch die Normativität die diesen Gesetzen dann zukommt, entspringt einer Quelle die ihnen völlig äußerlich ist. Es sind nicht die Gesetze an sich normativ, sondern ihre Normativität wird von dem psychologistischen Logiker selbst im Voraus festgelegt. D.h. wenn wir uns an die Gesetze der Logik halten *sollen*, wenn diese nicht bloß Gesetze sind an die wir uns tatsächlich halten, sondern Gesetze, die etwas vorschreiben, dann weil der psychologistische Logiker

---

[1]In seiner eigenen ausführlichen Auseinandersetzung mit dem Psychologismus, einige Jahre nach der fraglichen Auseinandersetzung Freges, hebt Husserl diesen Punkt besonders hervor ([4], § 19, S. 53-54).

ihnen unbemerkt, durch die Hintertür, eine solche Bedeutung zugemessen hat. Wenn eine wirkliche Überschreitung dieser Gesetze möglich ist, wenn eine Überschreitung nicht einfach als eine andere Form des Denkens, sondern als eine fehlerhafte oder illegitime betrachtet werden kann, dann weil man ihnen heimlich eine normative Kraft hat zukommen lassen. Diese normative Kraft ist aber von den psychologischen Gesetzen grundlegend unterschieden. An sich besitzen die psychologischen Gesetze keineswegs die Mittel um irgendetwas einzufordern und irgendein Sollen mit sich zu ziehen. Das Sollen kommt ihnen von einem uneingestandenem Zugeständnis des psychologistischen Logikers zu und bleibt ihrem Wesen deshalb gänzlich fremd.

Um den psychologistischen Logiker bei einem solchen Manöver zu ertappen, setzt sich Frege mit der Möglichkeit auseinander, dass es Wesen gebe, deren Denkweisen unseren logischen Gesetzen widersprechen. Insofern der Psychologismus die Geltung der logischen Gesetze auf unsere tatsächliche Denktätigkeit begründen und somit den Geltungsbereich dieser Gesetze auf uns einschränken will (« die » logischen Gesetze sind letzten Endes immer *unsere* logischen Gesetze; das Wahrsein ist letzten Endes immer ein Wahrsein *für uns*), lässt er die Möglichkeit offen, dass für andere Wesen auch andere logische Gesetze gelten könnten.

> « [Der psychologistische Logiker] bezweifelt ihre unbedingte, ewige Geltung und will sie einschränken auf unser Denken, wie es jetzt ist. [...] Danach bliebe die Möglichkeit offen, dass Menschen oder sonstige Wesen entdeckt würden, die unsern logischen Gesetzen widersprechende Urteile vollziehen könnten. » ([1], S. XVI)

Der springende Punkt besteht für Frege darin, dass der psychologische Logiker, angesichts einer solchen Situation, deren Möglichkeit für sein Standpunkt grundlegend ist, nicht die Frage zulassen könnte, wer nun denn Recht hätte, oder gar worin die Unstimmigkeit bestehen würde. Denn dadurch würde er gerade den Maßstab einführen, den er in Frage stellen will, d.h. einen Maßstab des Wahrseins, der von jeglichem faktischen Fürwahrhalten unabhängig ist. Wenn es einen Widerspruch zwischen unseren logischen Gesetzen und denen der fremden Wesen gäbe, dann weil es auch einen von diesen zwei Standpunkten unabhängigen Maßstab gäbe mit dem der Widerspruch festgelegt werden könnte. Doch gerade dies will der psychologistische Logiker in Frage stellen; denn die Möglichkeit, der er Raum zu verschaffen versucht, ist die eines Denkens demzufolge ein Widerspruch in etwas anderem bestehe als was es für unser Denken ist. Ein Widerspruch kann für ihn verschiedenes sein: was wir als einen Widerspruch auffassen, muss nicht auch für andere Wesen ein Widerspruch sein. Von was für einem Standpunkt aus könnte er dann noch festlegen, dass es zwischen jenem Denken und dem unseren einen Widerspruch gibt? Er muss sich damit begnügen festzustellen, dass diese fremde Wesen anders Denken; dass sich, faktisch gesehen, ihre Denkprozesse anders abspielen. Jeglichem Bezug auf Widerspruch oder Recht oder Unstimmigkeit muss er sich aber enthalten, denn die Grundlage auf deren er solche Urteile fällen könnte hat er aufgegeben.

Und damit stellt sich dann auch die Frage, inwiefern noch bei solchen fremden Wesen von einem Denken die Rede sein kann. Denn die sogenannten Denkweisen dieser Wesen würden sich nicht in Bezug zu unseren Denkweisen setzen lassen, da sie mit diesen weder übereinstimmen noch ihnen widersprechen könnten. Doch wenn kein Bezug zu ihnen hergestellt werden kann, wenn sie sich nicht mit dem vergleichen lassen, was wir Denken nennen, anhand welchen Maßstabes würden wir noch von einem Denken sprechen können? So bemerkt auch Frege an diesem Punkt:

> « Wie aber, wenn sogar Wesen gefunden würden, deren Denkgesetze den unsern geradezu widersprächen und also auch in der Anwendung vielfach zu entgegengesetzten Ergebnissen führten? [...] Ich würde sagen: Da haben wir eine bisher unbekannte Art der Verrücktheit. » ([1], S. XVI)

Man könnte meinen, dass Frege das Denken solcher fremden Wesen als Verrücktheit verurteilt, weil es nicht unseren Denkgesetzen folgt. Doch dies kann kaum gemeint sein, denn es geht ihm ja gerade darum, ein Szenario in Betracht zu ziehen, dass gerade darin besteht, dass die Geltung unserer logischen Gesetze als begrenzt anerkannt wird und daneben noch andere, unterschiedliche logische Gesetze ihre eigene Geltung haben. Diese anderen logischen Gesetze im Vorhinein als illegitim oder verrückt zu verurteilen würde einfach einer Weigerung gleichkommen über das fragliche Szenario zu reflektieren. Wenn Frege hier von dem Denken fremder Wesen als einer Verrücktheit spricht, dann eher um diesem Szenario irgendetwas abgewinnen zu können. Denn da dieses mutmaßliche Denken sich nicht mit dem unseren vergleichen oder mit ihm in Bezug setzen lässt, könnte es kaum als ein Denken identifiziert werden. Eher würde es als eine Verrücktheit erkannt werden.[2]

---

[2]Wobei die Tatsache, dass Frege diese Inkommensurabilität als eine Verrücktheit auffasst, darauf hin-

An diesem Punkt angekommen, könnte man meinen, dass Frege mit dieser Argumentation die vom Psychologismus vorgeschlagene Möglichkeit leugnen möchte und den Psychologismus dadurch widerlegen will. Doch es stellt sich schnell heraus, dass Frege einen solchen Schritt nicht macht. Lieber als darauf zu bestehen, dass die vom psychologistischen Logiker vorgestellte Möglichkeit gar keine ist, dass es keine unseren Denkgesetzen widersprechende Denkgesetze geben kann, und dass die uns bekannten logischen Gesetze somit nicht relativ sind, wie der Psychologismus meint; d.h. lieber als dem Psychologismus zu widersprechen, reflektiert Frege über den Sinn von dem was der Psychologismus behauptet:

> «... diese Unmöglichkeit, die für uns besteht, das Gesetz zu verwerfen, hindert uns zwar nicht, Wesen anzunehmen, die es verwerfen; aber sie hindert uns, anzunehmen, dass jene Wesen darin Recht haben; sie hindert uns auch, daran zu zweifeln, ob wir oder jene Recht haben. Wenigstens gilt das von mir. Wenn Andere es wagen, in einem Atem ein Gesetz anzuerkennen und es zu bezweifeln, so erscheint mir das als ein Versuch, aus der eigenen Haut zu fahren, vor dem ich nur dringend warnen kann.» ([1], S. XVI)

Frege zieht zunächst die Möglichkeit in Betracht, dass es andere Wesen gibt, die unsere logischen Gesetze verwerfen. Doch unmittelbar danach betont er, dass es ihm nicht darum ginge eine solche Betrachtung zu widerlegen. Er würde eher auf die Merkwürdigkeit der Betrachtung hinweisen wollen, denn sie würde den Versuch gleichkommen « aus der eigenen Haut zu fahren ».

Frege gibt also hier den Versuch auf, die vom Psychologismus vorgestellte Möglichkeit zu leugnen und somit die damit verbundene Relativitätsthese zu widerlegen. Doch dies ist nicht zwangsläufig ein Geständnis an den Psychologismus. Ganz im Gegenteil. Denn Frege setzt sich mit der Eigentümlichkeit der in Betracht gezogenen Möglichkeit auseinander, und weist auf ihren problematischen Status hin (« man würde versuchen aus der eigenen Haut zu fahren »). Die vom Psychologismus in Betracht gezogene Möglichkeit ist ihrem Wesen nach keine wirkliche Möglichkeit. Denn sie ist ja gar kein möglicher Gedanke. Einerseits möchte der psychologistische Logiker darauf bestehen, dass die Geltung unserer Logik in einer uns

---

deutet, dass er nicht die letzten Folgen seines Gedankenganges erkannt hat. Denn die Verrücktheit hat noch das Stigma der Illegitimität, während die Verschiedenheit hier eben nichts Illegitimes oder Verrücktes an sich haben kann. Es ist einfach eine andere Vorgehensweise, eine andere Lebensform. (Vgl. [5], § 143-152)

unbekannten Weise begrenzt sein mag. Doch gleichzeitig gibt er zu – es ist der Kern seiner Hypothese, zumindest wenn er ein wirklicher, konsequenter psychologistischer Logiker ist –, dass die von ihm in Betracht gezogene Möglichkeit kein möglicher Gedanke ist: die Verwerfung unserer logischen Gesetze ist nicht etwas, was wir denken könnten. Allein wenn die vorgestellte Möglichkeit kein Gegenstand eines möglichen Gedankens ist, was für eine Möglichkeit ist sie dann? Was für eine Möglichkeit wird gedacht, wenn sie nicht gedacht werden kann? Die Antwort, die hier naheliegt ist: gar keine.

Die grundlegende Idee, die an dieser Stelle in Freges Psychologismus-Kritik zum Ausdruck kommt ist folgende. Man könnte meinen, der psychologistische Logiker schreite bis an die Grenze des Denkbaren, um dann einfach darauf hinzuweisen, dass es noch etwas außerhalb des Denkbaren geben kann.[3] Dieses Jenseits kann zwar nicht gedacht werden, aber man kann auf es hinweisen. Doch Frege stellt gerade eine solche Auffassung des Standpunktes des psychologistischen Logikers in Frage, denn er setzt sich damit auseinander, was für einem Sinn dem « können » zukommt, wenn man behauptet man könne sich ein Jenseits des Denkbaren vorstellen. Da dieses mutmaßliche Denken seinem Wesen nach nicht gedacht werden kann, stellt sich die Frage, *was* hier genau gedacht wird. Der Psychologismus kann versuchen hier einen Ausweg zu finden, in dem er, wie wir es implizit in den vorherigen Formulierungen getan haben, zwischen Denken und Vorstellen unterscheidet. Eine andere Logik kann zwar von uns nicht gedacht werden – gerade in dieser Unmöglichkeit liegt ja auch ihre radikale Verschiedenheit –, aber sie kann trotzdem von uns als eine Möglichkeit vorgestellt werden.

Freges Auseinandersetzung mit dem Begriff des Gedankens, vor allem natürlich in dem Aufsatz *Der Gedanke* (1918, [2]), dient gerade dazu, sich gegen solche Unterscheidungsversuche des Psychologismus (und des Skeptizismus überhaupt) zu wenden. Es geht Frege dabei darum, den problematischen Status eines solchen Vorstellens, dass etwas zu denken versucht was seinem Wesen nach nicht gedacht werden kann, aufzuzeigen. Um seinen Standpunkt zu schärfen, begrenzt Frege den Begriff des Gedankens so, dass er sich nur auf das bezieht, « bei dem überhaupt Wahrheit in Frage kommen kann » ([2], S. 33). Damit will er auch die letzten Konsequenzen aufzeigen, die der eigentümliche Standpunkt des Psychologismus mit sich zieht. Der psychologistische Logiker kann sich natürlich ein Jenseits des

---

[3]Vgl. hierzu die wichtige Analyse von James Conant in [6].

Denkbaren vorstellen, wenn man mit « Vorstellung » die Ereignisse des psychischen Lebens meint; er kann das Gefühl haben etwas zu meinen, er kann der Überzeugung sein auf etwas hinzuweisen. Doch der springende Punkt ist der, dass sein Standpunkt einer ist, bei dem Wahrheit eben *nicht* in Frage kommen kann. D.h. die Frage ob sein Standpunkt wahr oder falsch ist, lässt sich hier eben nicht stellen, sie ist fehl am Platz, weil sein Standpunkt sich weder als wahr noch als falsch herausstellen *kann*. In diesem Sinn, wird auch nichts ausgesagt (es kommt kein Gedanke zum Ausdruck), denn es wird nur dann etwas ausgesagt, wenn dieses etwas dem Maßstab der Wahrheit entspricht. Was nicht heißt, dass es wahr ist, sondern dass es *entweder* wahr *oder* falsch ist; dass es relevant ist von Wahrsein oder Falschsein in Bezug auf diesen Satz zu sprechen. Und gerade dies ist beim Psychologismus nicht der Fall. Er ist von daher nicht so sehr ein falscher Standpunkt, als einem bei dem kein Gedanken zum Ausdruck kommt, bzw. nichts ausgesagt wird. Er ist nicht so sehr falsch als unsinnig.

Insofern ist das, was er in Betracht zieht, nämlich die Existenz einer anderen Logik, nicht einfach eine Unmöglichkeit, wenn damit eine Betrachtung gemeint ist, die erst erwägt wird um dann als unmöglich verworfen und zurückgewiesen zu werden. Der grundlegende Punkt ist, dass hier keine wirkliche Betrachtung zustande kommt, weil eine wirkliche Betrachtung – was Frege einen *Gedanken* nennt – einen *Anspruch* auf Wahrheit erheben, bzw. sich als entweder als wahr oder falsch herausstellen können muss. Das Szenario des psychologistischen Logikers ist also kein Gedanke, der sich als unmöglich herausstellt. Es ist einfach kein Gedanke. Und somit ist das Szenario weder möglich noch unmöglich (vgl. vor allem [5], S. 89, §132). Es ist unsinnig.

Diese besonders in den *Grundgesetzen* zutage tretende Seite der fregeschen Psychologismus-Kritik kann äußerst positivistisch erscheinen. Frege, so scheint es, wendet sich gegen die Hypothesen des Psychologismus in einer besonders radikalen Weise indem er sie nicht nur einfach als falsch zu widerlegen sondern als durchweg unsinnig zu verurteilen versucht. Doch das Gegenteil ist der Fall. Durch die dargestellte Radikalisierung distanziert sich Freges Kritik vom Positivismus und bildet eher den Übergang zu einer ganz anderen philosophischen Position. Für den Positivisten wird ein Standpunkt als unsinnig verurteilt, wenn er die Grenzen des Denkens oder der Sprache überschreitet. Bei Carnap z.B. sind diese Grenzen die logische Syntax, und so vertritt er den Standpunkt, dass bei einer Überschreitung der logischen Syntax, nichts ausgesagt wird [7]. Doch Freges

Position, zumindest an Stellen wie die gerade analysierte, ist grundlegend verschieden. Denn sie wendet sich gerade gegen die Vorstellung, dass das Denken Grenzen hätten, die überschritten werden können. Wenn etwas keinen Sinn macht, wenn in einem Satz kein Gedanke zum Ausdruck kommt, so wie in dem Fall der vom psychologistischen Logiker vorgeschlagenen Hypothese, dann nicht weil irgendeine Norm des Denkens, irgendeine Grenze des Denkbaren, überschritten wurde. Man hat es einfach nicht zustande gebracht mit einem Satz einen Gedanken auszudrücken.

D.h., ob in einem Satz ein Gedanke zum Ausdruck kommt oder nicht ist keine Frage, die mit Bezug auf irgendwelche dem Gedanken vorausliegende Normen beantwortet werden kann. Eher wird diese Frage von Frege als eine behandelt, die eine grundlegende Ebene betrifft, die selbst nicht wieder begründet werden kann. Von daher wird auch nie der Versuch unternommen, Kriterien ausfindig zu machen, die festlegen, was ein möglicher Gedanke ist. Ganz im Gegenteil, Frege betont eher, dass scheinbar fehlerhaften logischen Konstruktionen oft ein einwandfreier Gedanke zugemessen kann. So kann z.B. der Satz « Triest ist kein Wien » daher fehlerhaft erscheinen, weil ein Gegenstand (nämlich Wien) als Prädikat benützt und so gegen den kategorialen Unterschied zwischen Begriff und Gegenstand verstoßen wird. Aber Frege betont, dass uns nichts daran hindert, « Wien » in einem solchen Satz als Begriff zu benützen (d.h. « eine Stadt wie Wien » zu meinen) und es somit mit einem einwandfreien, vollständigen Gedanken zu tun zu haben (vgl. [3], S.55). Der springende Punkt dabei ist, dass die Frage, ob wir es bei einem solchen Satz mit einem Gedanken zu tun haben oder nicht, *nicht* mit Bezug auf im Vorhinein festgesetzte Regeln festgelegt werden kann. Somit kann die Frage nur durch eine Auseinandersetzung mit dem konkreten Gebrauch beantwortet werden (z.B. der Bedeutung der man « Wien » beimisst). Entweder man hat einen Satz in sinnvoller Weise gebraucht oder nicht. Wenn aber nicht, dann ist er nicht einfach fehlerhaft weil er gegen irgendwelche Regeln verstoßen hat. Er hat dann keinen Gedanken zum Ausdruck gebracht und ist unsinnig. Es ist deshalb auch unsinnig, sich gegen ihn zu wenden. Man muss sich eher fragen, was wohl gemeint sein könnte. Und dies scheint Frege eben an manchen Stellen in seiner Auseinandersetzung mit dem Psychologismus zu tun.

Literaturverzeichnis

[1] **Frege, G.**: *Grundgesetze der Arithmetik.* Band I. Georg Olms, Hildesheim 1966.

[2] **Frege, G.**: *Der Gedanke.* In: Logische Untersuchungen. Vandenhoeck & Ruprecht, Göttingen 1966.

[3] **Frege, G.**: *Begriff und Gegenstand.* In: Funktion, Begriff, Bedeutung. Fünf logische Studien. Vandenhoeck & Ruprecht, Göttingen 2008.

[4] **Husserl, E.**: *Logische Untersuchungen.* Max Niemeyer Verlag, Tübingen 1993.

[5] **Wittgenstein, L.**: *Bemerkungen zu den Grundlagen der Mathematik.* Suhrkamp, Frankfurt a.M. 1984.

[6] **Conant, J.**: *The Search for Logically Alien Thought: Descartes, Kant, Frege, and the 'Tractatus'.* In: Philosophical Topics 20,1 (1992).

[7] **Carnap, R.**: *Überwindung der Metaphysik durch logische Analyse der Sprache.* In: Erkenntnis 2,4 (1932).

Autor

Dr. David Zapero

Université de Paris 1

Panthéon-Sorbonne

Département de philosophie

17, rue de la Sorbonne

Paris, France

Email: david.zapero-maier@ens.fr

Mario Harz

Logik, Musik und Gott lobt Frege in C-Dur

Logik und Musik

Ingolf Max [4] definiert die *Negation* von Akkorden als Vertauschungsoperation von mindestens zwei Intervallen

$$\neg\langle x_1, \ldots, x_n \rangle = \langle x_n, \ldots, x_1 \rangle,$$

die in der Form „$+x$" angegeben werden, wobei „x" eine natürliche Zahl ist. Der Negationsoperator „$\neg$" angewandt auf das geordnete Paar eines Durdreiklangs in Grundstellung mit der Großterz $+4$ und der Kleinterz $+3$ als Intervalle, d.h. für Abstände zwischen 2 Tönen in Schritten auf der chromatischen Tonleiter, liefert also einen Molldreiklang in Grundstellung mit der Kleinterz $+3$ und der Großterz $+4$:

$$\neg\langle +4, +3 \rangle = \langle +3, +4 \rangle.$$

Die Negation als Vertauschungsoperator zu verwenden ist motiviert durch die funktionale Semantik von „$\neg$", die man als Vertauschung der Positionen von 0 und 1 auffassen kann, denn für die Bewertungen V gilt:

V(p) = 1 genau dann, wenn V($\neg$p) = 0
V(p) = 0 genau dann, wenn V($\neg$p) = 1

$$
\begin{array}{cc}
p & \neg p \\
1 & 0 \\
0 & 1
\end{array}
$$

Innerhalb der Relationslogik (siehe Borkowski [1], S. 249) gibt es einen Operator, der die *Konverse „Cnv`"* einer Relation bildet und sich ebenfalls auf geordnete Paare bezieht:

$$Cnv\grave{\ }R\langle y, x \rangle = R\langle x, y \rangle.$$

Die Konverse liefert genauso wie die Negation von Ingolf Max eine Vertauschung. Setzen wir für x und y die obigen Intervalle ein, so erhalten wir:

$$Cnv`R\langle +4, +3\rangle = R\langle +3, +4\rangle.$$

Wir fassen den Begriff „Durdreiklang in Grundstellung" als zweistellige Relation $R\langle +4, +3\rangle$ auf und schreiben $Dg^2\langle +4, +3\rangle$. Das Dg steht für Dur in Grundstellung und der Exponent für das zweistellige Intervall. Ebenso schreiben wir für den Begriff „Molldreiklang in Grundstellung" den Ausdruck $Mg^2\langle +3, +4\rangle$. Somit erhalten wir in der Kurzschreibweise die funktionale Form:

$$Mg^2 = Cnv`Dg^2.$$

Der Molldreiklang ist die Konverse des Durdreiklangs, ebenso gilt die Umkehrung:

$$Dg^2 = Cnv`Mg^2.$$

So wie die Negation der Negation wieder das Inputpaar

$$\neg\neg\langle +4, +3\rangle = \langle +4, +3\rangle$$

bildet, so ergibt die Konverse der Konverse ebenfalls das Inputpaar, d.h. es gilt:

$$Cnv`Cnv`Dg^2 = Dg^2,$$
$$Cnv`Cnv`Mg^2 = Mg^2.$$

Eine Variante der *Konjunktion* von Akkorden verkettet zwei geordnete Paare auf folgender Weise:

$$\langle +4, +3\rangle \wedge \langle +3, +4\rangle = \langle +4, +3, +4\rangle.$$

Motiviert ist dies durch die Substitutionsregel

$$A \wedge A \equiv A$$

der Aussagenlogik. D.h., diese Konjunktion fügt die benachbarten gleichen Intervalle $+3$ und $+3$ wieder zusammen zu $+3$. Wir schreiben nun die Konjunktion als Operator für zwei geordnete Paare in Analogie zur obigen

Negation:

$$\wedge(\langle+4,+3\rangle,\langle+3,+4\rangle) = \langle+4,+3,+4\rangle.$$

Wir erhalten also aus der Konjunktion von Dg^2 und Mg^2 einen übermäßigen Durseptvierklang. So wie die Negation in Analogie zur Konverse der Relationslogik zu sehen ist, sehen wir bei der Konjunktion von Akkorden eine Analogie zum relativen Produkt von Relationen, das man in folgender Form schreiben kann:

$$x\ Conv\grave{}\,R;\ R\ x = \exists(y)\ x\ Conv\grave{}\ R\ y \wedge y\ R\ x.$$

Diese Form deuten wir so:

$$+4Dg^2; Mg^2+4 = \exists(+3)\ +4Dg^2+3 \wedge +3Mg^2+4.$$

So wie die Negation angewandt auf einen Durseptvierklang

$$\neg\langle+4,+3,+4\rangle = \langle+4,+3,+4\rangle$$

mit symmetrischen Intervallstrukturen invariant bleibt, gilt dies auch für die Konverse des relativen Produktes als Darstellungsform für einen Durseptvierklang:

$$Cnv\grave{}\,(+4Dg^2; Mg^2+4) = \grave{}\,(+4Dg^2; Mg^2+4).$$

Gott lobt Frege in C-Dur

Nun kommen wir zur Idee der Vertonung von logischer Syntax. Ein Axiom von Frege in seiner Begriffsschrift lautet

$$p \to \neg\neg p.$$

Dabei ist „$\to$" das Symbol for die logische *Implikation*. Das ist äquivalent zur Schreibweise

$$\neg(p \wedge \neg\neg\neg p)$$

unter alleiniger Verwendung von Negation und Konjunktion. Der aussagenlogischen Syntax ordnen wir nun Intervalle zu:

Tab. 1: Das p dient als Input für das frei wählbare Startintervall Dg^2 $\langle +4, +3\rangle$, hier vertikal geschrieben.

Tab. 2: Die erste Negationsanwendung auf p rechts liefert Mg^2 $\langle +3, +4\rangle$.

Tab. 1:

	Dg^2					Dg^2
	+3					+3
	+4					+4
¬	(p	∧	¬	¬	¬	p)

Tab. 2:

	Dg^2				Mg^2	Dg^2
	+3				+4	+3
	+4				+3	+4
¬	(p	∧	¬	¬	¬	p)

Tab. 3: Die zweite Negationsanwendung auf die erste Negation liefert wieder $Dg^2\langle +4, +3\rangle$.

Tab. 4: Die dritte Negationsanwendung auf die zweite Negation ergibt wieder $Mg^2\langle +3, +4\rangle$.

Tab. 3:

	Dg^2			Dg^2	Mg^2	Dg^2
	+3			+3	+4	+3
	+4			+4	+3	+4
¬	(p	∧	¬	¬	¬	p)

Tab. 4:

	Dg^2			Mg^2	Dg^2	Mg^2	Dg^2
	+3			+4	+3	+4	+3
	+4			+3	+4	+3	+4
¬	(p	∧	¬	¬	¬	p)

Tab. 5: Die Konjunktionsanwendung auf p links und die dritte Negation ergeben einen Durseptvierklang $+4Dg^2; Mg^2 + 4$.

Tab. 6: Die Negationsanwendung auf das Konjunktionsresultat bleibt invariant und liefert wieder $+4Dg^2; Mg^2 + 4$.

Tab. 5:

	Dg^2	$Dg^2;$ Mg^2	Mg^2	Dg^2	Mg^2	Dg^2
		+4				
	+3	+3	+4	+3	+4	+3
	+4	+4	+3	+4	+3	+4
¬	(p	∧	¬	¬	¬	p)

Tab. 6:

$Dg^2;$ Mg^2	Dg^2	$Dg^2;$ Mg^2	Mg^2	Dg^2	Mg^2	Dg^2
+4		+4				
+3	+3	+3	+4	+3	+4	+3
+4	+4	+4	+3	+4	+3	+4
¬	(p	∧	¬	¬	¬	p)

Tab. 7: Die Starttonauswahl ist frei wählbar für jede Spalte, wir haben uns für die einfache Variante von c für alle Spalten entschieden. Töne und Tonlagen sind frei wählbar, um kreativ zu sein und mit Umstellungen bei der Ausarbeitung der Partitur arbeiten zu können. Festgelegt durch das Startintervall ist nur die Intervallstruktur!

Tab. 8: Reduktion auf das Frege-Axiom $\neg(p \land \neg\neg\neg p) \equiv (p \rightarrow \neg\neg p)$, d.h. die Negation der Konjunktion (erste Spalte Tab. 7) entspricht der Implikation in Tab. 8.

Tab. 7:

$Dg^2;$ Mg^2	Dg^2	$Dg^2;$ Mg^2	Mg^2	Dg^2	Mg^2	Dg^2
h		h				
+4		+4				
g	g	g	g	g	g	g
+3	+3	+3	+4	+3	+4	+3
e	e	e	es	e	es	e
+4	+4	+4	+3	+4	+3	+4
c	c	c	c	c	c	c
¬	(p	∧	¬	¬	¬	p)

Tab. 8:

Dg^2	$Dg^2;$ Mg^2	Dg^2	Mg^2	Dg^2
	h			
	+4			
g	g	g	g	g
+3	+3	+3	+4	+3
e	e	e	es	e
+4	+4	+4	+3	+4
c	c	c	c	c
p	→	¬	¬	p)

Auszüge aus der Partitur „Gott lobt Frege in C-Dur"

Zunächst wird die Vertonung von Axiom 1 angegeben.

Axiom 1: $p \to \neg\neg p$

Darauf folgt die Vertonung der weiteren Axiome 2 bis 4 in der oben vorge-
führten Weise, d.h., die Berechnung erfolgt in Negations-Konjunktionsform,
die dann auf die Negations-Implikationsform reduziert (Akkorde im Bass)
und in der Melodie gesungen wird. Für q wählten wir das Intervall $\langle +5, +3 \rangle$
mit den Tönen $\langle e, a, c \rangle$ und für r das Intervall $\langle +4, +3 \rangle$ mit den Tönen $\langle a, des, e \rangle$. Axiom 5 bildet den Abschluss des Stücks und bricht in
den letzten Takten kreativ mit der Berechnung der Syntax der Negations-
Konjunktionsform in der Akkordstruktur, wobei in der Melodie das vollständige Frege-Axiom in Negations-Implikationsform gesungen wird.

Axiom 2: $\neg\neg p \to p$

Axiom 3: $(p \rightarrow q) \rightarrow (\neg q \rightarrow \neg p)$

Axiom 4: $p \rightarrow (q \rightarrow p)$

Axiom 5: $(p \to (q \to r)) \to ((p \to q) \to (p \to r))$

Das Axiom 6 von Frege haben wir weggelassen, da Lukasiewicz gezeigt hat, dass es sich mit Hilfe der Regeln des Systems beweisen lässt und somit nicht unabhängig ist. Unsere Vertonung bezieht sich nur auf die 5 unabhängigen Axiome für die Aussagenlogik in der Begriffsschrift. Die Axiome für die Prädikatenlogik wurden nicht vertont. Gott lobt Frege in C-Dur kann man sich anhören unter:

`http://www-docs.tu-cottbus.de/technikphilosophie/public/Publik`
`ationslisten/harz/frege.mp3`

Literaturverzeichnis

[1] **Borkowski, L.**: *Formale Logik.* Akademie- Verlag, Berlin 1976.

[2] **Frege, G.**: *Begriffsschrift.* Georg Olms Verlag, Hildesheim 1998.

[3] **Harz, M., Salk, G.**: *Gott lobt Frege in C-Dur.* Partitur, Cottbus 2011.

[4] **Max, Ingolf**: *Negation von Akkorden.* Manuskript, Leipzig 2010.

Autor

Dr. phil. Mario Harz
Lehrstuhl Technikphilosophie
BTU Cottbus
Erich Weinertstr. 1
D-03044 Cottbus
Email: harz@tu-cottbus.de

Wolfgang Künne

Oratio obliqua und Wahrheitszuschreibung

> Galilei glaubt nicht nur, dass die Erde sich bewegt, – es ist auch wahr.
> *L'Osservatore Romano* (Leserbrief)

Einleitung: *In memoriam* Michael Dummett.

Sir Michael Dummett ist Ende 2011 im Alter von 86 Jahren in Oxford gestorben. Er war einer der bedeutendsten Philosophen der zweiten Hälfte des 20. Jahrhunderts. Durch seine systematischen Beiträge zur Philosophie der Sprache, zur Logik und zur Metaphysik hat Dummett eine Vielzahl von Diskussionen ausgelöst, von denen bis zum heutigen Tag kaum eine als abgeschlossen gelten kann. Im Mittelpunkt aller dieser Beiträge stand die Frage, ob sich das intuitionistische Verständnis der mathematischen Sprache so generalisieren lässt, dass es für alle Sprachen plausibel ist. Die positive Antwort auf diese Frage nannte er (globalen) Antirealismus, und sein Plädoyer für diese Antwort war zwar leidenschaftlich, aber letztlich tentativ: „I have never for long more than provisionally accepted it." ([11], S. 31) Dummetts monumentales erstes Buch, 1973 erschienen, handelt auf 700 Seiten von einem Philosophen, der *kein* Antirealist war, nicht einmal in der Philosophie der Mathematik: *Frege - Philosophy of Language* [4]. In seiner im Jahre 2000 verfassten *Intellectual Autobiography* sagt Dummett über dieses Buch: „I believe that the book helped to revive interest in Frege." ([11], S.24) Wenn er jemals etwas zu Recht geglaubt hat, dann das. In seinem Rückblick fährt Dummett fort: „I now realise that I paid insufficient attention to the intellectual context of Frege's work. I was much more interested by the extent to which the problems he posed remain live issues, which have had other responses."

Ich glaube, das Buch hat, indem es Frege zum Gesprächspartner in nach-fregeschen Debatten zur Philosophie der Logik und der Sprache machte, das Interesse an seinem Werk in einem Ausmaß geweckt, dass heutzutage die Beschäftigung mit einigen Texten Freges ein selbstverständlicher Bestandteil der Ausbildung so gut wie aller Philosophiestudenten an den besten Universitäten in der anglophonen Welt geworden ist. Das, was Dummett selber in seinem Rückblick als zu geringe Aufmerksamkeit auf

den intellektuellen Kontext der Frege'schen Schriften bezeichnet, hat er
in den anderthalbtausend Seiten über Frege, die er nach den ersten 700
geschrieben hat, zumindest partiell korrigiert. Wie erfolgreich auch immer
er dabei gewesen sein mag, - eines steht fest: durch Michael Dummett ist
die Analytische Philosophie in weiten Bereichen eine *Post-Fregean Philosophy* geworden. Wenn jemals ein Philosoph auf einer Frege-Tagung eine
Memorial Lecture verdient hat, dann er.

Dass er Frege überhaupt für sich entdeckt hat, verdankt Dummett
nach eigenem Bekunden John Austin. Für einen der Aufsätze, die der Student Dummett 1950 für ein Examen schreiben musste, hatte Austin als
Themenbereich 'The Origins of Modern Epistemology' festgesetzt. Dafür
mussten die Kandidaten vier von sieben Texten durcharbeiten, unter ihnen Freges *Grundlagen der Arithmetik*, die Austin just zu diesem Zweck
übersetzt hatte. ([11], S. 9) Aus den Examensunterlagen geht hervor, so
berichtet Dan Isaacson, dass Freges Text 1950 bei den Examinanden die
geringste Aufmerksamkeit erregte. [23] Heute würde er wahrscheinlich die
größte Aufmerksamkeit finden, und 1950 hat er jedenfalls die Aufmerksamkeit *eines* Examinanden erregt: „I thought, and still think," so Dummett
ein halbes Jahrhundert danach, „that [Grundlagen] was the most brilliant
piece of philosophical writing of its length ever penned" ([11], S. 9).

Als Prize Fellow in All Souls war Dummetts erstes Projekt, alle pu-
blizierten Werke Freges durchzuarbeiten, von denen damals nur wenige in
englischer Übersetzung vorlagen, und dann – am Frege-Archiv in Münster
– auch die nicht-publizierten. „I had had a year of German at school, so
I had a backbone of grammar, but very little vocabulary: I read with a
dictionary at my side." Trotz seinem Frege-Enthusiasmus sah Dummett
sich bis 1960 noch als Wittgensteinianer. Als ich Dummett einmal gefragt
habe, ob er Wittgenstein persönlich kennengelernt habe (schließlich hatte
er bei Elizabeth Anscombe Tutorials), war das Kichern verheißungsvoll,
mit dem er die Antwort „Yes, in a way I did" begleitete. Dummett hatte Anscombes Haus betreten, um dort etwas abzugeben, als Wittgenstein
die Treppe herunterkam und zu dem ihm völlig unbekannten Jüngling die
geflügelten Worte sprach: „Do you know where the milk is?" Dummett
musste die Frage verneinen. „That was my one and only conversation with
Wittgenstein." Ich schätze mich glücklich, dass ich in Oxford nicht nur *ein*
Gespräch mit Dummett führen konnte, dass keines von ihnen *ganz* so kurz
war wie seines mit Wittgenstein und dass sie fast alle *noch* bedeutendere
Themen betrafen.

Auf den nächsten Seiten wird es um eines dieser Themen gehen. Ich werde Fragen erörtern, die sich mir beim Nachdenken über Freges Konzeption der Zuschreibung propositionaler Akte und Zustände einerseits und der 'Zuschreibung' von Wahrheit andererseits aufgedrängt haben, und ich werde mehrfach die Gelegenheit ergreifen, Dummetts Überlegungen zu diesen Fragen in meine Erörterung einzubeziehen.

Frege über *ungerade* Rede.

In einem Brief an Bertrand Russell greift Frege am 13.11. 1904 ein Thema seines Aufsatzes 'Über Sinn und Bedeutung' auf. Er schreibt:

1. Man kann nach meiner Redeweise einen Gedanken bezeichnen und man kann ihn ausdrücken. Jenes geschieht in der ungeraden Rede. *'Copernicus meinte, dass die Planetenbahnen Kreise seien'* ist ein Beispiel dazu ...

2. In unserem ganzen Satz bezeichnet der Eigenname 'Copernicus' ebenso einen Mann, wie der Nebensatz 'dass die Planetenbahnen Kreise seien' einen Gedanken bezeichnet; und

3. es wird gesagt, dass zwischen dem Manne und diesem Gedanken eine Beziehung bestehe, nämlich dass der Mann den Gedanken für wahr hielt. ([19] *WB*, S. 246, meine Nummerierung.)

Betrachten wir Teil 1 dieses Zitats vor seinen Hintergrund in Freges berühmtestem Aufsatz. Frege kontrastiert dort den Gebrauch von Worten in der 'ungeraden' wie in der 'geraden' Rede einerseits mit ihrem 'gewöhnlichen' oder normalen Gebrauch andererseits: „Wenn man in der gewöhnlichen Weise Worte gebraucht, so ist das, wovon man sprechen will, deren Bedeutung. Es kann aber auch vorkommen, daß man von den Worten selbst oder von ihrem Sinn sprechen will" ([13] *SuB*, S. 28).

Die Bedeutung eines singulären Terms *'a'* ist der Gegenstand *a*. Dass wir einen singulären Term *'a'* in einem Satz S genau dann „in der gewöhnlichen Weise" verwenden, wenn wir mit S etwas über den Gegenstand *a* sagen wollen, leuchtet ein. Die Bedeutung eines Prädikats '( ) ist F' ist – so kann man sagen, wenn man „ein Körnchen Salz nicht spart" – die Eigenschaft, F zu sein, oder der Begriff *F*. Dass wir das Prädikat in einer Äußerung von *'a* ist F' auf die gewöhnliche Weise genau dann gebrauchen, wenn wir (auch) über die Eigenschaft, F zu sein, sprechen wollen, leuchtet zumindest allen Nicht-Nominalisten ein. Im ersten Teil von *SuB* versucht Frege, die (wie er zweimal sagt) *„Vermutung"* zu stützen, „daß der Wahrheitswerth eines Satzes dessen Bedeutung ist". Dass wir über den Wahrheitswert eines (sc. Behauptungs-)Satzes S sprechen wollen, wenn wir ihn auf normale Weise verwenden, leuchtet wohl niemandem ein. Wie dem auch sei, Freges Vermutung ist in diesem Aufsatz nicht mein Thema. Einleuchtend ist allemal die These, dass wir uns darauf festlegen, dass der Satz einen Wahrheitswert hat, wenn wir ihn mit behauptender Kraft äußern.

„Es kann aber auch vorkommen," sagt Frege, dass man nicht von den Bedeutung der Worte, sondern „von den Worten selbst oder von ihrem Sinn sprechen will." ([13] *SuB*, S. 28) Dass man von den *Worten* selbst sprechen will, ist der Fall im Anführungsdiskurs, den Frege als *gerade Rede* bezeichnet. Der traditionelle grammatische Terminus 'oratio recta' verdankt seine Prägung einem Spezialfall des Anführungsdiskurses, dem Zitieren der Worte eines Anderen.- Dass man vom *Sinn* gewisser Worte sprechen will, von dem Gedanken, den ein Satz bei normalem Gebrauch ausdrückt, ist laut Frege der Fall in demjenigen Diskurs, den er *ungerade Rede* nennt. Auch hier folgt er der traditionellen Grammatik: auch sie verwendet den Terminus 'oratio obliqua', der seine Prägung den Zuschreibungen *sprachlicher* propositionaler Akte ('Copernicus behauptete, dass p') verdankt, auch für Zuschreibungen *mentaler* propositionaler Zustände und Akte wie in Freges Beispielsatz in Teil 1.

Zwei Ausdrücke (singuläre Terme, Prädikate oder Sätze) haben dieselbe *Bedeutung* in ihrem gewöhnlichen Gebrauch – kurz, dieselbe normale Bedeutung – genau dann, wenn sie extensional äquivalent oder koextensional sind, i.e. wenn sie wahre Einsetzungsinstanzen von '$a = b$' ergeben oder von '$\forall x\ (Fx \leftrightarrow Gx)$' oder von '$p \leftrightarrow q$'. Erst sechs Seiten, nachdem er sein *Konzept* des normalen Gebrauchs von Worten erläutert hat, gibt Frege - eine suboptimale Formulierung von Leibniz zitierend - eine notwendige Bedingung der Normalität an ([13] *SuB*, S. 36):[1] wenn ein Ausdruck A in einem Satz normal gebraucht wird, dann affiziert die Ersetzung von A durch einen ko-extensionalen Ausdruck nicht den Wahrheitswert dieses Satzes. Andersherum: Nichtaustauschbarkeit *salva veritate* [*vel falsitate*] ist eine hinreichende Bedingung der Anormalität. (Der Unterschied zwischen dem Konzept der Anormalität eines Gebrauchs und einer hinreichenden Bedingung der Anormaliät wird im fünften Teil dieses Aufsatzes eine wichtige Rolle spielen.)

---

[1] Auf diesen (für die Interpretation wichtigen) Umstand hat Sereni in [43], S. 83 aufmerksam gemacht.

Es wird oft übersehen, dass ungerade Rede im Frege'schen Verstande nicht nur vorliegt, wenn von (sprachlichen oder mentalen) propositionalen Akten oder Zuständen berichtet wird. Der Sache nach belegen das Freges Überlegungen am Anfang von *SuB*[13]. Wenn wir in den Sätzen 'Es ist unmittelbar einleuchtend (analytisch, a priori), dass der Morgenstern der Morgenstern ist', ein Vorkommnis von 'der Morgenstern' durch den ko-extensionalen Term 'der Abendstern' ersetzen wird aus Wahrem Falsches. Also ist Freges hinreichende Bedingung für Anormalität erfüllt. Wir sprechen in diesen drei Fällen von dem Gedanken, dass der M der M ist. Und auch wenn wir sagen:

(Prim) Der Sinn von 'the only even prime number' ist *die einzige gerade Primzahl,*

verwenden wir den zweiten singulären Term nicht auf die gewöhnliche Weise; denn wenn wir ihn durch den ko-extensionalen Term 'der Vorgänger von 3' ersetzen wird aus Wahrem Falsches. Wir sprechen in dieser Aussage von dem Sinn einer Zahlbezeichnung, nicht von einer Zahl.

Betrachten wir nun Teil 2 meines Eingangszitats. Von den dass-Sätzen in der ungeraden Rede sagt Frege, sie seien „abstracte Nennsätze", die man als „Eigennamen eines Gedankens" auffassen kann, als singuläre Terme, die eine Proposition bezeichnen oder bedeuten. ([13] *SuB*, S. 37, S. 39.) Mit der Bezeichnung 'abstrakter Nennsatz' folgt Frege der Terminologie der deutschen Grammatiken des neunzehnten Jahrhunderts: Nennsätze sind diejenigen Bestandteile eines Satzgefüges, die in der Position eines Nennwortes (genauer eines singulären Terms) in einem einfachen (Behauptungs-)Satz stehen. In *SuB* ([13], S. 39) gibt Frege das folgende Beispiel:

(G) *Der die elliptischen Planetenbahnen entdeckte, starb im Elend.*

Das grammatische Subjekt von (G) ist ein Nennsatz ([13] *SuB*, S. 41). Der kopflose Relativsatz kann *salvo sensu* durch die Kennzeichnung 'der Entdecker der elliptischen Form der Planetenbahnen' (und *salva veritate* durch den Namen 'Johannes Kepler') ersetzt werden. Entsprechend kann der dass-Satz in 'Ockham bestreitet, dass es platonische Ideen gibt' ersetzt werden durch eine Nominalphrase: 'Ockham bestreitet die Existenz platonischer Ideen' und durch einen Namen: 'Ockham bestreitet den Platonismus'. Der Nennsatz in (G) ist – so würden die Grammatiker des 19. Jh. sagen - ein *konkreter* Nennsatz. Warum? Die naheliegende Antwort ist: weil der Gegenstand, den er bezeichnet, der bayrische Astronom, ein konkreter Gegenstand ist. Das legt die Vermutung nahe, dass Frege den dass-Satz in seinem Copernicus-Beispiel deshalb als abstrakten Nennsatz bezeichnet, weil er einen abstrakten *Gegenstand*, einen Gedanken bezeichnet.[2] Diese Interpretationshypothese wird durch das bestätigt, was man in Grammatiken des 19. Jh. unter der Überschrift 'Abstrakte und Konkrete Nennsätze' findet.[3]

Wie jeder Gegenstand, so kann auch ein Gedanke auf vielfache Weise bezeichnet werden. Unter den mannigfachen Bezeichnungen ein und desselben Gedankens gibt es einige, die privilegiert sind: wer sie versteht, weiß *eo ipso*, welches der bezeichnete Gedanke ist. Wer den dass-Satz in 'Copernicus meinte, dass die Planetenbahnen Kreise sind' versteht, kann sich nicht mehr im Unklaren darüber befinden, welchen Gedanken Copernicus für wahr hält. Und das gilt auch für diejenigen Bezeichnungen dieses Gedankens, die wir erhalten, wenn wir dem dass-Satz die Nominalphrase 'der Gedanke' oder 'die Proposition' voranstellen. Ich nenne solche privilegierten Gedankenbezeichnungen *diaphan*. Viele Bezeichnungen desselben Gedankens sind nicht diaphan: man kann die Kennzeichnung 'der Gedanke, den Kopernikus laut Freges *SuB* [13] als wahr anerkannte' verstehen, ohne zu wissen, um welchen Gedanken es sich handelt. In dieser Situation befinden sich Menschen, die Freges Aufsatz nicht kennen. Jemand, der die Kennzeichnung 'der Gedanke, den die englischen Worte "the planetary orbits are circles" ausdrücken' versteht, kann sich sehr wohl im Unklaren darüber befinden, welcher Gedanke bezeichnet wird. In dieser Situation befinden sich monoglotte Sprecher der deutschen Sprache.

Nicht nur für Gedanken, sondern für alle Sinne gilt: unter den mannigfachen Bezeichnungen ein und desselben Sinns gibt es einige, die privilegiert sind. Wenn wir den oben genannten Satz (Prim) äußern, so verwenden wir zwei Bezeichnungen des Sinns des singulären Terms 'the only even prime number', aber nur die zweite ist diaphan: wer sie versteht, weiß *eo ipso*, welches der bezeichnete Sinn ist. Jemand, der die Bezeichnung 'der Sinn von „the only even prime number"' versteht, kann sich hingegen

---

[2] Zum Vergleich: in Quine [36] werden singuläre Terme wie 'die kleinste Primzahl' ('der Entdecker der elliptischen Planetenbahnen') deshalb als abstrakt (konkret) klassifiziert, weil sie dazu bestimmt sind, einen abstrakten (konkreten) Gegenstand zu bezeichnen. Die Ausdrücke 'abstrakt' und 'konkret' gehören zwar nicht zu Freges ontologischem Vokabular. Er zögert in [14] (*GG* II, § 74) aber nicht, Gegenstände, die weder „wirklich" noch „subjektiv" sind, im Anschluss an Cantors Sprachgebrauch „abstracte Gegenstände" zu nennen.

[3] So z. B. in Götzinger [22], Teil 2, §§ 123–130). In diesem Buch, aber bestimmt nicht nur dort, findet man überhaupt viel von Freges grammatischer Terminologie. Da sein Vater eine Sprachlehre geschrieben hat, kann man damit rechnen, dass ihm solche Grammatiken sehr früh und sehr leicht zugänglich waren.

sehr wohl im Unklaren darüber befinden, welcher Sinn bezeichnet wird. (Die Verständlichkeit eines Satzes 'Die Zeichenreihe „Gkz§b7a" ist sinnlos' zeigt, dass man einen Anführungsausdruck verstehen kann, ohne den angeführten Ausdruck zu verstehen.)

Intentionaler Gehalt *versus* intentionales Objekt.

Klassifiziert man einen Akt oder Zustand als *propositional*, so legt man sich nur darauf fest, dass er mit einem Satz des Typs '(Person) x ϕ-t, dass (ob) p' korrekt zuschreibbar ist. (Abstrakte Nennsätze der Form 'ob p' werde ich im Folgenden ausklammern. Ihre Besonderheiten sind für die Fragen, die mich hier beschäftigen nicht von Interesse.) Mit der harmlosen Klassifikation eines mentalen Aktes oder Zustandes als propositional hat man sich nicht darauf festgelegt, dass es Propositionen alias Frege'sche Gedanken gibt. Freges Konzeption propositionaler Akte und Zustände ist (um es in der ebenso hässlichen wie nützlichen Terminologie Stephen Schiffers zu sagen) relationistisch und propositionalistisch.[4] Das springt ins Auge, wenn wir uns Teil 3 meines langen Eingangszitats im vorigen Abschnitt anschauen: In dem dort angeführten Satz wird laut Frege gesagt, dass zwischen einem Mann und einem Gedanken eine Beziehung besteht, nämlich dass der Mann den Gedanken für wahr hielt.

Wir benötigen natürlich eine Formulierung der relationistisch-propositionalistischen Auffassung (kurz: der RP-Auffassung), die nicht nur auf Glaubenszuschreibungen anwendbar ist, sondern auf alle Zustände und Akte, die mit Sätzen der angegebenen Form zuschreibbar sind. Frege selber erwähnt in *SuB* [13] außer Meinen-dass unter anderem Behaupten-dass, Hoffen-dass und Fürchten-dass. Schematisch kann man die RP-Auffassung so darstellen:

(RP) Eine (*de dicto*) Zuschreibung der Form '(Person) x ϕ-t, dass p' drückt im Kontext K genau dann eine Wahrheit aus, wenn der Gehalt eines Φ von x der Gedanke ist, den der Nebensatz 'dass p' in K bezeichnet.

Ein paar Erläuterungen können gewiss nicht schaden.

---

[4]Wie Schiffer in [42] bemerkt, ist Arthur Priors Verständnis von 'x ϕ-t, dass p' weder relationistisch noch propositionalistisch: vgl. Prior [35]. Ich kritisiere Priors Thesen in Künne [31]. Davidson, Richard sowie Larson und Segal vertreten Auffassungen, die zwar relationistisch, aber nicht propositionalistisch sind: in ihren Augen besteht ein ϕ-en, dass p, in einer Beziehung zu einer Äußerung (Davidson), zu einer mentalen Repräsentation (Richard) oder zu einer 'interpreted logical form' (Larson und Segal).

Erstens. Da dass-Sätze kontext-sensitive Elemente enthalten können ('dass es regnet'), ist die Relativierung auf Kontexte geboten.

Zweitens. Der Schemabuchstabe Groß-'Φ' in (RP) ist ein Platzhalter für Verbalsubstantive (wie 'Meinung', 'Behauptung', 'Hoffnung'), die den Hauptverben in den Zuschreibungen entsprechen ('meinen', 'behaupten', 'hoffen', etc.). Instanzen des Schemas (RP) erheben also nicht den Anspruch, den Sinn des Hauptverbs in der fraglichen Zuschreibung zu analysieren, – sie sollen nur Licht auf deren logische Form werfen.

Drittens. Nicht jede Zuschreibung der angegebenen Form ist als *de dicto*-Bericht zu verstehen: In 'Pater Paolo glaubt, dass das kitschige Madonnenbild in der Sakristei ein großes Kunstwerk ist' drückt der Satz, dem das Wort 'dass' vorangestellt ist, den Gehalt des Glaubens des Subjekts nicht (vollständig) aus: wir erfahren nur, welches Objekt der Pater für ein großes Kunstwerk hält, aber nicht, wie er selber auf dieses Objekt Bezug nimmt.[5]

Viertens. Die Relationen, welche die mit (RP) umrissene Auffassung zu einer *relationistischen* machen, werden durch die zweistelligen Prädikate bezeichnet, die das Prädikatschema 'der Gehalt einer Φ von x ist y' instanziieren. *Propositionalistisch* ist die mit (RP) umrissene Auffassung, weil 'y' Platzhalter für Ausdrücke ist, die Propositionen bezeichnen – und nicht bspw. Sätze, Satzvorkommnisse, 'interpretierte logische Formen' oder 'mentale Repräsentationen'.

Fünftens. Das Konzept von 'Gehalt' in (RP) ist ein Generalisierung von Bolzanos (engerem) Begriff des *Stoffs* von Urteilen und Meinungen, es entspricht Husserls Begriff der *Materie* propositionaler Akte und Zustände (vgl. Künne [30]), und es soll zusammenfallen mit dem, was Frege unter „objectivem Inhalt" versteht, wenn er in *SuB* [13] schreibt: „Ich verstehe unter Gedanken nicht das subjective Thun des Denkens, sondern dessen objectiven Inhalt, der fähig ist, gemeinsames Eigenthum von Vielen zu sein" (S. 32, Anm.[6]). Den Kontrast, den die Metapher vom gemeinsamen Eigentum intendiert, buchstabiert Frege in 'Der Gedanke' aus. Im Unterschied zu Gedanken (Propositionen) ist ein Akt des Denkens sozusagen das Privateigentum dessen, der ihn vollzieht, – will sagen: notwendigerweise,

---

[5]Die Frage, wie Frege mit de re-Zuschreibungen umgehen könnte, habe ich in [28], S. 304 f. und S. 481-485 erörtert.

[6]Der Gebrauch des Paars 'Gedanke'/'Inhalt' in dieser Bemerkung hat einen Vorläufer in *BS* [12], § 2 und *NS* [18], S. 6 ff., und man findet ihn noch 1910 in Freges Briefen an Jourdain (vgl. *WB* [19], S. 120 ff.)

A's Denken ist verschieden von B's Denken, wenn A und B verschieden sind. Das Epitheton 'objektiv' hat dieselbe Pointe wie die Metapher vom gemeinsamen Eigentum: die fraglichen Inhalte sind nicht Wellen im Bewusstseinsstrom eines Denkers.[7] Der zitierten Bemerkung Freges zufolge sind Gedanken primär mögliche *Gehalte* des propositionalen Denkens.

Leider spricht Frege ansonsten von Gedanken fast immer so, als seien sie nur mögliche intentionale *Objekte* des Denkens. Seine (zugegebenermaßen metaphorische) Standardcharakterisierung des Denkens als „Gedankenfassen" passt nur zu gut zu diesem Akt/Objekt-Modell. In der ersten 'Logischen Untersuchung' unterstellt er eine Analogie zwischen dem (metaphorischen) Fassen eines Gedankens und dem buchstäblichen Ergreifen eines Hammers (*Ged* [15], S. 77). Er versichert, es müsse „in dem Bewußtsein [des Denkenden] etwas auf den Gedanken hinzielen", – dieser sei vom Akt des Denkens so verschieden wie Algol im Sternbild des Perseus „verschieden [ist] von der Vorstellung, die jemand von Algol hat" (*Ged* [15], S. 75). In Freges Augen ist die Tatsache, dass verschiedene Menschen den *einen* Gedanken, dass *p*, denken können, ein guter Grund für die These, dieser Gedanke könne „den Menschen als derselbe gegenüberstehn wie ein Baum".[8]

Gewiss, die Proposition, dass Schnee weiß ist, ist verschieden von Akten des Denkens, dass Schnee weiß ist, und: dass Schnee weiß ist, ist etwas, was beliebig viele Menschen denken können. Aber das Vorstellen eines Sterns, das Erblicken eines Baums und das Ergreifen eines Hammers sind keine angemessenen Modelle für die Beziehung zwischen einem Denker, der denkt, dass *p*, und der Proposition, dass *p*. Gegenstände der Imagination oder der Wahrnehmung sind einem immer nur *„einseitig"* gegeben (*SuB* [13], S. 27, S. 30), und die besondere Weise, wie sie einer Person gegeben sind, ist der Gehalt ihres Aktes der Imagination oder Wahrnehmung eines Gegenstandes. Aber wenn Copernicus meint, die Planetenbahnen seien Kreise, dann ist die falsche astronomische Proposition ihm nicht unter einem bestimmten Aspekt gegeben, m.a.W. sie ist ihm *gar nicht* gegeben (vgl. Dummett [6], S. 306; Künne[26], S. 210). An seine Wahrheitswert-*Vermutung* anknüpfend, würde Frege hier weitergehen und

---

[7]Siehe *Ged* [15], S. 67-68, kommentiert in Künne [28], S. 491-500. 'Objective Inhalte' (vgl. *NS* [18], S. 115) sind also nicht, was Frege unter 'Bewußtseinsinhalten' versteht, denn sie gehören nicht zur 'Innenwelt' einer Person. Zu diesem Gebrauch von 'Bewußtseinsinhalt' vgl. *Ged* [15], S. 67 ff. und die Warnung in S. 74 Anm.

[8]Siehe *Ged* [15], S. 66. Mein Unbehagen über diese Lieblingswendung Freges (vgl. *Vern* [16], S. 147; *NS* [18], S. 138, S. 145, S. 160, S. 214) habe ich in [28], S. 514-518 artikuliert.

sagen: was dem polnischen Astronomen jener Meinungszuschreibung zufolge gegeben ist, ist der Wahrheitswert Falsch, und der Gedanke, den er für wahr hält, ist eine Art des Gegebenseins dieses eigentümlichen Objekts. Wie dem auch sei, Copernicus' Meinen ist jedenfalls nicht *gerichtet auf* den falschen astronomischen *Gedanken*.

Der Logizismus, also die Proposition, dass Arithmetik auf Logik reduzierbar ist, ist uns nicht *gegeben*, wenn wir denken, Arithmetik sei auf Logik reduzierbar. Aber der Logizismus *ist* uns beispielsweise dann gegeben, wenn wir denken, dass:

(S1) Freges berühmteste These in der Philosophie der Arithmetik umstritten ist,

und wenn wir denken, dass

(S2) die Proposition, dass die Arithmetik auf Logik reduzierbar ist, umstritten ist.

Wenn wir einen dieser Gedanken denken, dann gilt tatsächlich, dass in unserem Bewusstsein etwas auf den Logizismus gewissermaßen zielt, und die grammatischen Subjekte der Sätze (S1) und (S2) drücken *verschiedene* Arten des Gegebenseins des Logizismus aus; denn es versteht sich nicht von selbst, dass sie dieselbe Proposition bezeichnen.[9] In beiden Fällen denken wir einen Gedanken *über* den Logizismus. Wenn er uns der freilich in der Weise gegeben ist, die durch das Subjekt von (S2) ausgedrückt wird, dann ist er uns auf eine privilegierte Weise gegeben; denn der dass-Satz ist eine diaphane Bezeichnung des Logizismus. Aber auch in diesem Fall ist der Logizismus nicht der (vollständige) Gehalt unseres Denkens, denn wenn er es wäre, dann wäre er nicht das, *über* das wir hier einen Gedanken denken. – Leicht genervt von meiner Insistenz auf der Differenz zwischen Gehalt und intentionalem Objekt, hat mich Michael Dummett einmal in einer Replik auf einen Vortrag über Bolzano und Frege gefragt: 'why *not* call it [sc. the proposition that *p*] the object of my thinking [that *p*]?' (Dummett [7], § 2) Ein Teil meiner Antwort (der andere Teil wird bald folgen) lautet: 'Weil diese Redeweise die Differenz zwischen dem Denken, dass *p*, und dem Denken, die Proposition, dass p, sei so-und-so beschaffen, zu verwischen droht.'

---

[9]„Überall, wo das Zusammenfallen der Bedeutung nicht selbstverständlich ist, haben wir eine Verschiedenheit des Sinnes" (*WB* [19], S. 234-235).

Es hängt vom Sinn des psychologischen Verbums ab, das wir in 'was einer φ-t' einsetzen, ob mit der resultierenden Phrase das intentionale *Objekt* des mentalen Akts oder Zustands bezeichnet wird oder dessen *Gehalt*. Wenn wir das schematische Verbum durch 'erblickt' oder 'kritisiert' ersetzen, bezeichnet die Phrase das intentionale Objekt. Wenn wir es durch 'glaubt' ersetzen, bezeichnet sie den Gehalt. Und wenn wir es durch 'meint' ersetzen, so bezeichnet sie manchmal das eine und manchmal das andere, – wie wir bald sehen werden.

Neue Substitutionsprobleme.

Frege plädiert in *SuB* [13]) für das folgende Prinzip der Ersetzbarkeit *salva veritate vel falsitate*: Wenn in einem Satz S, der einen Gedanken ausdrückt. eine Komponente durch eine andere ersetzt wird, die im Kontext von S dieselbe *Bedeutung* hat, dann hat der modifizierte Satz S* denselben Wahrheitswert wie S. – Wer diesen Grundsatz akzeptiert, der muss auch das schwächere Prinzip der Austauschbarkeit *salva congruitate*, der Ersetzbarkeit unter Wahrung der Grammatikalität unterschreiben: Wenn in einem Satz S, der einen Gedanken ausdrückt, eine Komponente durch eine andere ersetzt wird, die im Kontext von S dieselbe *Bedeutung* hat, dann drückt auch der modifizierte Satz S* einen Gedanken aus.

Wenn man diese Prinzipien nun aber auf Freges RP-Auffassung der Zuschreibungen propositionaler Akte und Zustände anwendet, ergeben sich Substitutionsprobleme, die diese Auffassung zu widerlegen scheinen (vgl. Moltmann [33]; Rosefeldt [40]). Hier ist das erste. Im Kontext von 'A meint, dass *p*' bezeichnet der dass-Satz laut Frege genau dasselbe wie die Kennzeichnung 'der Gedanke, dass *p*'; aber es ist möglich, dass nicht gilt: 'A meint, dass *p*', obwohl gilt: 'A meint den Gedanken, dass *p*'. Wer einen bestimmten Gedanken meint (ihn im Sinn hat, etwas über ihn sagen will), muss ihn schließlich nicht für wahr halten. Der dass-Satz und die Kennzeichnung sind also nicht *salva veritate vel falsitate* austauschbar. Das Meinen, dessen intentionales Objekt der Gedanke, dass *p*, ist, unterscheidet sich fundamental von dem Meinen, dessen Gehalt dieser Gedanke ist, - ersteres ist ein *meaning sth*, letzteres ist ein *believing sth*. ('Anna fürchtet, dass der Ätna morgen ausbricht' hat nur dann denselben Wahrheitswert wie 'Anna fürchtet die Proposition, dass der Ätna morgen ausbricht', wenn Anna eine neurotische Nominalistin ist.)

Widerlegt das Freges RP-Auffassung? Ich glaube nicht. Frege war sich durchaus darüber im Klaren, dass das Prinzip der wahrheitswerterhaltenden Austauschbarkeit mit einem Körnchen Salz verstanden werden muss. Strenggenommen gilt es nämlich auch dann nicht, wenn wir Worte auf die *normale* Weise verwenden. Einen Beleg dafür entnehme ich der Diskussion des Napoleon-Beispiels in *SuB* [13]. Freges eigenes Exempel enthält einen nicht-restriktiven Relativsatz. Man kann leichter sehen, worauf es ankommt, wenn man eine parataktische Konstruktion verwendet. Alles, was Frege über sein Exempel sagt, trifft auch auf meines zu:

(Na) Napoleon wurde in Corsica geboren, und er krönte sich zum Kaiser der Franzosen.

In Übereinstimmung mit seiner *Vermutung* will Frege sagen, dass das erste Konjunkt in (Na) den Wahrheitswert Wahr bezeichnet. Er sagt über diesen Teilsatz:

> Wir können also erwarten, daß er sich unbeschadet der Wahrheit des ganzen durch einen Satz von dem selben Wahrheitswerthe ersetzen lasse. Dies ist auch der Fall; nur muß beachtet werden, daß sein Subject 'Napoleon' sein muß, aus einem rein grammatischen Grunde (*Sub* [13], S. 44).

Wenn man das erste Konjunkt in (Na) durch eine Wahrheit über jemanden ersetzt, der sich nicht zum Kaiser der Franzosen gekrönt hat (bspw. durch den Satz 'Sokrates wurde in Attika geboren'), dann ändert sich der Sachbezug des anaphorischen Pronomens 'er' und damit (im gerade angenommenen Fall) der Wahrheitswert des Satzgefüges. Frege zieht daraus zu Recht nicht die Konsequenz, dass das erste Konjunkt eben doch keinen Wahrheitswert bezeichnet. In einer logisch reglementierten Version des Deutschen würde das anaphorische Pronomen in (Na) durch den Namen 'Napoleon' ersetzt, und dann – so sagt Frege – „fällt die Beschränkung hinweg", die er der Ersetzung auferlegt hatte (ebd.). Auf seine Variante von (Na) zurückblickend, sagt Frege: Wenn ein Teilsatz einen Wahrheitswert bezeichnet, „dann kann er unbeschadet der Wahrheit des Ganzen durch einen andern von demselben Wahrheitswerthe ersetzt werden, *soweit nicht grammatische Hindernisse vorliegen*" (*SuB* [13], S. 46, meine Hervorhebungen).

Die Tatsache, dass das erste Konjunkt in (Na) nicht *salva veritate* der Konjunktion durch den wahrheitswertgleichen Satz 'Sokrates wurde in Attika geboren' ersetzt werden kann, zeigt nicht, dass das erste Konjunkt keinen Wahrheitswert bezeichnet. Genauso wenig zeigt die Tatsache, dass der Nebensatz in 'A meint, dass p' nicht unbeschadet des Wahrheitswertes des Ganzen durch die Kennzeichnung 'die Proposition, dass p' ersetzt werden kann, dass der Nebensatz nicht die Proposition, dass p, bezeichnet. In einer im Sinne der RP-Auffassung reglementierten Version des Deutschen kann man 'A meint, dass p' so umformulieren: 'Dass p, ist der Gehalt einer Meinung von A', und in dieser Formulierung können wir 'dass p' sehr wohl unbeschadet des Wahrheitswertes durch 'die Proposition, dass p' ersetzen. Die Nichtaustauschbarkeit in der ursprünglichen Formulierung ist bloß eine Schrulle der Grammatik der „Volkssprache" Deutsch.

Ähnlich kann Frege auf das *zweite* Substitutionsproblem reagieren. Manchmal ist der Nebensatz in 'A ϕ-t, dass p' nicht einmal *salva congruitate* ersetzbar durch die Kennzeichnung 'die Proposition, dass p'. Auch das kann man sich an Freges eigenen Exempeln klarmachen. Er führt als Beispiele für das Hauptverb in einer ungeraden Rede 'überzeugt sein' und 'hoffen' an. (*SuB* [13], S. 37 f.) Aber in 'A ist überzeugt, dass p' und 'A hofft, dass p' kann man dem dass-Satz *nicht* die Nominalphrase 'die Proposition' voranstellen, ohne ein ungrammatisches Gebilde zu erzeugen.

Widerlegt das Freges RP-Auffassung? Ich glaube nicht. Auch das Prinzip der grammatikalität-erhaltenden Austauschbarkeit muss mit einem Körnchen Salz verstanden werden. Strenggenommen gilt es nämlich auch dann nicht, wenn wir Worte auf die *normale* Weise verwenden. In 'Der junge Goethe verliebte sich in Friederike Brion' können wir den Namen des Dichters nicht durch die Kennzeichnung 'der Verfasser der *Leiden des jungen Werther*' ersetzen, ohne den Satz ungrammatisch zu machen. Das ist gewiss kein guter Grund, zu bestreiten, dass die Kennzeichnung denselben Mann bezeichnet wie der Name. In einer logisch reglementierten Version des Deutschen können wir die problematische Formulierung zugunsten der folgenden verabschieden: 'Goethe verliebte sich in Friederike, als Goethe jung war', und hier ist der Name sehr wohl *salva congruitate* durch die Kennzeichnung ersetzbar. Entsprechend kann man den dass-Satz in der kanonischen Umformulierung unserer Problemsätze unter Wahrung der Grammatikalität gegen die Kennzeichnung 'die Proposition / der Gedanke, dass p' austauschen: 'Dass p, ist der Gehalt einer Überzeugung (Hoffnung) von A'.

Ungerade Rede in einer logisch vollkommenen Sprache.

In einem Brief an Russell schreibt Frege am 20.10. 1902: „Ich habe in der Begriffsschrift die ungerade Rede *noch* nicht eingeführt, weil ich *noch* keine Veranlassung dafür hatte" (*WB* [19], S. 232, meine Hervorhebungen). In der 1879-er wie in der 1897-er Version einer *Begriffsschrift* wollte Frege einen Rahmen für Deduktionen in der Arithmetik bereitstellen, aber er hielt diesen Rahmen von Anfang an für so erweiterbar, dass er auf Deduktionen in jeder Wissenschaft anwendbar ist.[10] In seinem Kampf gegen den Psychologismus rechnete er mit der Möglichkeit einer wissenschaftlichen Psychologie, und er zögerte nie, von psychologischen *Gesetzen* zu sprechen. Die psychologischen Gesetze, auf die Bezug zu nehmen er wiederholt Anlass hatte, waren „Gesetze des Fürwahrhaltens" (vgl. *GG* I [14], Vorwort, xvi-xvii und *Ged* [15], S. 58-59). Fürwahrhalten ist Urteilen oder Glauben. Zuschreibungen propositionaler Akte und Zustände spielen also in Freges Augen eine bedeutende Rolle in einer wissenschaftlichen psychologischen Theorie. Will man sie begriffschriftlich darstellen, so besteht „Veranlassung", die ungerade Rede in die Begriffsschrift einzuführen.

Aber es gibt hier ein Problem, da eine Begriffsschrift eine logisch vollkommene Sprache sein soll: in einer solchen Sprache „sollte", so heißt es in *SuB* [13], S. 27, „jedem Ausdrucke ein bestimmter Sinn entsprechen". Die Wortreihe, die in

(Obliqua) *Galilei glaubt, dass die Erde sich bewegt*

auf das Wörtchen 'dass' folgt, bedeutet keinen Wahrheitswert, während sie genau das tut, wenn sie (in etwas anderer Anordnung) normal gebraucht wird. Nun ist eine Bedeutungsdifferenz in Freges Augen stets einer Sinndifferenz geschuldet. Also hat 'die Erde bewegt sich' in (Obliqua) einen anderen Sinn als dann, wenn diese Wortreihe uneingebettet oder als Konjunkt in einer Konjunktion auftritt. Dummett hat Recht, wenn er (in seiner unangemessen grimmigen Kritik an Church) in [4], Kap. 9 und [5], Kap. 6 betont, dass diese Ambiguität sich von der akzidentellen Ambiguität einer Wortreihe wie 'Manche Menschen haben noch nie eine Bank gesehen' unterscheidet, da sie *systematisch* durch Voranstellen eines Operators der

---

[10]G. Baker und P. Hacker stellen in [1], S. 277 im Blick auf die Briefstelle die ironische Frage: "Does the analysis of indirect speech in concept-script play a notable role in the Basic Laws?" Gewiss nicht, aber was soll's? Freges Bemerkung bezog sich nicht auf das Buch mit dem Titel 'Begriffsschrift' aus dem Jahre 1879, sondern auf eine Sprache, die diesen Namen verdient.

Sorte 'A ϕ-t, dass' erzeugt wird. Aber er übersieht, dass dieser wichtige Unterschied Frege nicht daran hindert, auch die systematisch induzierte Ambiguität zu *beklagen*. Am 28.12. 1902 scheibt Frege an Russell: „Eigentlich müsste man ja, um Zweideutigkeit zu vermeiden, in ungerader Rede besondere Zeichen haben, deren Zusammenhang aber mit den entsprechenden in gerader [lies: gewöhnlicher] Rede leicht erkennbar wäre" (*WB* [19], S. 236).

Wie könnte man dieser Anforderung Rechnung tragen? Churchs 'Logic of Sense and Denotation' vermeidet die Zweideutigkeit, aber sie macht den Zusammenhang mit der normalen Rede unerkennbar. Ein Blick auf den Anführungsdiskurs erscheint mir hier hilfreich. Freges Theorie zufolge hat auch ein *angeführter* Satz nicht seine gewöhnliche Bedeutung. Also liegt auch hier eine Ambiguität vor. Wenn Galilei (der Legende nach) beim Verlassen des Gerichtssaals murmelt: „Eppur si muove" („Und sie bewegt sich doch!"), so hat diese Wortfolge einen anderen Sinn als zwischen den Gänsefüßchen in

(Recta) „Eppur si muove".

Mithin müsste Frege sagen (ich äffe jetzt das letzte Zitat nach): 'Eigentlich müsste man, um Zweideutigkeit zu vermeiden, in gerader Rede besondere Zeichen haben, deren Zusammenhang aber mit den entsprechenden in gewöhnlicher Rede leicht erkennbar wäre.' Tarski hat uns gezeigt, wie wir dafür sorgen können. Wir *buchstabieren* die Wortfolge, die in Galileis Mund einen Wahrheitswert bedeutet, statt sie mit Anführungszeichen zu flankieren:

(Recta*) eh⌢peh⌢peh⌢uh⌢err *Lücke* ess⌢ih *Lücke*
em⌢uh⌢oh⌢fau⌢ch*Punkt*

Der Bogen dient wie bei seinem Erfinder als Zeichen der Verkettung. Der unschöne Term (Recta*) ist ein strukturell-deskriptiver Name (im Sinne Tarskis). Er ähnelt (Recta) in einer entscheidenden Hinsicht: beide sind diaphan. Man kann weder (Recta) noch (Recta*) verstehen, ohne *eo ipso* zu wissen, welche Reihe von (orthographisch individuierten) Wörtern er bezeichnet.

Im Falle der ungeraden Rede können wir nun einen analogen Zug machen.[11] Wir können ein Paar von eckigen Klammern '[...]' als Funktor

---

[11] Wie Kripke in [25], S. 264 zeigt, ist der eigentliche Defekt des Systems in Church [3] die Abwesenheit der Idee privilegierter Sinne (in meinem Jargon: der Sinne von diaphanen Gedankenbezeichnungen):

verwenden, der aus einem Ausdruck eine diaphane Bezeichnung seines Sinnes erzeugt. Seine Anwendung leistet also für *beliebige* sinnvolle Ausdrücke, was die Anwendung des Präfixes 'der Gedanke, dass' auf einen sinnvollen *Satz* leistet. Mit der Hilfe dieses Funktors können wir beispielsweise (Prim) so paraphrasieren:

(Prim*) Der Sinn von 'the only even prime number'
= [die einzige gerade Primzahl],

und an die Stelle von (Obliqua) kann die Formulierung treten:

(Obliqua*) Der Gedanke, in dem [bewegt sich] gesättigt
wird durch [die Erde], war der Gehalt einer
Meinung Galileis,

womit wir den fraglichen Gehalt sozusagen buchstabieren.

Dass-Sätze im Wahrheitsdiskurs.

Zwei Vorbemerkungen: *Erstens.* Wenn ich im Folgenden von *Wahrheitszuschreibungen* spreche, so ist das ein Notbehelf. Strenggenommen wird in einer Zuschreibung von F-heit eine Eigenschaft zugeschrieben, aber dass will ich im Falle von Wahrheitszuschreibungen nicht *voraussetzen* (wenngleich ich es für richtig halte); denn Frege bestreitet ja, dass Wahrheit eine Eigenschaft ist. 'Wahrheitszuschreibung' ist einfach eine Sammelbezeichnung für Einsetzungsinstanzen von Schemata wie 'Es ist wahr, dass p', 'Der Gedanke, dass p, ist wahr', 'x ist wahr', 'Alle (einige) F sind wahr'. *Zweitens.* Um Atem zu sparen, werde ich im Folgenden den Titel *'Nichtaustauschbarkeit'* als abkürzende Bezeichnung für die Eigenschaft einer Komponente eines (in logisch reglementierter Sprache formulierten) Satzes verwenden, die darin besteht, dass diese Komponente nicht unbeschadet des Wahrheitswertes des Ganzen gegen beliebige ko-extensionale Ausdrücke derselben Sprache ausgetauscht werden kann.

Wie wir sahen, ist Nichtaustauschbarkeit eine hinreichende Bedingung der Anormalität des Gebrauchs der Worte in einem Satzteil. Dass-Sätze in Zuschreibungen propositionaler Akte oder Zustände pflegen diese

---

wir wissen nicht, welcher der vielen Sinne, die allesamt Arten des Gegebenseins des Sinns sind, den ein Ausdruck A im 'normalen' Diskurs hat, durch das Gegenstück von A in einer Inhaltsklausel ausgedrückt wird.

Bedingung zu erfüllen. Nun treten solche Nebensätze auch in Wahrheitszu-schreibungen wie (W1) und (W2) auf, die Frege als Beispiele verwendet:

(W1) Der Gedanke, daß 5 eine Primzahl ist, ist wahr. (*SuB* [13], S. 35)

(W2) Es ist wahr, dass Friedrich der Große bei Rossbach siegte.[12]

Offenkundig leiden die dass-Sätze in (W1) und (W2) nicht unter Nichtaus-tauschbarkeit. Aber das gilt auch von dem folgenden Satz:

(G) Wenn Gottlob meint (behauptet), dass Friedrich der Große bei Ross-bach siegte, dann hat Gottlob Recht.

In dem dass-Satz können wir in (G) genau wie in (W2) Namen und Prä-dikat durch ko-extensionale Ausdrücke ersetzen, und wir können in beiden Kontexten den Satz, der auf 'dass' folgt, durch einen wahrheitswertglei-chen ersetzen, ohne zu riskieren, dass sich der Wahrheitswert des Ganzen ändert. Ist (G) deshalb eine Ausnahme von der Regel, dass ein dass-Satz, der auf 'glaubt' oder 'behauptet' folgt, einen Gedanken bezeichnet? Hängt die semantische Struktur des Vordersatzes von (G) etwa davon ab, wie der Nachsatz lautet? In dem Satzgefüge 'Wenn Gottlob behauptet, dass Friedrich der Große bei Rossbach siegte, dann *widerspricht ihm Margarete nicht*' kommt dem dass-Satz ja wieder Nichtaustauschbarkeit zu.

Nichtaustauschbarkeit innerhalb eines dass-Satzes ist eine hinrei-chende Bedingung dafür, dass er einen Gedanken bezeichnet. Aber warum sollte man darin auch eine *notwendige* Bedingung sehen? Ziehen wir zum Vergleich die andere Art von anormaler Verwendung von Worten heran, die Frege ihrem normalen Gebrauch gegenüberstellt. Der Wahrheitswert eines Satzes, der einen *Anführungsausdruck* enthält, e. g.

(Recta₁) 'Goethe' ist ein zweisilbiger Ausdruck

kann sich ändern, wenn der Ausdruck zwischen den Anführungszeichen durch einen ersetzt wird, der zwar ko-extensional mit ihm ist, aber nicht genauso buchstabiert wird. Dieses Risiko ist ein *hinreichender* Grund für die Annahme, dass der Name hier nicht der Bezugnahme auf den Namens-träger, sondern der Bezugnahme auf den Namen dient. Aber dieses Risiko ist keineswegs eine *notwendige* Bedingung dafür, dass ein Anführungsaus-druck einen Ausdruck bezeichnet. In

(Recta₂) 'Goethe' bezeichnet den Autor des Werther

---

[12](Vgl. *NS* [18], S. 153). Friedrich II. hat etliche Schlachten gewonnen, – es ist sicher kein Zufall, dass der frankophobe Frege hier einen Sieg über die französische Armee (1757) als Beispiel verwendet.

kann der Name des Dichters *salva veritate* durch jeden anderen ko-
extensionalen Term ersetzt werden. Aber diese Tatsache ist kein guter
Grund für die Behauptung, dass der Subjekt-Term in (Recta$_2$) nicht dieselbe Rolle spielt wie in (Recta$_1$).

Dummetts Sprachgebrauch folgend, nenne ich eine Satzkomponen-
te K *opak*, wenn ein singulärer Term '*a*', der in K vorkommt, dort nicht
der Bezugnahme auf den Gegenstand *a* dient (wenngleich es einen solchen
Gegenstand gibt).[13] Wie der Fall von (Recta$_2$) beweist, ist Opazität mit
Austauschbarkeit verträglich, – Opazität besteht also nicht in Nichtaustauschbarkeit. Dummett betont das, wenn er schreibt:[14]

> [Lack of substitutivity] does not define what it is for a context
> to be opaque, it is merely a symptom. If a given context has
> this property, we must indeed recognize it as opaque. But the
> fact that, in a particular context, the replacement of a consti-
> tuent expression by an extensionally equivalent one will always
> leave the truth-value of the whole sentence unchanged does not
> debar us from construing that context as opaque... [W]e may
> [still] regard it as opaque if there is some other good reason for
> thinking that the words in it do not play their normal role.

Ich hatte schon im ersten Abschnitt betont, dass Frege sein Konzept der
Anormalität eines Gebrauchs von Worten in *SuB* [13] längst eingeführt
hat, bevor er Nichtaustauschbarkeit als hinreichende Bedingung der Anor-
malität angibt. In einer reglementierten Version der „Volkssprache" ist die
Nichtaustauschbarkeit eines Ausdrucks in einem Kontext K ein zwingender
Grund, ihm eine anormale Bedeutung in K zuzuschreiben, aber auch wenn
Ersetzbarkeit gegeben ist, können wir gute Gründe haben, K für opak zu
erklären.

Der Fall von (Recta$_2$) zeigt, dass das folgende Argument über Wahrheitszuschreibungen unschlüssig ist. Michael Kremer sagt über Wahrheitszuschreibungen wie (W1) und (W2) ([24], S. 271):

---

[13] Dummett verwendet den Quine'schen Terminus anders als Quine. Welches Segment einer (de dicto)
Glaubenszuschreibung 'A glaubt, dass p' ist opak? Dummett antwortet: 'dass p' ([9], S. 270).
Quines Antwort lautete hingegen: 'A glaubt, dass' ([37], S. 142 f.; [38], S. 160 ff.; [39], S. 145).

[14] Vgl. [9], S. 269. Im Blick auf die Opazität der Anführung antizipiert Quine übrigens Dummetts
Punkt, wenn er über die Sätze (A) 'Tully' refers to a Roman und (B) 'Tully was a Roman' is true
sagt: "Despite the opacity of quotation, these occurrences of the personal name are clearly subject
to substitutivity of identity salva veritate" ([39], S. 146). 'Substitutivity of identity' ist Quines
(unpassende) Bezeichnung für die Austauschbarkeit koextensiver singulärer Terme.

We can always substitute words with the same customary reference [i.e. mit derselben normalen *Bedeutung*] in this context *salva veritate, so we have no grounds* for taking the words to have other than their customary reference (meine Hervorhebungen).

Im Falle von (Recta$_2$) haben wir offenkundig sehr gute Gründe anzunehmen, dass der Name des Dichters nicht der Bezugnahme auf den Dichter dient, unbeschadet der Tatsache, dass er gegen ko-extensionale Ausdrücke austauschbar ist. Kremers 'so we have no grounds' ist also ein klares *Non sequitur*. Aber es bleibt natürlich die Frage, ob es auch in einem Fall wie (W1) oder (W2) gute Gründe für die Annahme gibt, dass die Ausdrücke in dem eingebetteten Satz nicht ihre normale Bedeutung haben, also für die Annahme, der dass-Satz bezeichne auch hier einen Gedanken.

Frege glaubt jedenfalls *nicht*, dass es solche Gründe gibt, – er ist felsenfest davon überzeugt, dass in (W1) und (W2) jeweils derselbe Gedanke ausgedrückt wird wie in dem eingebetteten Satz: in (W1) schreiben wir der Zahl 5 eine Eigenschaft zu, in (W2) schreiben wir dem Alten Fritz und einem sächsischen Dorf Eigenschaften zu, – in keinem dieser Sätze schreiben wir einem Gedanken die Eigenschaft zu, wahr zu sein. Aber selbst Frege kann sich ja irren. Auf eine Stelle im *Hamlet* anspielend, hat Arthur Prior einmal gesagt: „Criticizing Frege is a thing one does 'more in sorrow than in anger', or in anger just because it is in sorrow; for there has perhaps been no greater philosophical logician." ([35], S. 52) Was Prior an Frege kritikwürdig fand, ist übrigens gerade nicht, was ich jetzt kritisieren werde; aber darum geht es nicht: ich mag seine Bemerkung wegen der Einstellung, die aus ihr spricht.

Welchen Grund gibt es für die anti-frege'sche Annahme, dass die dass-Sätze auch in Wahrheitszuschreibungen Gedanken bezeichnen? Dummett liefert zwei Gründe. ([9], S. 270 f.; vgl. auch [8], S. 4; [10], S. 11-13) Ausgangspunkt des *ersten* Arguments ist die Beobachtung, dass eine Zuschreibung eines propositionalen Akts-oder-Zustandes manchmal innerhalb der Grenzen ein und desselben *Satzes* mit einer Wahrheitszuschreibung interagiert. In dem Satz

(&) Galilei glaubt, dass die Erde sich bewegt, und es ist wahr

ist der dass-Satz opak: wenn wir 'die Erde' bspw. durch 'unser blauer Planet' ersetzen, wird aus Wahrem Falsches. Nun vertritt das anaphorische Pronomen im zweiten Konjunkt just diesen Nebensatz. Also sollte man das

Pronomen hier so verstehen wie den Nebensatz: genau das, was im ersten Konjunkt als Gehalt einer Meinung von Galilei klassifiziert wird, wird im zweiten Konjunkt als wahr klassifiziert.

Dummett behauptet nicht, dass dies ein schlagender Einwand gegen Freges Auffassung ist. Und ich glaube zu wissen, wie Frege auf ihn reagieren würde. Der Satz (&) drückt denselben Gedanken aus wie seine Kontraktion 'Galilei glaubt zu Recht, dass die Erde sich bewegt'. *Zu Recht Glauben, dass p* ist das Oppositum zu *Wähnen, dass p*, und zu dieser Konstruktion hat Frege in *SuB* [13] Interessantes zu sagen. Über seinen anti-sozialdemokratischen und frankophoben Beispielsatz „Bebel wähnte, daß durch die Rückgabe Elsaß-Lothringens Frankreichs Rachegelüste beschwichtigt werden können" sagt Frege, „daß der Nebensatz in unserm Satzgefüge doppelt zu nehmen ist mit verschiedenen Bedeutungen, von denen die eine ein Gedanke, die andere ein Wahrheitswerth ist" (*SuB* [13], S. 48). Mutatis mutandis dasselbe kann Frege von (&) sagen. Er würde damit natürlich nicht Dummetts Überlegung *widerlegen*, sondern ihr bloß widersprechen. Aber dasselbe gilt eben auch in der umgekehrten Richtung.

Dummetts *zweiter* Einwand scheint mir gewichtiger zu sein. Sein Ausgangspunkt ist die Beobachtung, dass die Zuschreibung eines propositionalen Akts oder Zustandes manchmal innerhalb der Grenzen ein und desselben *Arguments* mit einer Wahrheitszuschreibung interagiert. So zum Beispiel in dem Argument

A_1 (P1)   Galilei glaubt, dass die Erde sich bewegt.
 (P2)   Es ist wahr, dass die Erde sich bewegt.
 Also:
 (C)   Galilei glaubt etwas, das wahr ist.

Dieser Schluss sieht ganz nach einem formal gültigen Argument aus, und der Schein trügt nicht, wenn die dass-Sätze in *beiden* Prämissen opak sind. Unter dieser Voraussetzung sind (P1) und (P2) Aussagen über ein und denselben Gedanken, dem sie die Eigenschaft, von Galilei als wahr anerkannt zu werden, und die Eigenschaft, wahr zu *sein*, zuschreiben, und das Argument instanziiert ein Schema, das im klassischen Prädikatenkalkül allgemeingültig ist, nämlich $Fa, Ga \therefore \exists x \, (Fx \, \& \, Gx)$.

Peter Milne hat einen Einwand gegen die These erhoben, der dass-Satz in Wahrheitszuschreibungen wie der Prämisse (P2) sei opak. Wie

Freges Bemerkungen über den Eigennamen 'Kepler' in *SuB* [13], S. 40 zeigen, ist er der Auffassung, dass man beim Gebrauch eines singulären Terms in der normalen Rede *voraussetzt*, dass dieser Term eine Bedeutung hat. Diese Voraussetzung macht man aber nicht, wenn man einen singulären Term in der Inhaltsklausel der Zuschreibung eines propositionalen Aktes oder Zustandes verwendet: 'Die Griechen glaubten, dass Zeus ein Sohn des Kronos war'. Wenn der dass-Satz in (P2) nun ebenfalls opak ist, dann – so wendet Milne ein – gibt es keine „obvious explanation" dafür, warum man bei der Äußerung (P2) genau wie bei einer uneingebetteten Äußerung von 'Die Erde bewegt sich' voraussetzt, dass der singuläre Term 'die Erde' ein Bedeutung hat.'[15] – Zu Recht verlangt Milne eine Erklärung für diesen Sachverhalt. Aber ich finde, dass sie auf der Hand liegt. Wer behauptet: 'Die Griechen glaubten, dass Zeus ein Sohn des Kronos war', kann (und sollte) sich weigern, der Behauptung 'Zeus war ein Sohn des Kronos' zuzustimmen. Aber wer behauptet: 'Es ist wahr, dass *p*', kann der Behauptung von '*p*' seine Zustimmung nicht versagen: das Wissen, dass dieser Übergang (genau wie seine Umkehrung) ein korrekter Schluss ist, ist konstitutiv für das Verständnis von 'wahr'. Die von Milne vermisste „obvious explanation" dafür, dass der Sprecher von (P2) dieselbe Existenzvoraussetzung wie der lakonischere Sprecher macht, lautet m. E.: Weil jemand, der (P2) für glaubwürdig hält, nicht umhin kann, 'Die Erde bewegt sich' ebenfalls glaubwürdig zu finden.

Ich schließe mit dem Versuch, in der Frage der Opazität der dass-Sätze auch in Wahrheitszuschreibungen weiteres Wasser auf Dummetts Mühlen zu leiten. Wahrheitszuschreibungen enthalten nicht immer eine dass-Klausel. Bislang bin ich Frege darin gefolgt, dass ich nur *'expressive'* Wahrheitszuschreibungen betrachtet habe, dass heißt Sätze, in denen ein Wahrheitsjunktor auf eine Wortfolge angewendet wird, die einen Wahrheitskandidaten *ausdrückt*.[16] Wahrheitszuschreibungen sind aber keineswegs immer in diesem Sinne expressiv. Man betrachte z.B.

(W3) Der Satz des Pythagoras ist wahr.

(W4) Jede Aussage dieses Zeugen ist wahr.

In (W3) und (W4) kommen keine Sätze vor, welche die zur Diskussion stehenden Wahrheitskandidaten ausdrücken.

---

[15]Vgl. [32], S. 480. Ich habe mir erlaubt, Milnes Beispiel durch meines zu ersetzen, und auch seine Formulierung des Einwands habe ich nicht übernommen, da ich nicht glaube, dass *Wahrheiten* so etwas wie '(existential) commitments' haben können.

[16]Vgl. Künne [27], S. 52 f. *et passim* über 'propositionally revealing' *vs.* 'propositionally unrevealing' truth talk'.

Was *expressive* Wahrheitszuschreibungen angeht, können die Anhänger der Frege'schen These von der propositionalen Redundanz des Wahrheitsjunktors auf einen wichtigen Befund hinweisen. Was wir mit Sätzen wie (W1) und (W2) sagen, ist in einem sehr starken Sinne äquivalent mit dem, was wir sagen würden, wenn wir den Wahrheitsjunktor – ein Rahmen in (W1) und ein Präfix in (W2) – streichen. Wer einen gegebenen Aussagesatz S versteht und das Resultat der Anwendung eines Wahrheitsjunktors auf S versteht, der kann nicht die eine Formulierung als Ausdruck einer Wahrheit akzeptieren, ohne unmittelbar bereit zu sein, auch die andere zu akzeptieren. Aber dieser unbestreitbare Befund rechtfertigt noch nicht die These, dass beide Formulierungen *denselben* Gedanken ausdrücken. Die gerade beschriebene *kognitive Gleichwertigkeit* zweier Sätze garantiert noch nicht Identität ihres Sinnes. Ein Beispiel mag genügen, um das zu zeigen. Wer sowohl den Satz '5 ist eine Primzahl' als auch den Satz '5 ist eine Primzahl, und eine Rose ist eine Rose' versteht, der muss, wenn er dem einen zustimmt, unmittelbar bereit sein, auch dem andern zuzustimmen. Aber niemand würde sagen, dass die Konjunktion denselben Gedanken ausdrückt wie das erste Konjunkt.

Eine Wahrheitstheorie muss nun auch nicht-expressive Wahrheitszuschreibungen wie (W3) und (W4) berücksichtigen. Diese Sätze enthalten keinen Wahrheitsjunktor, sondern ein Wahrheitsprädikat. Und was übrig bleibt, wenn wir das Prädikat streichen, ist nun ganz gewiss *nicht* kognitiv äquivalent mit (W3) und (W4), weil es gar kein Satz ist. Also drückt es erst recht nicht denselben Gedanken aus. Was nach der Streichung übrig bleibt, drückt *gar keinen* Gedanken aus. Es bezeichnet nur einen Gedanken.

Eine Wahrheitstheorie muss auch Licht werfen auf die Interaktion expressiver Wahrheitszuschreibungen mit nicht-expressiven innerhalb der Grenzen ein und desselben Arguments, wie zum Beispiel in

A_2 (p1) Es ist wahr, dass $a^2 + b^2 = c^2$.
(p2) Dass $a^2 + b^2 = c^2$, ist der Satz des Pythagoras.
Also:
(c) Der Satz des Pythagoras ist wahr.

Das sieht nun wieder einmal ganz nach einem formal gültigen Argument aus, und es ist leicht, diesen Eindruck zu erklären, wenn man (p1), *contra* Frege, als Zusprechung der Eigenschaft, wahr zu sein, auffasst, und (p2) als Identitätsaussage; denn dann täuscht uns jener Eindruck nicht. Das

Argument exemplifiziert ein Muster, dass im klassischen Prädikatenkalkül allgemeingültig ist: Fa, $a = b$ ∴ Fb.

Würde Frege die These von der propositionalen Redundanz des Wahrheitsoperators aufgeben, so könnte er sich auch eine Annahme ersparen, die erstens mysteriös ist und die zweitens mit einem anderen Bestandteil seiner Semantik inkompatibel ist. In einem Manuskript aus dem Kriegsjahr 1915, das er (leider) mit der Überschrift 'Meine grundlegenden logischen Einsichten' überschrieben hat, argumentiert Frege:

> [I] Wenn ich behaupte „es ist wahr, dass Meerwasser salzig ist", so behaupte ich dasselbe wie wenn ich behaupte „das Meerwasser ist salzig"... [II] Danach könnte man meinen, das Wort „wahr" habe überhaupt keinen Sinn. Aber dann hätte auch ein Satz, in dem „wahr" als Prädikat vorkäme, keinen Sinn. [III] Man kann nur sagen: das Wort „wahr" hat einen Sinn, der zum Sinne des ganzen Satzes, in dem es als Prädikat vorkommt, nichts beiträgt ([18], S. 272, meine Nummerierungen).

Ich finde diese Passage teilweise verworren und teilweise schlicht unverständlich.[17] In [I] wiederholt er seine These von der propositionalen Redundanz des Präfixes 'Es ist wahr, dass', die ich bestreite. Kehren wir zu seinem Beispielsatz (W1) zurück, bei dem augenfälliger ist, dass er das Wort 'wahr', genauer: die Phrase '( ) ist wahr' als *Prädikat* enthält, wie Frege in [II] und [III] sagt. Die Überlegung in [II] ist einleuchtend: wenn das Prädikat in einem Satz keinen Sinn hat, dann ist auch der Satz sinnlos. Aber wenn der Sinn des Prädikats in (W1) sich selbst annulliert, wie Frege in [III] behauptet, dann würde (W1) dasselbe ausdrücken wie das, was übrigbleibt, wenn man das Prädikat streicht, aber der Sinn der Nominalphrase 'Der Gedanke, dass 5 eine Primzahl ist' ist natürlich kein Gedanke. Wenn ein *Gedanke* übrigbleiben soll, dann kann der Ausdruck, dessen Sinn sich auf mysteriöse Weise selbst aufhebt, nur der Rahmen 'Der Gedanke, dass ( ), ist wahr' sein. Aber dieser Satzbestandteil ist (wie wir eben sahen) kein Prädikat, sondern ein einstelliger *Junktor* – genau wie das Präfix 'Es ist wahr, dass ( )' in (W1) und in dem Beispiel in [I] – und genau wie der Negationsoperator. Denken wir uns diese für Frege erstaunliche Konfusion beseitigt. Verstehen wir wirklich seine These in [III], dass eine genuine Komponente eines Satzes einen Sinn hat, ohne

---

[17]Ian Rumfitt nennt diese Bemerkung 'Delphic', und er kritisiert sie auf ähnliche Weise (vgl. [41], S. 5, S. 10-12.)

dass dieser Sinn etwas zum Sinn des ganzen Satzes beitragen würde?[18] Diese These von orakelhafter Dunkelheit ist jedenfalls unverträglich mit einem Kompositionsprinzip, dass Frege auch vier Jahre später noch ausdrücklich unterschreibt und das der harte Kern seines Versuchs ist, das zu erklären, was Chomsky und andere als 'creativity' oder 'productivity of language' bezeichnen ([17], S. 36; [18], S. 243): „Der Sinn eines Satzteils ist Teil des Sinnes des Satzes, d.h. des in dem Satze ausgedrückten Gedankens."[19] Eine diese Thesen muss man verabschieden: die These von der propositionalen Redundanz des Wahrheitsoperators oder das Kompositionsprinzip. Ich empfehle, die Redundanz-These aufzugeben. Dass-Sätze sind nicht nur in Zuschreibungen propositionaler Akte und Zustände, sondern auch in Wahrheitszuschreibungen Bezeichnungen von Gedanken, und wenn eine solche Zuschreibung ins Schwarze trifft, dann ist Wahrheit eine Eigenschaft des bezeichneten Gedankens. Wer gegen Frege darauf insistiert, dass Wahrheit eine Eigenschaft mancher Gedanken ist, kann und sollte zugestehen, dass es eine *sehr besondere* Eigenschaft ist. Daraus, dass der Gedanke, dass die Dinge sich so und so verhalten, diese Eigenschaft hat, können wir *unmittelbar* schließen, dass die Dinge sich (wirklich) so verhalten.

Literaturverzeichnis

[1] **Baker, G. and Hacker, P.**: *Frege: Logical Excavations.*, Oxford 1984.

[2] **Beaney, M. and Reck, E.** (Hg.): *Gottlob Frege – Critical Assessments.* Vol. I, London 2005.

[3] **Church, A.**: *A Formulation of the Logic of Sense and Denotation.* In Henle, P. (Hg.): Structure, Method and Meaning 3—24, New York 1951.

[4] **Dummett, M.**: *Frege – Philosophy of Language.* (1973), London 1981.

[5] **Dummett, M.**: *The Interpretation of Frege's Philosophy.* (1981), London 1981.

[6] **Dummett, M.**: *More on Thoughts.* (1989), repr. in Dummett, M.: *Frege and Other Philosophers*, 289–314, Oxford 1991.

[7] **Dummett, M.**: *Comments on W.K.'s Paper.* (1997), in *Grazer Philosophische Studien* 53, 241–248, repr. in [2].

---

[18]Die Wörter 'stab', 'tab', 'able' und 'table' sind keine genuinen Komponenten von 'He cleaned the stable', – ihr Sinn geht nicht in den Sinn dieses Satzes ein.

[19]([19], S. 156; [20], S. 20) "Der Sinn eines Teiles des Satzes ist Teil des Sinnes des Satzes."

[8] **Dummett, M.**: *Is the Concept of Truth Needed for Semantics?* (1998), in C. Martínez et al. (Hg.): *Truth in Perspective*, 3–22, Aldeshot 1998.

[9] **Dummett, M.**: *Of What Kind of Thing is Truth a Property?* (1999), in S. Blackburn and K. Simmons (Hg.): *Truth*, 264–281, Oxford 1999.

[10] **Dummett, M.**: *Sentences and Propositions.* (2000), in R. Teichmann (Hg.): *Logic, Cause and Action*, 9–23, Cambridge 2000.

[11] **Dummett, M.**: *Intellectual Autobiography.* (2000), in R. E. Auxier and L. E. Hahn (Hg.): *The Philosophy of Michael Dummett*, 3–54, Chicago 2007.

[12] **Frege, G.**: *Begriffsschrift.* (*BS*, 1879), repr. Hildesheim 2007.

[13] **Frege, G.**: *Über Sinn und Bedeutung.*, (*SuB*, 1892), repr. in [21].

[14] **Frege, G.**: *Grundgesetze der Arithmetik.*, (*GG*, I 1893, II 1903), repr. Hildesheim 1998.

[15] **Frege, G.**: *Der Gedanke.* (*Ged*, 1918), repr. in [28].

[16] **Frege, G.**: *Die Verneinung.* (*Vern*, 1919), repr. in [28].

[17] **Frege, G.**: *Gedankengefüge.* (*Ggf*, 1923), repr. in [28].

[18] **Frege, G.**: *Nachgelassene Schriften.* (*NS*), Hamburg 1969.

[19] **Frege, G.**: *Wissenschaftlicher Briefwechsel.* (*WB*), Hamburg 1976.

[20] **Frege, G.**: *Vorlesungen über Begriffsschrift. Nach der Mitschrift von Rudolf Carnap.* (*Vorl*) In History and Philosophy of Logic 17, 1–48 (1996).

[21] **Frege, G.**: *Funktion – Begriff – Bedeutung.* (*FBB*), repr. Patzig, G. (Hg.), Göttingen 1962, 2008.

[22] **Götzinger, M. W.**: *Die deutsche Sprache und ihre Literatur.* Bd. 1, Stuttgart 1839, repr. Hildesheim 1977.

[23] **Issacson, D.**: *In Memoriam: Michael Dummett (1925-2011).* news_events., University of Oxford, Faculty of Philosophy, January 2012.

[24] **Kremer, M.**: *Sense and Reference: the Origins and Development of the Distinction.* In [34], 220–291.

[25] **Kripke, S.**: *Frege's Theory of Sense and Reference (2008).* Repr. (mit Korrekturen) in *Philosophical Troubles, Collected Papers.* Vol. I, 254–291, Oxford 2011.

[26] **Künne, W.**: *Propositions in Bolzano and Frege.* In *Grazer Philosophische Studien* 53, 203–240 (1997), repr. in [2].

[27] **Künne, W.**: *Conceptions of Truth.* Oxford 2003.

[28] **Künne, W.**: *Die Philosophische Logik Gottlob Freges.* Frankfurt am Main 2010.

[29] **Künne, W.**: *Sense, Reference and Hybridity. Reflections on Kripke's Recent Reading of Frege.* In Dialectica 64, 529–551 (2010).

[30] **Künne, W.**: *Intentionalität: Bolzano und Husserl.* In Centrone, S. (Hg.): *Versuche über Husserl,* 97–144, Hamburg 2013.

[31] **Künne, W.**: *Truth Without Truths? Propositional Attitudes Without Propositions? Meaning Without Meanings?* In Kijania-Placek, K., Mulligan, K. and Placek, T. (Hg.): *Studies in the History and Philosophy of Polish Logic* (FS für Jan Woleński), 160–204, Basingstoke 2014.

[32] **Milne, P.**: *Frege' s Folly: Bearerless Names and Basic Law V.* In [34], 465–508.

[33] **Moltmann, F.**: *Propositional Attitudes Without Propositions.* In *Synthese* 135, 77–118 (2003).

[34] **Potter, M. and Ricketts, T.** (Hg.): *The Cambridge Companion to Frege.* Cambridge 2010.

[35] **Prior, A. N.**: *Objects of Thought.* Oxford 1971.

[36] **Quine, W. V. O.**: *Methods of Logic.* (1950), London 1974.

[37] **Quine, W. V. O.**: *Reference and Modality.* (1953a), in *From a Logical Point of View,* 139–159, 1961.

[38] **Quine, W. V. O.**: *Three Grades of Modal Involvement.* (1953b), in *The Ways of Paradox,* 158–176, Cambidge/MA and London 1976.

[39] **Quine, W. V. O.**: *Word and Object.* Cambrige/MA 1960.

[40] **Rosefeldt, T.**: *That-Clauses and Non-Nominal Quantification.* In *Philosophical Studies* 137, 301–333 (2008).

[41] **Rumfitt, I.**: *Truth and the Determination of Content.* In *Grazer Philosophische Studien* 82, 3–48 (2011).

[42] **Schiffer, S.**: *Propositional Content.* In LePore, E. and Smith B. C. (Hg.): *The Oxford Handbook of Philosophy of Language,* 267–294, Oxford 2006.

[43] **Sereni, A.**: *Verità, lacune e oratio obliqua.* In Carrara, M. and Morato, V. (Hg.): *Verità,* 75–87, Milano 2010.

Autor

Prof. em. Dr. Wolfgang Künne
Philosophisches Seminar Universität Hamburg
Von-Melle-Park 6
D-20146 Hamburg, Germany
Email: wolfgang.kuenne@uni-hamburg.de

Ingolf Max

Wieso Frege nicht über das Lesen der ersten Sätze von Wittgensteins "Logisch-Philosophischer Abhandlung" hinaus kam!

Wittgenstein schickt Frege im Dezember 1918 eine Version seines unveröffentlichten Textes offenbar unter dem von ihm bevorzugten Titel „Logisch-Philosophische Abhandlung".[1] Er hatte kurz zuvor die Ablehnung des Verlagshauses Jahoda & Siegel auf seine Anfrage erhalten, das Buch dort veröffentlichen zu können. Es spricht vieles dafür, dass Wittgenstein, der Frege zeitlebens hoch verehrte, große Erwartungen in dessen Reaktion auf seine *Abhandlung* gesetzt hatte. Es vergeht eine geraume Zeit, ehe Frege erst mit seinem Brief vom 28.06.1919 antwortet. Er entschuldigt sich zunächst für das lange Schweigen: „Sie warten gewiss schon längst auf eine Antwort von mir und erwünschen eine Äusserung von mir über Ihre Abhandlung, die Sie mir haben zukommen lassen. Ich fühle mich deshalb sehr in Ihrer Schuld und hoffe auf Ihre Nachsicht. Ich bin in der letzten Zeit sehr mit langwierigen geschäftlichen Angelegenheiten belastet gewesen, die mir viel Zeit weggenommen haben, weil ich in der Erledigung solcher Sachen aus Mangel an Übung ungewandt bin. Dadurch bin ich verhindert worden, mich mit Ihrer Abhandlung eingehender zu beschäftigen und kann daher leider Ihnen kein begründetes Urteil darüber abgeben. Ich finde sie schwer verständlich." Der letzte Satz in diesem Zitat aus dem Brief vom 18.06.1919 konterkariert die davor stehende Entschuldigung mittels äußerer Gründe. Frege kam mit Wittgensteins Text nicht zurecht. Als Logiker, der seine Werke auf die äußerst präzise Fassung aller Begriffe ausgerichtet hat, findet er keinen Zugang zu Wittgensteins Text. Aus dem letzten bekannten Brief von Frege an Wittgenstein vom 03.04.1920 wird ersichtlich, dass er schon mit dem ersten Satz der *Abhandlung* nicht zurechtkommt:

> „Was nun Ihre eigene Schrift anbetrifft, so nehme ich gleich an dem ersten Satze Anstoss. Nicht, dass ich ihn für falsch hielte,

---

[1]Wittgensteins Arbeit wird heute überwiegend unter dem Titel „Tractatus logico-philosophicus" veröffentlicht und zitiert (siehe [11]). Wittgenstein selbst spricht dagegen konsequent immer wieder von „Logisch-Philosophischer Abhandlung". Vgl. z.B. die drei Erwähnungen in seinen *Philosophischen Untersuchungen*: im Vorwort und in den Paragraphen 23 und 114. Man beachte insbesondere die Großschreibung von „Philosophischer"!

sondern weil mir der Sinn unklar ist. ‚Die Welt ist alles, was der Fall ist.'" [6]

Die beiden Briefe und zwei weitere, die zeitlich dazwischen liegen (16.09.1919 und 30.09.1919), zeigen, dass er sich durch die Erwähnung des Terminus' „Sachlage" (30.09.1919) und die Nichterwähnung des Begriffs „Bild" in der *Abhandlung* höchstens bis zum

Satz 2.014 „Die Gegenstände enthalten die Möglichkeit aller Sachlagen."

vorgewagt hat.

Wieso kam Frege nun nicht über das Lesen der ersten Sätze der *Abhandlung* hinaus? Wieso setzte Wittgenstein so große Hoffnungen in die Erwiderungen Freges, wo ihm doch klar gewesen sein musste, dass sich sein Programm als *philosophiekritisches* und – wie er mehrfach betont – auch *künstlerisch-kompositorisches* in gewisser Weise fundamental von Freges Programm einer *wissenschaftlichen Logik* unterscheidet? Verblüffenderweise erkennt Frege selbst diese alternative Ausrichtung: „Dadurch wird das Buch eher eine künstlerische als eine wissenschaftliche Leistung; das, was darin gesagt wird, tritt zurück hinter das, wie es gesagt wird. Ich ging bei meinen Bemerkungen von der Annahme aus, Sie wollten einen neuen Inhalt mitteilen." (16.09.1919) Vielleicht hatte Wittgenstein gehofft, dass Frege die *Abhandlung* in Gänze liest und zunehmend die Verwandtschaft mit seinen eigenen Arbeiten erkennt. Doch Frege stellt vor der zitierten Bemerkung fest: „Was Sie mir über den Zweck Ihres Buches schreiben, ist mir befremdlich." Frege ist offenbar nicht bereit eine andere als eine *logisch-wissenschaftliche* Perspektive auf die *Abhandlung* einzunehmen. Wittgenstein, der sich selbst wohl während seines gesamten Lebens als Sprach*komponist* verstanden hat (vgl. [2]), hat Frege nicht nur für sein kreatives wissenschaftliche Schaffen, sondern zugleich als Sprachvirtuosen geschätzt. Frege selbst hatte bereits 1892 in „Sinn und Bedeutung" eine mögliche Bezugnahme auf Dichtung im Rahmen seiner Semantik angeboten: „Wir können nun drei Stufen der Verschiedenheit von Wörtern, Ausdrücken und ganzen Sätzen erkennen. Entweder betrifft der Unterschied höchstens die Vorstellungen, oder den Sinn aber nicht die Bedeutung, oder endlich auch die Bedeutung. In Bezug auf die erste Stufe ist zu bemerken, daß, wegen der unsicheren Verbindung der Vorstellungen mit den Worten, für den einen eine Verschiedenheit bestehen kann, die der andere nicht findet. Der Unterschied der Übersetzung von der Urschrift soll eigentlich die erste Stufe nicht überschreiten. Zu den hier noch möglichen Unterschieden gehören die Färbungen und Beleuchtungen, welche Dichtkunst [und] Beredsamkeit dem Sinne zu geben suchen. Diese Färbungen und Beleuchtungen sind nicht objektiv, sondern jeder Hörer und Leser muß sie sich selbst nach den Winken des Dichters oder Redners hinzuschaffen. Ohne eine Verwandtschaft des menschlichen Vorstellens wäre freilich die Kunst nicht möglich; wieweit aber den Absichten des Dichters entsprochen wird, kann nie genau ermittelt werden." ([3], S. 31) Die Textgrundlage für verschiedene Aspekte der Beantwortung der Eingangsfrage „Wieso kam Frege nicht über das Lesen der ersten Sätze von Wittgensteins *Abhandlung* hinaus?" sollen vor allem die 21 Briefe bilden, die Frege zwischen dem 11.10.1914 und 03.04.1920 an Wittgenstein schrieb und die vor dem Hintergrund einiger Überlegungen zur *Abhandlung* betrachtet werden. Eine derartige Textbeschränkung hat sicherlich ihre Tücken, bietet allerdings auch die Chance genauer auf diese Texte zu schauen. Vor allem die letzten vier Briefe Freges bieten die großartige Gelegenheit einige – durchaus aktuelle – Missverständnisse bei der Interpretation der Wittgensteinschen *Abhandlung* nachzuvollziehen. Außerdem erlaubt deren Analyse die thesenhafte Formulierung einiger Aussagen zu Wittgenstein und Frege mit Blick auf deren Positionen zu Logik und Philosophie.

1. Die 21 Briefe Freges an Wittgenstein

Die folgende Tabelle gibt einen Überblick über die 21 Briefe mit Bezug auf Datum, Ort, [Anschrift Freges], der sich wandelnden Anredeformen und der Textlänge in Wörtern ohne Anrede, aber mit abschließender Grußformel.[2]

Ort, Datum [Anschrift]	Anredeform	Wort-zahl
Jena, d. 11.X.14	Lieber Herr Wittgenstein!	122
Jena, d. 23.XII.14	Lieber Herr Wittgenstein!	167
Jena, d. 24.VI.15	Sehr geehrter Herr Wittgenstein!	119
Jena, d. 28. Nov. 1915	Sehr geehrter Herr Wittgenstein!	90
Jena, d. 6. Febr. 1916	Sehr geehrter Herr Wittgenstein!	84

[2]Vgl. Kreiser [7], S. 577-580 zur Beziehung zwischen Frege und Wittgenstein.

Ort, Datum [Anschrift]	Anredeform	Wort-zahl
Brunshaupten, den 21.IV. 16	Sehr geehrter Herr Wittgenstein!	90
Jena 2.VII.16	Lieber Herr W!	105
Jena, den 29. Juli 16 [Forst-weg Nro 29]	Lieber Herr Wittgenstein!	81
Jena, d. 28.VIII.16	Sehr geehrter Herr Wittgenstein!	116
Brunshaupten, d. 26.IV.17	Lieber Herr Wittgenstein!	124
Brunshaupten (Ostsee), den 30.VI.17 (Villa Anna-Lise)	Lieber Herr Wittgenstein!	169
Brunshaupten, den 16.IX. 17, Neue Reihe Nr 208	Lieber Herr Wittgenstein!	75
26.II.18	keine	108
Neuburg bei Wismar, K. 21, den 9. April 1918	Lieber Herr Wittgenstein!	202
Neuburg b. Wismar, d. 1.VI.18	keine	110
Neuburg (Mecklenburg) d. 12.IX.18	L. H. W.!	251
Bad Kleinen Mecklenb. N. 52, den 15.X.18	keine	143
Bad Kleinen in Mecklenburg, den 28.VI.19	Lieber Freund!	837
Bad Kleinen, den 16. Sept. 1919	Lieber Herr Wittgenstein!	761
Bad Kleinen i. Mecklenb., den 30.IX.19	Lieber Herr Wittgenstein!	455
Bad Kleinen (Mecklenb.), den 3.IV.20	Lieber Herr Wittgenstein!	908

Folgende Beobachtungen können wir machen:

(a) Frege spricht Wittgenstein am Beginn (1914) und am Ende des Brief-wechsels (1920) sowie dazwischen noch zehnmal mit „Lieber H[err]

W[ittgenstein]!" an. Von 1915 bis 1916 verwendet er viermal „Sehr geehrter Herr Wittgenstein!". Dreimal verzichtet er ganz auf eine persönliche Anrede.

(b) Ein einziges Mal verwendet er die Anrede „Lieber Freund!".

(c) Dieser so eingeleitete Brief spielt in mehrfacher Hinsicht eine ausgezeichnete Rolle in der Korrespondenz: (c1) Nach einer längeren Pause von mehr als acht Monaten schreibt Frege wieder an Wittgenstein. (c2) Dieser Brief ist der erste, den Frege schreibt, nachdem er ein Exemplar von Wittgensteins „Logisch-Philosophischer Abhandlung" erhalten hat. (c3) Ab jetzt sind die Briefe deutlich ausführlicher als alle 17 vorangegangenen. (c4) Durch die Bezugnahme auf die *Abhandlung* sind die Briefe nun primär logischer (wissenschaftlicher) Art. Dabei trägt Frege sein Unverständnis und seine Kritik an der *Abhandlung* mit Blick auf seine eigene Arbeit an den „Logischen Untersuchungen" vor.[3] Frege scheint zu dieser vertrauten Anredeform zu greifen, da er bereits ahnt, dass sich die Diskussion mit Wittgenstein schwierig gestalten wird.

Wittgenstein hat seine Projekte zunächst als „logisch-philosophisch" etikettiert. Später bevorzugt er das Adjektiv „philosophisch" („philosophische Untersuchungen", „philosophische Bemerkungen" etc.) In der *Abhandlung* wird streng unterschieden zwischen der Gesamtheit der wahren (sinnvollen) Sätze, die die gesamte Naturwissenschaft (einschließlich der Psychologie) ist (4.11, 4.1121), den sinnlosen Sätzen der Logik (6.1, Tautologien) und der Philosophie, die eine Tätigkeit darstellt (4.111 bis 4.116) und die zu Unsinn führt, wenn wir unsere Sprachlogik nicht verstehen (3.324, 4.002 bis 4.0031, 6.53).

Bereits in den Briefen von Frege an Wittgenstein zwischen 1914 und 1918 zeigt sich, dass Frege diese Redeweise fremd ist. Er spricht mit Bezug auf seine eigene Arbeit von „wissenschaftlich" und verortet auch die Arbeit Wittgensteins dort: „... und bewundere es, dass Sie sich noch dabei der *Wissenschaft* widmen können." (11.10.1914) / „Es freut mich, dass Sie in dieser schweren Zeit immer noch Zeit und Kraft zur *wissenschaftlichen Arbeit* haben; mir will es nicht recht gelingen." (23.12.1914) / „Es freut mich, dass Sie *wissenschaftlich arbeiten* ... Mit Ihnen noch einmal in friedlichen Zeiten *wissenschaftliche Gespräche* führen zu können, hofft Ihr G. Frege."

---

[3]Von den „Logischen Untersuchungen" erwähnt Frege „Der Gedanke. Eine logische Untersuchung" [4] (in den Briefen vom 12.09.1918, 15.10.1918, 16.09.1919, 03.04.1920) und „Die Verneinung" [5] (im Brief vom 15.10.1918).

(24.06.1915) / „Es freut mich, dass Sie immer noch Zeit und Kraft für *wissenschaftliche Arbeiten* übrig haben." (28.11.1915) / „Jedenfalls hoffe ich, dass es mir in irgendeiner Weise vergönnt sein möge, unsere *wissenschaftlichen Unterhaltungen* weiter zu führen ..." (21.04.1916) / „Auch ich habe jetzt nicht recht Kraft und Stimmung zu *eigentlich wissenschaftlichen Arbeiten* ..." (02.07.1916) / „So würde doch vielleicht ein *wissenschaftlicher Verkehr* zwischen uns herzustellen sein ..." (28.08.1916) / „Und dabei finden Sie noch Zeit zu *wissenschaftlichem Arbeiten!*" (26.04.1917).[4]

Mit Blick auf Wittgenstein verwendet Frege zuweilen auch andere Charakterisierungen: „Ihren Wunsch, *Ihre geistige Arbeit* nicht verlorengehen zu lassen ..." (21.04.1916) / „Dann hoffe ich, dass wir unsere Gespräche zur gegenseitigen Verständigung und Förderung in logischen Fragen wieder aufnehmen können." (02.07.1916) / „Ich wünsche Ihnen guten Erfolg *Ihrer Arbeit* ..." (16.09.1917) / „Und doch sehnen Sie Sich nach der Beschäftigung mit *viel tiefer liegenden Aufgaben*" (26.02.1918) / „Jeder von uns, meine ich, hat vom Andern empfangen im *geistigen Verkehr*." (09.04.1918) / „Was Sie *in unseren Verkehr* gewonnen haben, das wird, hoffe ich, die Menschheit auf dem Wege, der ihr gewiesen ist, ein Stückchen vorwärts bringen." (09.04.1918) / „Ich beglückwünsche Sie zu dem Abschluss *Ihrer Arbeit* ..."

Bis auf eine Ausnahme verwendet Frege nach dem Brief vom 26.04.1917 „wissenschaftlich" und „Wissenschaft" nicht mehr. Diese Ausnahme ist insofern bemerkenswert als Frege hier „wissenschaftliche" und „künstlerische Leistung" einander gegenüberstellt, wobei er seine eigene auf jeden Fall als *wissenschaftliche* sieht und zumindest die Möglichkeit eröffnet, Wittgensteins Leistung als *künstlerische* einordnen zu können: „Was Sie mir über den Zweck Ihres Buches schreiben, ist mir befremdlich. Danach kann er nur erreicht werden, wenn Andere die darin ausgedrückten Gedanken schon gedacht haben. Die Freude beim Lesen Ihres Buches kann also nicht mehr durch den schon bekannten Inhalt, sondern nur durch die Form erregt werden, in der sich etwa die Eigenart des Verfassers ausprägt. Dadurch wird das Buch eher eine künstlerische als eine wissenschaftliche Leistung; das, was darin gesagt wird, tritt zurück hinter das, wie es gesagt wird. Ich ging bei meinen Bemerkungen von der Annahme aus, Sie wollten einen neuen Inhalt mitteilen. Und dann wäre allerdings grösste Deutlichkeit grösste Schönheit." (16.09.1919) Eine wissenschaftliche Leistung zeichnet sich somit durch die Mitteilung eines neuen Inhalts

---

[4] Alle kursiven Hervorhebungen in diesem und dem nachfolgenden Abschnitt stammen vom Autor.

aus. Die größte Schönheit im Bereich der Wissenschaft besteht dann in größter Deutlichkeit. Dagegen bezieht sich die künstlerische Leistung auf die Erregung von Freude durch die Form. Dies ist eine wunderbare Formulierung für die Schönheit von *Kompositionen* in der Musik, Malerei, Bildhauerei, Architektur etc. Wittgenstein möchte aus einer philosophiekritischen Perspektive wissenschaftliche und künstlerische Leistung nicht auseinandergerissen verstehen. Er wählt bei seiner Danksagung an Frege und Russell im Vorwort der *Abhandlung* folgende Formulierung: „Nur das will ich erwähnen, daß ich den großartigen Werken Freges und den Arbeiten meines Freundes Herrn Bertrand Russell einen großen Teil der Anregung zu meinen Gedanken schulde." Den „Arbeiten meines Freundes" stehen die „großartigen Werken Freges" gegenüber. Werke sind für Wittgenstein „großartig", wenn sie im auch künstlerischen Sinne herausragende Kompositionen sind. Für Wittgenstein bildet Freges Schaffen eine Einheit von Logik und Kunst an der er sich zeitlebens orientiert.

Frege hätte die Gelegenheit gehabt, dem Vorschlag Wittgensteins in dem Vorwort der *Abhandlung* zu folgen: „Sein Zweck [des Buches, I.M.] wäre erreicht, wenn es Einem, der es mit Verständnis liest, Vergnügen bereitete." Auf dieses Verständnis hatte Wittgenstein gehofft und wurde schwer enttäuscht. Er beklagt sich bereits am 19.09.1919 in einem Brief an Bertrand Russell, dass Frege kein einziges Wort seiner *Abhandlung* verstünde. Und an Ludwig von Ficker schreibt Wittgenstein kurze Zeit später: „Die Arbeit ist streng philosophisch und zugleich literarisch, es wird aber doch nicht darin geschwefelt." (07.10.1919) Wittgenstein hält sicher Freges Werke für streng und in diesem Sinne auch für eine Form von Literatur, die frei vom Schwefeln ist.

Frege gibt mit der Formulierung „Ich ging bei meinen Bemerkungen von der Annahme aus, Sie wollten einen neuen Inhalt mitteilen." zu, dass er Wittgensteins Bestrebungen offenbar seit 1914 als *wissenschaftliche* eingeordnet hatte, nun sich dessen aber nicht mehr sicher ist. Dennoch beginnt der Brief vom 16.09.1919 mit: „Ich halte die Aussicht, dass wir uns auf philosophischem Gebiete noch verständigen werden, nicht für so gering, wie Sie es zu tun scheinen. Ich verbinde damit die Hoffnung, dass Sie dereinst für das, was ich im Gebiete der Logik erkannt zu haben glaube, eintreten werden." Frege hält damit offenbar die Philosophie für ein Gebiet, welches für die Überbrückung von Verständnisproblemen genutzt werden kann. Frege versucht nachdrücklich Wittgenstein für seine Position einzunehmen: „Zuvor müssten Sie freilich dafür gewonnen werden. Deswegen ist mir der Meinungsaustausch mit Ihnen erwünscht. Und ich habe in langen

Gesprächen mit Ihnen einen Mann kennen gelernt, der gleich mir nach der Wahrheit gesucht hat, z. Tl auf andern Wegen. Aber gerade dies lässt mich hoffen, bei Ihnen etwas zu finden, was das von mir Gefundene ergänzen, vielleicht auch berichtigen kann. So erwarte ich, indem ich versuche, Sie zu lehren, mit meinen Augen zu sehen, selbst zu lernen, mit Ihren Augen zu sehen. Die Hoffnung auf eine Verständigung mit Ihnen gebe ich so leicht nicht auf." Frege schlägt die Suche nach der Wahrheit als eine Möglichkeit zur Verständigung vor.

Selbst in seiner Antwort vom 03.04.1920 auf Wittgensteins Brief vom 19.03.1920 macht Frege noch einen Versuch, die Diskussion fortzuführen: „Natürlich nehme ich Ihnen Ihre Offenheit nicht übel. Aber ich möchte gerne wissen, welche tiefen Gründe des Idealismus Sie meinen, die ich nicht erfasst hätte. Ich glaube verstanden zu haben, dass Sie selbst den erkenntnistheoretischen Idealismus nicht für wahr halten. Damit erkennen Sie, meine ich, an, dass es tiefere Gründe für diesen Idealismus überhaupt nicht gibt. Die Gründe dafür können dann nur Scheingründe sein, nicht logische." Allerdings artikuliert er erneut sein Problem mit dem Beginn der *Abhandlung*: „Was nun Ihre eigene Schrift anbetrifft, so nehme ich gleich an dem ersten Satze Anstoss. Nicht, dass ich ihn für falsch hielte, sondern weil mir der Sinn unklar ist."

2. Freges Problem mit der logischen Form der ersten Sätze

Frege hatte bereits Schwierigkeiten mit der Einordnung der ersten Sätze der *Abhandlung*. Dies signalisiert er in allen vier Briefen nach dem Erhalt der *Abhandlung*: „Sie gebrauchen gleich am Anfange ziemlich viele Wörter, auf deren Sinn offenbar viel ankommt. / Gleich zu Anfang treffe ich die Ausdrücke *der Fall sein* und *Tatsache* und ich vermute, dass *der Fall sein* und *eine Tatsache sein* dasselbe ist." (28.06.1919) „Ob ich zu denen gehöre, die Ihr Buch verstehen werden? Ohne Ihre Beihülfe schwerlich. Auf das, was Sie mir über Sachverhalt, Tatsache, Sachlage schreiben, wäre ich von selbst kaum verfallen, wiewohl ich an einer Stelle meines Aufsatzes [*Der Gedanke*, I.M.] Ihrer Meinung wohl nahe komme." (16.09.1919) „Dabei könnte vielleicht noch ein Übelstand vermieden werden. Nachdem man Ihr Vorwort gelesen hat, weiss man nicht recht, was man mit Ihren ersten Sätzen anfangen soll. Man erwartet eine Frage, ein Problem gestellt zu sehen und nun liest man etwas, was den Eindruck von Behauptungen macht, die ohne Begründungen gegeben werden, deren sie doch dringend bedürftig erscheinen. Wie kommen Sie zu diesen Behauptungen? Mit welchem Probleme hängen sie zusammen? Ich möchte eine Frage an die Spitze gestellt sehen, ein Rätsel, dessen Lösung kennen zu lernen, erfreuen könnte. Man muss gleich anfangs Mut schöpfen, sich mit dem Folgenden zu befassen." (30.09.1919)

Und im letzten Brief (03.04.1920) kommt Frege wieder auf den ersten Satz der *Abhandlung* zurück und signalisiert erneut, dass er offenbar mit dem Weiterlesen nicht vorankommt: „Was nun Ihre eigene Schrift anbetrifft, so nehme ich gleich an dem ersten Satze Anstoss. Nicht, dass ich ihn für falsch hielte, sondern weil mir der Sinn unklar ist. ‚Die Welt ist alles, was der Fall ist'. [Der erste Satz der *Abhandlung*. I.M.] Das ‚ist' wird entweder als blosse Copula gebraucht, oder wie das Gleichheitszeichen in dem volleren Sinne von ‚ist dasselbe wie'. Während das ‚ist' des Nebensatzes offenbar blosse Copula ist, kann ich das ‚ist' des Hauptsatzes nur in dem Sinne eines Gleichheitszeichens verstehen. Bis hier ist, glaube ich, kein Zweifel möglich. Aber ist die Gleichung als Definition zu verstehen? Das ist nicht so deutlich." Frege schlägt vor den Ausdruck „alles, was der Fall ist" entweder (i) als (komplexes) Prädikat „A" und damit als Funktion mit dem Argument „w" „die Welt" aufzufassen: „A(w)". Oder wir haben (ii) einen Identitätssatz der Form „a = b", wobei nach Frege „a" und „b" Eigennamen der Form bestimmter Artikel + beliebig komplexe Konstruktion im Singular sein müssten sowie das „ist" durch das Zeichen „=" ausgedrückt würde. Diese Form hat Satz (1) wegen „alles, was der Fall ist" („b") jedoch nicht! Auch scheint „alles, was der Fall ist" nicht so leicht als einstelliges Prädikat aufgefasst werden zu können. Die Variante (ii) scheidet für Wittgenstein in der *Abhandlung* ohnehin aus, da er Gleichungssätze – insbesondere wenn sie Elementarsätze sein sollen – für Scheinsätze hält (5.543, 6.2).

Wittgenstein strebt nicht nach einer eindeutigen Formangabe bei seinen (unsinnigen oder auch literarischen?) Sätzen. Er strebt auch keine fixierenden Definitionen an. Ihm geht es eher um sprachliche Kreationen, die es erlauben Originalität, ja zuweilen Einmaligkeit mit Vernetzungsangeboten an den weiteren Text zu verbinden. Etwas überspitzt formuliert: Wittgenstein verwendet Formulierungen, die sich zunächst für eine Formalisierung nahezu anzubieten scheinen, sich später aber als resistent gegenüber Formalisierungen erweisen.

Die Konstruktion „alles, was der Fall ist" stellt in der *Abhandlung* ein Unikat dar, sie kommt nie wieder vor.[5] Hätte Frege weitergelesen, wäre er dar-

---

[5]Bemerkung: In gewisser Weise ist der letzte Satz „Wovon man nicht sprechen kann, darüber muss

über sicher sehr irritiert gewesen. Nahe gelegt wird, „alles, was der Fall ist" mit „die Gesamtheit der Tatsachen" zu identifizieren. Diese Formulierung taucht allerdings auch nur noch in 1.1 und 1.12 auf. Die Wittgenstein-sche Sprachkompositionstechnik besteht nun insbesondere darin in seiner *Abhandlung* relativ intensiv und auf unterschiedlichen Niveaus seiner De-zimalnummerierung durch das ganze Werk hindurch mit Teilphrasen des ersten Satzes zu arbeiten. Schauen wir uns zunächst die Phrase „[D]die Welt ist" und seine umgestellte Version „... ist die Welt" an:

- Die Konstruktion „[D]die Welt ist ..." kommt in der *Abhandlung* siebenmal vor. Nur ein einziges Mal erfüllt diese Konstruktion die genannte Form eines Identitätssatzes mit „Die Welt ist" (bestimmter Artikel + Singularkonstruktion) in der linken Position: „*Die* Welt ist *die* Gesamtheit der Tatsachen, nicht der Dinge." (1.1, Hervorhe-bungen in den Zitaten hier und nachstehend von mir.)

- Der Ausdruck „die Welt" kommt in einer solchen Konstruktion noch zweimal rechts von „ ist" vor: „Die Gesamtheit der bestehenden Sach-verhalte *ist die Welt*" (2.04) und „Die gesamte Wirklichkeit *ist die Welt.*" (2.063).

- Die Phrase „die Welt" tritt letztmalig unmittelbar vor Satz (7) auf: „Er muss diese Sätze überwinden, dann sieht er *die Welt* richtig" (6.54).

Insbesondere die letzte Beobachtung könnte nun nahe legen, die Formulie-rung „die Welt" zu verwenden um eine Klammer für den gesamten Text anzunehmen, die von „Die Welt ..." in (1) bis „... die Welt richtig" in (6.54) reicht. Dies greift allerdings viel zu kurz, da dabei zumindest eine Ketten-bildung übersehen wird, die von „Die Welt ist ..." in (1) bis zu „... ist die Welt" in (2.063) reicht. Dieses Kette beruht auf der Unterscheidung von „Tatsache" („bestehender Sachverhalt") und „nicht bestehender Sachver-halt". Sie ist für das Verständnis der *Abhandlung* unerlässlich, macht doch Wittgenstein bereits vor dem Übergang zur Bildkonzeption in (2.1) seine *holistische* Position im Unterschied zu einer *semantisch-theoretischen* Po-sition deutlich. Die holistische Position bezieht sich immer auf die Berück-sichtigung *der Gesamtheit*, die Wittgenstein bereits im ersten Abschnitt in verschiedenen Versionen ausdrückt: „*die Welt*", „ *alles*, was der Fall ist"

---

man schweigen." in seiner Gänze ebenfalls ein Unikat, wobei aber z.B. das doppelte Vorkommen von „man" viele Vorerwähnungen hat (beginnend mit 2.02331) und die Konstruktion „nicht kann" bzw. „kann nicht" sehr häufig in der *Abhandlung* verwendet wird um – auf unsinnige Weise – eine Form der Unmöglichkeit anzuzeigen, die grundsätzlich von der Form der Kontradiktion (der logischen Unmöglichkeit) verschieden ist!

(1), „ *die Gesamtheit* der Tatsachen" (1.1, 1.12), „ *alle* Tatsachen" (1.11), „was *alles* nicht der Fall ist" (1.12), „ *alles* übrige" (1.21) [Hervorhebungen des Autors]. Im weiteren Verlauf der *Abhandlung* kommen immer neue Variationen hinzu, z.B. „jeder Möglichkeit", „alle Möglichkeiten" (2.0121), „allen *möglichen* Sachlagen" (2.0122), „sämtliche Möglichkeiten" (2.0123), „alle seine internen Möglichkeiten" etc.

Wir erfahren zunächst, dass die Welt *die Gesamtheit der Tatsachen* ist (1.11) und dass, das, was der Fall ist, die Tatsache, das Bestehen von Sachverhalten sei (2). Damit scheint die Welt die Gesamtheit der bestehenden Sachverhalte zu sein. Später erfahren wir dann, dass das Bestehen und Nichtbestehen von Sachverhalten die Wirklichkeit sei (2.06). Damit scheint die Wirklichkeit enorm viel größer als die Welt zu sein (und wäre es, wenn wir negative Fakten zuließen, vgl. hierzu auch Max [9]):

- *Die Welt* = die Gesamtheit der Tatsachen = die Gesamtheit der bestehenden Sachverhalte.

- *Die (gesamte) Wirklichkeit* = die Gesamtheit der bestehenden und nichtbestehenden Sachverhalte.

Dann verblüfft uns Wittgenstein jedoch mit der noch durch den Einschub „gesamte" verstärkten Bemerkung in 2.063: „Die gesamte Wirklichkeit ist die Welt." Dies ist natürlich die einzig mögliche Auskunft, die uns Wittgenstein als Philosophiekritiker und Holist geben kann. Denn es gibt nichts, was „größer" ist als die Welt. Nur der sprachlich irritierte Philosoph kann annehmen, dass es außerhalb der Welt noch Weiteres, wenn vielleicht auch nur Negatives gibt, was zwar nicht zur Welt, aber immerhin noch zur Wirklichkeit gehört. Insbesondere wäre es für eine *Ethik* vielleicht sinnvoll, Gutes selbst dann als wirklich zu erweisen, wenn wir keine Chance hätten, es in der Welt aufzufinden. Diese Verblüffung sollte jedoch rasch verschwinden, wenn wir auf einige weitere Bemerkungen Wittgensteins schauen: „Denn, die Gesamtheit der Tatsachen bestimmt, was der Fall ist und auch, was alles nicht der Fall ist." (1.12) Diese Bemerkung verdeutlicht, dass es von der philosophischen Warte aus unmöglich ist, eine *lokale*, auf „Weltausschnitte" gerichtete und damit *theoretische* Perspektive einzunehmen und zu sagen: „An dieser Stelle der Welt ist nichts." Fälle davon, was nicht der Fall ist, können nicht unter Verwendung der logischen Negation – einer Wahrheitsfunktion – lokal ausgesagt werden.[6]

---

[6]Genau dies hat aber Carnap mit seinen Zustandsbeschreibungen („state descriptions") als Semantiktheoretiker getan. (Vgl. Carnap [1], S. 9 f. und Max [8].

Die Welt als Ganzes, eben die Gesamtheit der Tatsachen, muss zeigen, dass eine bestimmte Konfiguration von Dingen, ein Sachverhalt, relativ zur Gesamtwelt logisch möglich ist, jedoch in der Welt nicht vorkommt. Auch können wir aus bestimmten schon bekannten Tatsachen nicht auf das Fehlen anderer Tatsachen schließen, da nicht nur die Tatsachen (1.21), sondern „bereits" die Sachverhalte voneinander unabhängig sind (2.061 und 2.062).

Betrachten wir die Welt philosophisch, wobei sich der Standpunkt des Betrachters immer nur innerhalb der Welt befinden kann, dann betrachten wir die Welt als Ganzes und somit *holistisch*. Hierbei entfällt – der theoretisch immer notwendige – Schritt zur Unterscheidung zwischen bestehenden Sachverhalten (positiven Tatsachen in 2.06) und nichtbestehenden Sachverhalten (negativen Tatsachen in 2.06). Die Unterscheidung zwischen Welt und Wirklichkeit ist aus der Gesamtheitsperspektive unsinnig. Insbesondere ist die Logik kein Mittel um die Unterteilung in Bestehendes (die Gesamtheit der Tatsachen) und Nichtbestehendes zu rechtfertigen: „Die Logik handelt von jeder Möglichkeit und alle Möglichkeiten sind ihre Tatsachen." (2.0121)

Später finden wir in der *Abhandlung* Textstellen, die Frege möglichweise niemals gelesen hat: „So ist der variable Name »x« das eigentliche Zeichen des Scheinbegriffes Gegenstand. ... Und es ist unsinnig, von der *Anzahl aller Gegenstände* zu sprechen. Dasselbe gilt von den Worten »Komplex«, »Tatsache«, »Funktion«, »Zahl«, etc." (4.1272) Damit wird auch die Konstruktion „die Gesamtheit der Tatsachen" (T1.1) unsinnig! Konsequenterweise haben wir dann auch keine philosophischen Sätze. (vgl. T4.112)

Noch eine weitere Bemerkung zur Kompositionstechnik von Wittgenstein in der *Abhandlung*: Wir hatten schon bemerkt, dass Wittgenstein an zentraler Stelle mit Phrasen arbeitet, die *Unikate* darstellen, d.h. in der Gesamtform nur ein einziges Mal im Text auftreten, wohingegen deren Teilphrasen und andere Phrasen wiederholt vorkommen. Beide Versionen kombiniert Wittgenstein bereits unter Verwendung des ersten Satzes „ Die Welt ist alles, was der Fall ist.". Hier gehört die Phrase „[D]die Welt ist" zum letztgenannten Typ. Dagegen ist die Phrase „alles, was der Fall ist" ein Unikat. Die Teilphrase „was der Fall ist" wird jedoch wiederum mehrfach verwendet: Vgl. 1.12, 2, 2.024 und 4.024. Wenn wir auf die noch kürzere Teilphrase „ der Fall" schauen, so wird die Kontextvielfalt enorm: „... kann der Fall sein oder nicht der Fall sein" (1.21, Vgl. auch 5.61), „was der Fall

sein muß" (3.342), „daß p der Fall ist" (5.1362, 5.541), „ ist auch der Fall "
(5.515), „nicht der Fall ist" (5.5151), „Ob dies aber der Fall ist ..." (6.23),
„wie dies eben der Fall ist" (6.342).

Selbst der Teilausdruck „Welt" wird im Verlaufe in andere Kontexte
eingebettet. Neben der häufigen Verwendung einer Genitivergänzung „der
Welt" sind dies zunächst: „eine von der wirklichen noch so verschieden ge-
dachte Welt " (2.022), „von einer »unlogischen« Welt" (3.031), „jener ab-
bildenden internen Beziehung zueinander, die zwischen Sprache und Welt
besteht" (4.014), „der Satz konstruiert eine Welt" (4.023), „Wenn Gott eine Welt erschafft ... auch schon eine Welt" (5.123), „weltspiegelnde Logik"
(5.511), „in bezeichnenden Beziehungen zur Welt" (5.5261)„auch wenn es
keine Welt gäbe ... da es eine Welt gibt" (5.5521) sowie „Weltbeschrei-
bung" (6.341, 6.343) und „Weltanschauung" als weiteres Unikat (6.371).
Einen dramaturgischen Höhepunkt in der Verwendung von „Welt" stellt
der Wechsel von einer scheinbar ontologischen Sprechweise in eine sub-
jektbezogene – in der ersten Person Singular bzw. Plural – dar: „Die Grenzen meiner Sprache bedeuten die Grenzen meiner Welt." (5.6), „Daß die
Welt meine Welt ist ... die Grenzen meiner Welt" (5.62), „Ich bin meine
Welt." (5.63, Vgl. auch 5.641), „ob unsere Welt wirklich so ist oder nicht"
(6.1233).

3. Freges Problem mit der Unterscheidung zwischen „Tatsache" und „Sachverhalt"

Frege an Wittgenstein vom 28.06.1919: „Nun kommt aber noch ein dritter
Ausdruck: ‚Was der Fall ist, die Tatsache, ist das Bestehen von Sachverhalten.' [Satz 2 der *Abhandlung*] Ich verstehe das so, dass jede Tatsache das
Bestehen eines Sachverhaltes ist, so dass eine andre Tatsache das Bestehen
eines andern Sachverhaltes ist. Könnte man nun nicht die Worte ‚das Bestehen' streichen und sagen: ‚Jede Tatsache ist ein Sachverhalt, jede andre
Tatsache ist ein anderer Sachverhalt.'" Offenbar sieht Frege hier den für
Wittgensteins Programm einer Philosophiekritik wesentlichen Unterschied
zwischen *Sachverhalt* und *bestehendem Sachverhalt* nicht! „Könnte man
vielleicht auch sagen ‚Jeder Sachverhalt ist das Bestehen einer Tatsache'?
Sie sehen: ich verfange mich gleich anfangs in Zweifel über das, was Sie
sagen wollen, und komme so nicht recht vorwärts."

Die oben besprochene Kette von „Die Welt ist ..." in (1) bis zu
„... ist die Welt" in (2.063) beruht jedoch gerade auf der Unterscheidung

von „Tatsache" („bestehender Sachverhalt", später allerdings auch „positive Tatsache" 2.06 und 4.063) und „nicht bestehender Sachverhalt" (später auch „negative Tatsache" ebendort).

Frege erkennt offenbar die von Wittgenstein bereits mit dem Terminus „Sachverhalt" angelegte Analogie zu „Gedanke" nicht; einen Begriff, den Wittgenstein später in der *Abhandlung* thematisiert, einerseits in Anlehnung an Frege, andererseits in kritischer Abgrenzung zu ihm.

Sachverhalte können bestehen bzw. nicht bestehen. Der *Gedanke* ist „das logische Bild der Tatsachen" (Vgl. 3). „Die Struktur der Tatsache besteht aus den Strukturen der Sachverhalte." (2.034) Der Satz als Tatsache fixiert die Wirklichkeit auf ja oder nein (Vgl. 4.023). Allerdings sind „das Wahre" und „das Falsche" bei Frege „wirklich Gegenstände" (4.431), wohingegen Wittgenstein immer von *Konfigurationen* der Gegenstände (2.0231, 2.0271, 2.0272) bzw. der einfachen Zeichen (3.21) spricht.

Die logische Form ist immer *intern*. Allerdings bedeutet „intern" nicht „lokal" oder „im Inneren", sondern mit „intern" wird der logische Ort relativ zur Gesamtheit angezeigt. Damit gilt die Übereinstimmung in der logischen Form wiederum nicht nur für die *lokalen* Bestimmungen in der Beziehung von z.B. Satz (als Tatsache) zu Sachverhalt, sondern auch für das *globale* Verhältnis von *dem* Satz und *der* Wirklichkeit: der Satz beschreibt „die Wirklichkeit nach ihren internen Eigenschaften" (4.023). Die logische Form einer jeden Konfiguration ist schließlich nicht von der logischen Form der Welt, dem *logischen Raum* isolierbar.

Eine solche Lokalisierung ist aber für die Bildung einer logischen *Theorie* unabdingbar. Diese Überlegung ist *philosophischer* (wiederum *holistischer*) und *nicht wissenschaftlicher* (*theoretischer*) Natur. Derartige Konsequenzen der Betrachtung der Welt als „die Gesamtheit der Tatsachen" (1.1) sind Frege zutiefst fremd. Andererseits wäre es interessant gewesen Freges Position zur expliziten Kritik Wittgensteins an Freges Auffassungen zu erfahren. Allerdings erfolgt die erste Erwähnung Freges – abgesehen vom Vorwort – in der *Abhandlung* erst in 3.143.

4. Freges und Wittgensteins Positionen zu Logik und Philosophie – Versuch einer Verallgemeinerung

Wittgenstein war kein wissenschaftlicher Logiker, wie Frege offenbar über Jahre hinweg angenommen hatte. Seine Briefe zeigen, dass er einerseits von dieser Position abrückt, andererseits aber bis zum letzten Brief hindurch die Hoffnung bewahrt, Wittgenstein für eine wissenschaftliche Logik gewinnen zu können. Bereits ein grober Blick in Wittgensteins *Abhandlung* zeigt, dass es sich hierbei um keine rein logische Studie handelt. Es findet sich keine explizite Angabe einer oder gar seiner alternativen, die Identität nicht verwendenden, Syntax. Mit Ausnahme von 6.241 finden sich auch keinerlei Beweise.

Wittgenstein war immer bestrebt, seine Philosophiekritik in der Form *sprachlicher Kompositionen* zu präsentieren, wobei sich der Kompositionsstil im Laufe seines Schaffens zum Einen deutlich verändert hat, zum Anderen jedoch eine Vielzahl von Verwandtschaften untereinander aufweist. (Vgl. Max [10])

Wittgenstein erweist sich dabei stets zugleich als innovativer Künstler und philosophischer Sprachkritiker. Dieser Zug zur Innovation erfolgt gewissermaßen über die erforderliche Einheit von Inhalt und Form, deren Unterschiede bei einer philosophischen Analyse so weit wie möglich aufgehoben werden sollen. Dies zeigt sich u.a. darin, dass Inhalt und Form in eine selbstbezügliche Beziehung gestellt werden. Das, was der Text scheinbar behauptet, muss zugleich durch seine Form *gezeigt* werden.

Dies gilt insbesondere auch für Wittgensteins *Abhandlung*. Dieses Werk spricht scheinbar sogleich am Beginn über „die Welt". Und doch kann dies nicht so sein, da wir uns immer IN dieser Welt befinden. Damit ist auch die *Abhandlung* in dieser Welt, bzw. selbst – zumindest mit Blick auf die philosophische Sprache – die (seine, Wittgensteins) Welt.

Es spricht für Frege, dass er einerseits mit dem Text im Detail überhaupt nicht zurecht gekommen ist, andererseits aber die alternative Lesart in Betracht zieht. Man sehe nochmals: „Die Freude beim Lesen Ihres Buches kann also nicht mehr durch den schon bekannten Inhalt, sondern nur durch die Form erregt werden, in der sich etwa die Eigenart des Verfassers ausprägt. Dadurch wird das Buch eher eine künstlerische als eine wissenschaftliche Leistung; das, was darin gesagt wird, tritt zurück hinter das, wie es gesagt wird." (16.09.1919)

Egal ob nun „Logisch-Philosophische Abhandlung" oder „Tractatus logico-philosophicus", *Logisches* und *Philosophisches* vereinen sich in Wittgensteins Werk auf eine ganz besondere Weise. Ausgerichtet auf ethische Zwecke findet Wittgenstein in der Logik Freges und Russells ein Mittel, dem Denken (dem Ausdruck der Gedanken), der Welt von innen her („nur in der Sprache") eine Grenze zu ziehen (Vorwort). Den ethischen Zweck charakterisiert Wittgenstein in einem Brief an Ludwig von Ficker nach dem 20.10.1919: „... denn der Sinn des Buches ist ein Ethischer. Ich wollte einmal in das Vorwort einen Satz geben, der nun tatsächlich nicht darin steht, den ich Ihnen aber jetzt schreibe, weil er Ihnen vielleicht ein Schlüssel sein wird: Ich wollte nämlich schreiben, mein Werk bestehe aus zwei Teilen: aus dem, der hier vorliegt, und aus alledem, was ich *nicht* geschrieben habe. Und gerade dieser zweite Teil ist der Wichtige. Es wird nämlich das Ethische durch mein Buch gleichsam von Innen her begrenzt; und ich bin überzeugt, daß es, *streng*, NUR so zu begrenzen ist. Kurz, ich glaube: Alles das, was *viele* heute *schwefeln*, habe ich in meinem Buch festgelegt, indem ich darüber schweige."

Auch in dieser Richtung hat Frege eine richtige Ahnung, weiß aber keine daran anschließende Position zu formulieren: „Eben ersehe ich noch aus einem früheren Ihrer Briefe, dass Sie im Idealismus einen tiefen wahren Kern anerkennen, ein wichtiges Gefühl, das unrichtig befriedigt wird, also wohl ein berechtigtes Bedürfnis. Welcher Art ist dies Bedürfnis?" (03.04.1920) In Erwiderung auf diese letzte Frage Freges möchte man rufen: Lesen Sie die *Abhandlung* – ganz!

Wittgenstein versteht sein Werk als philosophisches, logisches („strenges") und auch als *künstlerisches* („literarisches"). Nochmals: „Die Arbeit ist streng philosophisch und zugleich literarisch, es wird aber doch nicht darin geschwefelt." (Brief an Ludwig von Ficker um den 07.10.1919.) Frege ist dagegen an einer *wissenschaftlichen Logik* interessiert, die auf „größte Deutlichkeit" aus ist. Das Paradoxe daran ist, dass seine Schriften durchaus auch als künstlerische betrachtet werden können. Aus dieser Richtung ging von Frege ebenfalls sicher eine Faszination für Wittgenstein aus. Außerdem versteht Frege – in der Tradition Kants stehend – diese wissenschaftliche Leistung zugleich als eine Leistung in der theoretischen Philosophie. Für Wittgenstein ist schon der Begriff „theoretische Philosophie" nicht bildbar. Theoriebildung kann sich nur auf sinn*volle* Sätze (Sätze der Naturwissenschaft) und in einem anderen Sinne auf sinn*lose* Sätze („Sätze" der Logik, Tautologien) beziehen. Philosophie versucht in der zu kritisierenden Form *un*sinnige Sätze zu bilden. Philosophie ist jedoch eine Tätigkeit, deren Resultat keine Sätze sind.

Frege war von Wittgensteins Schrift eher irritiert. Wittgenstein dagegen war wiederum sehr enttäuscht von Freges Reaktion. Dennoch hat Wittgenstein sein ganzes Leben lang Frege verehrt. Es ließen sich leicht

Einflüsse Freges bis in die ganz späte Philosophie Wittgensteins hinein nachweisen.

Die oben angezeigte Schwierigkeit des wechselseitigen Verstehens hat ihre Wurzeln in durchaus verschiedenen Grundinteressen dieser in anderer Hinsicht so verwandten Denker. Frege war immer an einer *formalen Theorie* interessiert, für die die Formangaben zwar universell, aber im Sinne einer Invariantenbildung *lokal* fixiert werden müssen („logische Gegenstände", „logische Konstanten"). Wittgenstein befasste sich letztlich mit *philosophischen* Fragestellungen, die immer auf die *ganze* Gesamtheit, das *Globale* zielen (*Holismus*).

Da sowohl das Fregesche *logizistische* – als ein theoretisch ausgerichtetes Programm – als auch die genannte *holistische* Ausrichtung bei Wittgenstein hinsichtlich der Universalität des Anspruchs sehr verwandt erscheinen, kommt es nicht selten vor, dass beide Vorgehensweisen miteinander identifiziert werden. Wittgenstein ist an *kompositorischer Präzision*, die sich immer auch auf die Relevanz der Notation und des diagrammatischen Zeigens bezieht und nicht auf technische Finesse fixiert ist. Wittgenstein strebt nicht nach einer eindeutigen Formangabe bei seinen (unsinnigen!) Sätzen. Ihm geht es eher um sprachliche Kreationen, die es erlauben Originalität, ja zuweilen Einmaligkeit mit Vernetzungsangeboten an den weiteren Text zu verbinden. Nochmals überspitzt formuliert: Wittgenstein verwendet Formulierungen, die selbst maximal resistent gegenüber Formalisierungen und eben auch fixierenden Definitionen sind!

Wittgenstein gibt in Satz 6 der *Abhandlung* die allgemeine Form der Wahrheitsfunktion als die allgemeine Form des Satzes an, was in gewisser Weise mit Blick auf den Anfang dieser Schrift keine Neuigkeit (kein „neuer Inhalt") ist. Diese allgemeine Form liefert nur ein ganz bestimmtes Verständnis der Logik bis hin zu den Quantoren, erlaubt keinen logischen Zugriff auf die Identität und eben auch nicht auf alle Zahlen. Wittgenstein schaut im Vergleich zu Frege in gewisser Weise in die entgegengesetzte Richtung: Wie weit reicht die Logik mit Blick auf Satz 1 ohne zusätzliche (außerlogische) Annahmen zu machen. Frege ist dagegen immer an einer inhaltsbezogenen Logik interessiert. Diese soll dazu dienen zumindest die Arithemtik auf die Logik zurückzuführen.

Mit der Diskussion zwischen Frege und Wittgenstein ist ein Bogen zwischen Theorieprogramm (Logizismus)und Philosophieprogramm (Holismus) aufgespannt, der die Frage nach einem Zusammenführen von logischer Theorie und konsequent auf Gesamtheitsbetrachtung ausgerichteter

Philosophie aufwirft. Dies wäre dann das Projekt einer theoretischen Philosophie!

Literaturverzeichnis

[1] **Carnap, R.**: *Meaning and Necessity*. The University of Chicago Press, Chicago 1947.

[2] **Eggers, K.**: *Ludwig Wittgenstein als Musikphilosoph*. Reihe Musikphilosophie Bd. 2. Alber, Freiburg 2011.

[3] **Frege, G.**: *Über Sinn und Bedeutung*. Zeitschrift für Philosophie und philosophische Kritik. NF 100, S. 25–50 (1892).

[4] **Frege, G.**: *Der Gedanke. Eine logische Untersuchung*. Beiträge zur Philosophie des deutschen Idealismus. 1. Band, 2, S. 58–77 (1918–1919).

[5] **Frege, G.**: *Die Verneinung*. Beiträge zur Philosophie des deutschen Idealismus. 1. Band, 3/4, S. 143–157 (1919).

[6] **Frege, G.**: *Briefe an Ludwig Wittgenstein aus den Jahren 1914–1920*. Hgg. von A. Janik (Innsbruck) und mit einem Kommentar versehen von C. P. Berger (Bregenz). In: Wittgenstein in Focus – Im Brennpunkt: Wittgenstein. Hgg. von B. F. McGuinness & R. Haller. Grazer Philosophische Studien (special issue), Band 33/34, S. 5–33 (1989). Auch veröffentlicht als *Frege-Wittgenstein Correspondence*, deutsch und englisch, ins Englische übersetzt von B. Dreben und J. Floyd. In: Interactive Wittgenstein. Essays in the Memory of Georg Henrik von Wright, S. 15–73. Hgg. von E. de Pellegrin, Springer, Synthese Library 349, Dordrecht (u.a.) 2011.

[7] **Kreiser, L.**: *Gottlob Frege. Leben – Werk – Zeit*. Felix Meiner Verlag, Hamburg 2001.

[8] **Max, I.**: *Ways of „Creating" Worlds*. In: Language and World. Papers of the 32nd International Wittgenstein Symposium. Contributions of the Austrian Ludwig Wittgenstein Society, Volume XVII, ed. by V. A. Munz, K. Puhl & J. Wang, S. 259–262, Kirchberg am Wechsel (Lower Austria) 2009.

[9] **Max, I.**: *Bemerkungen zur Formanalyse von Wittgensteins „Tractatus"*. In: Epistemology: Contexts, Values, Disagreement. Papers of the 34th International Wittgenstein Symposium. Contributions of the Austrian Ludwig Wittgenstein Society, Volume XIX, ed. by C. Jäger & W. Löffler, S. 187–189, Kirchberg am Wechsel (Lower Austria) 2011.

[10] **Max, I.**: *Philosophie als Harmonielehre*. In: Ethics, Society, Politics. Papers of the 35th International Wittgenstein Symposium. Contributions of the Austrian Ludwig Wittgenstein Society, Volume XX, ed. by M. G. Weiss & H. Greif, S. 200–204, Kirchberg am Wechsel (Lower Austria) 2012.

[11] **Wittgenstein, L.**: *Tractatus logico-philosophicus.* Tagebücher 1914–1916. Philosophische Untersuchungen, Band 1, Werkausgabe, Suhrkamp (stw 501), Frankfurt a. M. 1984.

[12] **Wittgenstein, L.**: *Briefe. Briefwechsel mit B. Russell, G. E. Moore, J. M. Keynes, F. P. Ramsey, W. Eccles, P. Engelmann und L. von Ficker.* Hgg. von B. F. McGuinness & G. H. von Wright. Suhrkamp, Frankfurt a. M. 1980.

Autor

Prof. Dr. phil. habil. Ingolf Max
Abteilung Logik und Wissenschaftstheorie
Institut für Philosophie
Fakultät für Sozialwissenschaften und Philosophie
Universität Leipzig
Beethovenstraße 15
D-04107 Leipzig, Germany
Email: max@uni-leipzig.de

Nikolay Milkov

Frege and German Philosophical Idealism

1. Frege and the German Idealists

The received view has it that analytic philosophy emerged in reaction to the German idealists, above all Hegel, and their British epigones (the British neo-Hegelians). According to Bertrand Russell, German idealism failed to achieve solid results in philosophy. The distinguished later analytic philosopher, Michael Dummett, saw Gottlob Frege as a key figure in the concerted effort to throw off idealism: "In the history of philosophy Frege would have to be classified as a member of the realist revolt against Hegelian idealism" (Dummett [4], 225).

This paper establishes that while Frege too sought "solid" results in Russell's sense, and on that count qualifies as analytic philosopher, he nonetheless took a radically different view of idealism than did Russell. Frege never spoke against Hegel, Schelling, or Fichte.[1] What's more, like the German idealists, his sworn enemy was empiricism as paradigmatically exemplified, for Frege, by John Stuart Mill (Bertrand Russell's godfather). By contrast with empiricism, which he regarded as "shallow", Frege discussed "the basis of arithmetic [that] lies deeper, it seems, than that of any of the empirical sciences" (Frege [8], §14).[2]

Beyond targeting empiricism and evincing other sympathies with German idealist thinking, Frege actually integrated elements of German philosophical idealism into his logic. When one takes into account the scholarly milieu in which Frege pursued his formative studies, the readiness with which he did this is not difficult to explain. Frege served his philosophical apprenticeship in an academic environment dominated by German idealists. He attended the University of Jena in the 1870s, where the faculty was organized into three informal clubs: One was led by the mathematician Karl Snell; the philosopher Kuno Fischer headed a second group; and the zoologist and popular philosopher Ernst Haeckel oversaw

---

[1] Dummett's explanation: "Frege barely troubled to attack Idealism at all; he simply passed it by" (Dummett [4], 225) is not convincing.

[2] This claim is clearly opposed to the message of the manifesto of the Vienna Circle, one of the most important documents of the early analytic philosophy: "There are no depths in science" (Hahn [26], 15).

the third club. Frege belonged to Snell's "Sunday Circle" which met until 1880. Through the mediation of philosophy professor Karl Fortlage, however, this group, "influenced by Schelling and the German Romantics", maintained close contact with Kuno Fischer's group, in which the thought of Kant and Hegel predominated (Kreiser [32], 13).[3] Add to this that Snell was the teacher and intellectual guide of Frege's professor and mentor Ernst Abbe (Snell's son-in-law) and it should come as no surprise that Frege attached high importance to his participation in the "Sunday Circle".

The first Anglophone scholar to point out what Frege's thought owes to nineteenth-century Germany philosophy was Hans Sluga.[4] Sluga argued that Frege followed the philosophical-logical tradition originating with Leibniz and Kant, and which Trendelenburg and Lotze developed significantly just prior to and into Frege's time. Sluga has identified this current of philosophical thought as the tradition of "classical German philosophy." About the same time, a philosophical historian writing in German, Gottfried Gabriel, did much to bring this tradition to light, casting Frege as neo-Kantian (Gabriel [21]).

Advancing beyond Sluga and Gabriel, the present paper reveals that through the mediation of Trendelenburg and especially of Lotze many elements of German idealism found their way into Frege's logic and philosophy. Indeed, albeit clearly intending to transform the philosophy of the time, Trendelenburg and Lotze, while often critical of Hegel, were not anti-Hegelian. Rather, their objective was to reform German idealism.

Under Hegel's influence Trendelenburg, senior to Lotze by fifteen years, began to explore thinking as a process. As a result, he changed the very architecture of the received philosophical logic. As V. Peckhaus explains, "the traditional [Aristotelian] core, the theory of inferences, with syllogistics at its center, was pushed into the background. The new core was the theory of judgment" (Peckhaus [40], 16). Lotze, for his part, was an openly eclectic philosopher who while renouncing Leibniz, undertook to systematize the most pregnant thoughts of Kant, Hegel, Fichte and Schelling (Milkov [38]).

What needs to be borne in mind here is that Trendelenburg and Lotze influenced Frege along fundamentally different lines. Trendelenburg

---

[3] See also Sluga [46], 321.

[4] In Germany, this connection was well-known. Bruno Bauch, for example, discussed it in [1], 62. See also Goedeke [22], 116. Scholz [43] too connected Frege's ideas with those of Leibniz and Kant.

looms as a defining influence in Frege's effort to formulate an artificial language that can better express our thoughts, something Frege first presented in the *Conceptual Notation* (1879, see also Frege [17]). Lotze's impact becomes evident mainly immediately after that, when Frege was to make philosophical sense of his *lingua characterica*. As we shall see through the course of this discussion, German idealism exerted a formative influence on Frege both early and late in his philosophical development.

That said, the received view is nonetheless accurate in that there were many respects in which Frege and the German idealists were antipodal. Above all, Frege stressed discursive exactness as opposed to "dialectical transition" from one "characterization or formula" into another (Hegel [27], § 81). Moreover, he did not hesitate to marry mathematics and philosophy: Frege was convinced that philosophy could thereby make mathematics more precise. The classical German idealists, by contrast, as well as such distinguished successors as Trendelenburg and Lotze, counted themselves "pure philosophers" and so refused on principle to incorporate logical or mathematical formulas in their theoretical explorations.

All of this led Frege scholars erroneously to conclude that Frege was a philosophical logician who was radically anti-Hegelian. As has already been adumbrated, Frege borrowed many elements of the philosophy of the German idealists. In what might otherwise strike one as paradoxical, these elements proved instrumental, we shall see, to Frege in achieving rigor and exactness in logic.

2. Anti-Mechanicism, Pro-Organicism

We have noted that while the classical Aristotelian logic started with concepts, went on to treat judgments (propositions), and ended with inferences, Frege's post-Trendelenburgian logic commenced with judgments (Frege [7], 94) – and he had good reasons for this.

What Frege most opposed is the so-called "aggregative" conception of judgments. The mainstream logicians of his time conceived of judgments as complexes of concepts.[5] They "found it difficult to distinguish between a combination of terms which constitutes a judgment and one which constitutes merely a complex concept" (Sluga [44], 483). Frege directed his

---

[5] Russell was one among them, especially before August 1900 (cf. Milkov [37]). Beaney ([2], 203) also underlines that Frege's function–argument analysis is quite different from the "decompositional conception of analysis embraced by Moore and Russell". Cf. also Hylton [30].

criticism against these "mechanical logicians," most notably George Boole, who considered thinking a process of pure calculation. Frege found that Boolean logic "represents only part of our thinking; [but] the whole can never be carried out by a machine or be replaced by a purely mechanical activity" (Frege [5], 35).

This opposition to mechanistic philosophical logic has a long tradition in German philosophy. It originated with Leibniz who held that in their analytic predilections, Descartes and Locke went too far. As a corrective, Leibniz reintroduced ideas of Aristotelian metaphysics. The German idealists employed analogous argumentation, as did Hermann Lotze.

Against the mechanistic logicians, Frege advanced a kind of "logical organicism." This found expression in the fact that, similarly to the German idealists, he regularly used biological metaphors in his logic. The following enumeration of Frege's recourse to such metaphors over the years makes manifest his unswerving commitment to logical organicism:

i. In "Boole's Logical Calculus and the Conceptual Notation" (1880/81) Frege maintained that the starting point of his logic is the event of judging. Judging is a process that organically connects the parts of the concept. We can discriminate the elements of the concept as discrete individuals only after the concept is already constructed (Frege [5], 17, 19).

ii. In *Foundations of Arithmetic* (1884) Frege held that arithmetical definitions contain in themselves all ordinal numbers, similar to how seeds contain the trees, and not as beams are contained in a house (Frege [8], § 88).

iii. In *Basic Laws of Arithmetic* (1893) Frege compared arithmetic with a tree "that unfolds in a variety of methods and axioms, while the roots go in the depth" (Frege [12], xiii).

iv. Four years later (in 1897) Frege declares that our "thought is not an association of ideas – no more than an automaton ... is a living being" (Frege [13], 145).

v. And seventeen years beyond that we find him asserting that science "must endeavor to make the circle of improvable primitive truths as small as possible for the whole of mathematics is contained in these primitive truths as in a kernel [*Keim*].[6] Our only concern is to generate the whole of mathematics from this kernel" (Frege [16], 204 205).

3. Frege's Two Types of Analysis

To grasp the role of Frege's logical organism one needs to recognize that he employed two concepts of analysis. First, following Kant, Frege regarded knowledge in arithmetic as analytic in the sense that we derive it, *deduce* it, from definitions and general laws by logical means (Frege [8], § 3): We shall refer to this as "anlysis$_1$". Frege determined, however, that Kantian derivation (deduction) is also *synthetic*, in the sense that it creates something new, and he drew attention to this point in *Foundations*: "The conclusion we draw from it [the definition] extended our knowledge, and ought therefore, on Kant's view, to be regarded as synthetic; and yet they can be proved by purely logical means, and are thus analytic" (Frege [8], § 88).

Frege's position, we should note, stands clearly opposed to the view, widely accepted (for example, by Hume and Kant) prior to the ascendancy of post-Kantian German idealism, that analytic judgments are epistemologically sterile. Also Wittgenstein, lacking Frege's background in idealism, would call analytic judgments "tautological". Hegel, on the other hand, sharply criticized Aristotle's sterile logic, pleading for logic of content sort that Frege was to advance too (cf. section 7).

The second type of analysis (call it "analysis$_2$") is *decompositional* in nature. The difference between analysis$_1$ and analysis$_2$ becomes patent when one revisits the previous example of the plant. A plant, to which Frege relates the particular numbers, is synthesized (or analysed$_1$) in a process of photo*synthesis*. We may decompose it, subject it to analysis$_2$, only afterwards, anatomizing it in order to determine, for instance, its composition. The living, existing plant, however, cannot as such undergo analysis$_2$.

While Frege's analysis$_2$ correlates with the scientific analysis, say, in chemistry, his analysis$_1$ is close to the growth and self-maintenance (synthesis) that distinguish biological organisms. Regrettably, many Fregeans

---

[6] Apparently for "analytic" reasons, Frege's "*Keim*" was often translated as "kernel", instead of as "germ".

uncritically adopted the received judgment that the master was an "analytic philosopher" pure and simple. As a consequence they did much to play down the pivotal difference between the two alternative senses of "analysis" with which Frege operated, when they didn't simply ignore it.

An additional factor that militates against properly understanding Frege on this score is that he was, without question, also an adept at analysis$_2$. He maintained, for example, that logicians have the task of isolating what is logical from psychology and language, and doing so in the same way that scientists undertake to isolate the elements of chemistry. There is more to Frege's position, however, since "even when we have completely isolated what is logical in some form or phrase from the vernacular or in some combination of words, our task is still not complete. What we obtain," observes Frege, "will generally turn out to be complex; we have to analyse this, for here as elsewhere we only attain full insight by pressing forwards until we arrive at what is absolutely simple" (Frege [9], 6).

In short, the method of decompositional analysis plays a formative role in Frege's philosophical logic. This sort of analysis became especially prominent in his thought five years after he published his *Conceptual Notation*, in particular, when he discovered that numbers are objects and when concepts began to serve a defining role in his logic (Weiner [51], 70). These developments notwithstanding, analysis$_1$ prevailed over analysis$_2$ in Frege's thinking. It is of more than passing interest that this tendency finds a parallel, as we shall see, in the prime role of quantification theory over propositional calculus in his logic (see section 8, below).

4. "Saturatedness": Chemical or Biological Metaphor?

The standard account has it that Frege borrowed from chemistry the metaphor "saturated/unsaturated" which he employs to characterize the relation between function and argument (Potter [41], 13). On this matter, as with those noted in the preceding section, commentators have simply presumed that Frege was "analytic philosopher" – whatever they take this notion precisely to mean. Is this view correct?

Before probing the meaning of "saturated [*gesättigt*]" as Frege utilized it, one should be aware that the metaphor in question derives not from chemistry but from biology: the German term "*satt*" ("full up") applies to organisms when their striving or desire to eat is satisfied. Be this as it may, scholars invoke this biological term across a wide range of non-biological disciplines: from epidemiology and demography to economics (a market can be "saturated") and mathematics. In chemistry "saturation" is understood as "the point at which a solution of a substance can dissolve no more of that substance"[7] – which is to say it means the achieving of a final stable state by one mass individual as a result of a dynamic process.

Frege however conceived the notion of being *gesättigt* along completely different lines. He held that in logic "the argument does not belong with a function, but goes together with the function to make up a complete whole [*vollständiges Ganzes*]" (Frege [10], 140). In other words, Frege's concept and object are *two* individuals that fuse in order to build up the "organic unity" of a thought – like two cells that merge in order to constitute a germ:[8] one of them "*ungesättigt*", the other one capable to make the first one "*satt*". Frege held that we invariably subvert such a thought, once formulated, by subjecting it to analysis$_1$. Similarly, he maintained that we do not construct a concept by subsuming the subject under the predicate. Rather, concept's different elements (its "characteristics [*Merkmale*]") grow together (*wachsen zusammen*) – are synthesized – so as to form ("build") it.

In an unpublished review of Arthur Schoenflies' book *The Logical Paradoxes of Set-theory*, Frege noted: "The unsaturatedness of one of the components is necessary, since otherwise the parts do not hold together. Of course two complete wholes can stand in a relation to one another; but then this relation is a third element – and one that is doubly unsaturated" (Frege [15], 177). In light of this position it comes as no surprise that when he read Wittgenstein's *Tractatus* Frege questioned: "What is the thing that binds [the objects in a state of affairs]" (Frege [20], 53)? To Frege's way of thinking such a connection should be a kind of concrescence (*Zusammenwachsen*) of the two (or more) objects into one.[9]

This judgment reflects Frege's view that one of the purposes of the function/argument and concept/object distinction is to replace the idea

---

[7] "Saturation": http://en.wikipedia.org/wiki/Saturation_(chemistry)

[8] As already mentioned in section 2 (v), Frege's term "*Keim*" was often translated as "kernel" instead of as "germ" (see footnote 6).

[9] It is interesting to compare Frege's solution of this problem with that of Wittgenstein who was much more pronounced defender of analysis$_2$. According to Wittgenstein, the elements of the state of affairs hold together because of their topology alone: no fusion, as well as no mortar that connects them together is needed (cf. Milkov [36]).

that the content of a sentence is composed of constituents that are merely subsumed in one complex. Indeed, the Booleans had "assumed concepts to be pre-existent and ready-made and judgments to be composed from them by aggregation" (Sluga [47], 85). Frege, on the other hand, taught that concepts and propositions are to be synthesized, *created* (cf. section 2, (i)). This idea of "creation" simply does not obtain when one takes "saturation" in the chemical sense: no creation occurs in chemical saturations.

5. Life

Beyond Frege's recourse to the "saturation" metaphor, his organicism appears in a number of other forms. Perhaps the most significant instance stands at the very center of his philosophical logic, namely in the idea that thinking – the subject-matter of logic – is to be understood as embedded in human life.

When we are awake, we cognitively react to the events and situations of the external world, thus making judgments. Moreover, in judgments we advance (*fortschreiten*), asserts Frege, from a thought to its truth-value. This is the case since when we judge in *real life*, we are, as Frege puts it, "serious". In other words, in real life we know that matters have irreducibly practical import and that ultimately our survival is at stake when it comes to judging matters correctly. In contrast, when we *play*, we are not, in Frege's view, serious – we are not preoccupied with real life.[10] In play, our sentences accordingly have no truth-value. What they betoken is simply the exercise of our free will. In such cases what we produce is merely a series of *obiter dicta*, not propositions.

We can see now why judgment played a central role in Frege's logic: he argued in "On Sense and Meaning" that judgment "is something quite peculiar and incomparable" (Frege [11], 165). Judgment is such because it is the event (*das Fortschreiten*) that intrinsically connects logic to life.

Frege went on to claim that when we make judgments, we *strive* for truth. This striving is the "motor" that connects logic with the world: "It is the striving for truth that", as he put it, "drives us always to advance from the sense to the thing meant" (Frege [11], 163).

---

[10] Cf. with Friedrich Schiller's famous saying "Life is serious, art is cheerful" from the prologue to *Wallensteins Lager*. That Frege was well acquainted with Schiller's works is clear from his reference to *Don Carlos* (Frege [13], 130). Frege also often opposed "poetry" to "truth" (Frege [12], xxi) with a hint to the subtitle of Goethe's autobiography *Aus meinem Leben. Dichtung und Wahrheit*.

It is evident from the foregoing that, like Hegel's logic and that of Lotze, Frege's logic is markedly anthropological in character. He argued that logic is embedded in human life and as such is a logic of human beings of flesh and blood, not a logic of robots or other machines.

6. Logical Voluntarism

Besides championing organicism in his philosophy of logic, Frege asserted that to make a judgment is to make a choice between opposing values, between truth and falsehood. The judgment *acknowledges* the truth of the content. "We grasp", he declares, "the content of a truth *before* we recognize it as true, but we grasp not only this; we grasp the opposite as well. When asking a question we are *poised* [*schwanken wir*] between opposite sentences" (Frege [9], 7; emphasis added) until we decide, in an act of will, its truth-value.

Frege's terms "before" and "poised" show that judgments are processes.[11] More precisely, a judgment is an act of inquiring whether a thought be true or false. It is based on our intuition – on the feeling that our thoughts constitute either a correct or a mistaken assessment of reality. Frege maintained, moreover, that the process of "accepting one of [the truth-values] and rejecting the other is one act" (Frege [14], 185): an act of exploration, one followed by an act of decision. Frege's activist view of judgment proved of fundamental importance in his logic, and gives us leave to speak of a Fregean "logical voluntarism". This logical voluntarism found expression in Frege's claim that assertoric force is one of the constitutive elements of our articulation of a judgment[12] – a position that reveals another facet of Frege's debt to German idealism, particularly to the philosophy of J. G. Fichte. Wittgenstein, who in contrast to Frege had, as we've noted, no idealist background, promptly rejected this thinking as Frege gave expression to it in his logical symbolism: "Frege's 'judgment stroke' '⊢' ", declared Wittgenstein, "is logically quite meaningless" (Wittgenstein [52], 4.442).

---

[11] This point supports Paul Linke's statement that "Frege actually brought psychology into, meaning right inside, his new foundations for logic" (Linke [33], 67). His severe criticism of "psychologism" can be explained with the fact that "he confused the bad psychology which was prospering at the time with psychology in general" (Linke [33], 69).

[12] This conception was developed further by J. L. Austin, the first translator of Frege's *Grundlagen* into English, in the concept of "illocutionary force".

Significantly, Frege was convinced that this voluntarism does not contradict the objectivity of logic that he defended. His conviction on this head appears to derive from the fact that his Conceptual Notation was a language (*lingua characterica*)[13] and so intrinsically connected with Being, understood as an absolute singularity.[14] From this it follows, on Frege's view, that when two persons judge a situation "seriously", in his sense, they make the same judgment. In other words, the "seriousness" secures the objectivity of judgments – a position that Michael Dummett saw fit to label as "realist."

At the same time, however, it is also the case that thinking is possible, according to Frege, only because it originates with the activity of the human will. This, of course, is an anti-realist position, one that exhibits affinities with Kant's epistemology. Indeed, according to Kant himself the knowing person *constructs* his knowledge. This point goes some way toward explaining why Frege didn't see himself as an anti-Kantian logician, and also why among the host of commentators on Frege the majority of those who have a thorough grounding in Kant and in the Kantian tradition (Scholz [43], Sluga [45], Gabriel [21], Carl [3]) have not hesitated to identify Frege as a Kantian philosopher of logic.

7. Logic of Content

Beyond its other debts to German idealist thinking, Frege's logic also paralleled Hegel's project for a logic of content that opposed the formal logic of the Kantian type. Frege articulated his logic of content along two lines:

(i) In *Conceptual Notation* (1879) he sought to establish a *lingua characterica*, not just a *calculus ratiotinator*. This program undertook to present the thinking process in a transparent way, one that would yield a "perspicuity of presentation" (*Übersichtlichkeit der Darstellung*) of it (Frege [6], 88).[15]

Frege aimed to replace inconvenient, ordinary language that develops spontaneously and that manifests many defects, as measured against his new language. He was convinced that his new language would prove to

---

[13] We are going to speak more about this in section 7 below.

[14] Many worlds are typical for Russell and Carnap, not for Frege (cf. Milkov [39]).

[15] My translation from German – N. M. This term was often used by the later Wittgenstein.

be a vehicle in which our thought finds its true articulation. Arguably, this project had its roots in *philosophia teutonica*[16] that followed the "Protestant principle which put the world of mind into its own home, so that it contemplates, knows and feels what otherwise lies beyond it, in its own terms" (Hegel [28], 826–7) and doesn't investigate it from outside, through quasi-objective principles. This impelled Frege to investigate thinking according to its own laws, and not with the help of formalist schemes.[17]

In order to present our thinking in its true form, Frege employed the relation of logical signs in two dimensions, something that resulted in his complex conceptual notation. As Frege saw it, "the spatial relations of written symbols on a two-dimensional writing surface can be employed in far more diverse ways to express inner relationships than the mere following and proceeding in one-dimensional time, and this facilitates the apprehension of that to which we wish to direct our attention" (Frege [6], 87) (cf. Milkov [35]).

This original approach to logic made feasible the allegedly impossible marriage between this formal discipline and autonomous philosophical exploration. With its help Frege circumvented logicians like Boole, Graßmann, Jevons and Schröder, all of whom failed to connect logical forms with philosophical content (Frege [6], 88). He also left behind the traditional German philosophers, including those who were well versed in mathematics and logic, like Hermann Lotze and Edmund Husserl, who strictly adhered to the dogma not to incorporate what are merely formal tools as substantive components of philosophical development.

(ii) The second line along which Frege developed his logic of content, beginning in *Conceptual Notation*, was that of logical semantics, which he treated as "judgeable content". In the early 1890s he further developed formal semantics by introducing the idea of the sense of a proposition. This innovation anchored Frege's logic in the world and thus categorically differentiated it from the constructs of the formal logicians. Indeed, his Conceptual Notation was not only logic but also a language that is intrinsically connected with Being[18] understood as an absolute singularity, and also with life.

---

[16] Already R. M. Martin saw Frege's logic as following the "German traditions" opposing the English tradition in logic as presented by J. S. Mill and his friends (cf. Martin [34], 8).

[17] This point found expression in the fact that while Kant investigated the "pure reason", Frege's logic explored "pure thinking".

[18] Cf. footnote 14.

8. Intensional Logic

Frege's logic is intensional in that in it a *function* ranges over every *argument* that falls under it, and a *concept* defines every *object* that falls under it: "The concept has a power of collecting together far superior to the unifying power of synthetic apperception" (Frege [8], § 48). And this is not because the objects are spatial or temporal parts of concepts. It follows, rather, from the circumstance that the objects obey the "laws" of concepts. The essential point to note here is that the dependence relation is not immediate or intuitive – it is not realized because of inclusion in the volume of the whole. Rather, it is abstract: it is dependence "from a distance".

The intensional stance that distinguishes Frege's logic also governs the relation between propositional and predicate calculus. As van Heijenoort has noted, "in Frege's system the propositional calculus subsists embedded in quantification theory. ... In that system the quantifiers binding individual variables range over all objects" (Heijenoort [29], 325).

A similar line of thought had earlier appeared in the German idealists, according to whom the Idea (the "Absolute") determines the characteristics and behavior of all individuals that fall under it with necessity of a law. One way to appreciate the singular nature of this conception is to compare it to the idealist aspect of Spinoza's thinking, which pictures "individuals as mere accidents of substance" (Inwood [31], 304). The fact that German idealist thought-determinations substantiate Frege's new logic[19] should hardly be surprising given that some of his contemporaries who lacked his comprehensive background in German idealism, Carl Stumpf, for example, also elaborated a radically anti-psychologist and anti-Millian philosophy of arithmetic, albeit one which was based on mereological logic (Stumpf [50]).[20]

Significantly, the absolute primacy that Frege's logic of quantifiers accorded the *function* and the *concept* introduced a new emphasis on the role of individuals in logic – indeed, the power of the general term makes it possible to fix the parameters of the particular that falls under it with

---

[19] Of course, we would not deny that main inspiration of Frege's logic were Cauchy and Weierstrass, not Hegel or Schelling (cf. Grattan-Guinness [23]).

[20] Interestingly enough, between 1871 and 1874 Stumpf and Frege (both born in 1848) were at the University of Göttingen – Frege as doctoral student and Stumpf as "Privatdozent".

signal exactness. It was in this way that Frege foregrounded the problematic of reference, which was to become defining topic of twentieth-century philosophy of language.

Frege's intensional first-order logic has been subjected to considerable criticism on this point. A prominent recent commentator, Barry Smith, dismisses it as "fantology" (Smith [48]). While no one would deny that first-order logic has great expressive and inferential power, it lacks the resources to treat objects of the real world, such as universals, types, processes, and, we might add, mereological entities. Smith objects that its "universe of discourse consists of particular items" only (Smith [49], 110). Frege's first-order logic is of use only in mathematics, the objects of which are not situated in space and time. For object of the real world, on the other hand, one must have recourse to an alternative to predicate logic, namely a logic of terms.

Over the years, Frege accorded increasing significance to the role of intensions in logic. In "Function and Concept" he replaced the naïve function–argument logic of *Conceptual Notation* with logic of "course-of-value" (*Wertsverlauf*) of concepts. As the very name of this logic suggests, in contrast to the positions of the parts that constitute mereological wholes, the position of an individual (or argument) in a course of value is intrinsically indeterminate: it is "floating" – a factor that Frege symbolized with a curve – until it is identified. In his epistemology Frege spoke about "course-of-images" (*Vorstellungsverlauf*) (Frege [6], 83, 87) that can be determined only through his Conceptual Notation. Apparently, the indeterminateness of the general (the "absolute") was Frege's leading theoretical stance.

Russell readily embraced Frege's new logic, particularly in his idea of "denoting phrases."[21] He regarded the latter as a pivotal innovation, this because denoting phrases can indicate infinite collections of individuals with the help of singular (intensive) concepts; and they can do this precisely because their denotation is undetermined. Russell was convinced that this "discovery" resolves the paradox of infinity.[22] It was not long, however, before Russell detected another paradox: the paradox of classes. Apparently, Frege's logic simply led Russell to relocate paradox from one domain, the realm of infinity, to another, the realm of classes that range over infinite number of individuals (Milkov [37], 54). In other words, the

---

[21] Russell first learned Frege's logic of quantification via Peano in August 1900.
[22] To this we would add that Russell was sensitive to the problem of infinity because of his Hegelian past: infinity was, according to Hegel, a prime paradox.

paradox of classes was a consequence of embracing class-concepts that range over infinite numbers of individuals.

Over the last hundred years or so it has turned out that the most effective way to address the "paradox of classes" is to accept multitudes that do not fall under a class-concept that ranges over them.[23] In other words, the paradoxes disappear when we abandon those ideas in Frege's logic that were supported by the philosophy of the German Idealism.

9. Epilogue

The foregoing history provides a considerably richer context than that of the received view for understanding of how Bertrand Russell advanced the project for a new, "analytic" philosophy as a philosophy that can make verifiable progress. Analytic inquiry of the sort he championed achieves its theoretical results step by step, such that if a particular philosophical theory proves false, some components of the theory may nonetheless be preserved – just as elements of refuted theories of science can be preserved.

What this essay has principally striven to make clear, however, is that the philosophical thought had made important progress along these lines long before Russell. The philosophy of the German idealism had introduced, decades earlier, new ideas that survived the demise of the grand theories that originally framed them. Later, succeeding generations thinkers who subscribed to a quite different methodology and who styled themselves as "analytic" philosophers were to reintroduce these originally idealist notions in totally different programs of inquiry. This explains much of the difficulty in recognizing these notions as they figure in leading currents of contemporary philosophical discourse. To make these origins and their philosophically pregnant implications explicit is the task of the historian of philosophy.

---

[23] See Gödel [24], 135.

Bibliography

[1] **Bauch, B.**: *Wahrheit, Wert und Wirklichkeit*, Felix Meiner, Leipzig 1923.

[2] **Beaney, M.**: "Function-Argument Analysis in Early Analytic Philosophy", in: P. Bernhard und V. Peckhaus (eds.), *Methodisches Denken im Kontext*, Mentis, Paderborn 2008, 203–215.

[3] **Carl, W.**: *Frege's Theory of Sense and Reference: Its Origins and Scope*, Cambridge University Press, Cambridge 1994.

[4] **Dummett, M.**: "Gottlob Frege", in: Paul Edwards (ed.), *Encyclopedia of Philosophy*, vol. 3, Macmillan, New York 1967, 225–237.

[5] **Frege, G.**: "Boole's Logical Calculus and the Concept-script" (1880/81), in: [18], 9–46.

[6] **Frege, G.**: "On the Scientific Justification of a Conceptual Notation" (1882), in: [17], 83–89.

[7] **Frege, G.**: "The Aim of 'Conceptual Notation' " (1883), in: [17], 90–100.

[8] **Frege, G.**: *The Foundations of Arithmetic* (1884), tr. by J. L. Austin, 2nd ed., Blackwell, Oxford 1980.

[9] **Frege, G.**: "Logic" (1890), in: [18], 1–8.

[10] **Frege, G.**: "Function and Concept" (1891), in: [19], 137–156.

[11] **Frege, G.**: "On Sense and Meaning" (1892), in: [19], 157–177.

[12] **Frege, G.**: *Grundgesetze der Arithmetik*, 1. Band, Pohle, Jena 1893.

[13] **Frege, G.**: "Logic" (1897), in: [18], 126–151.

[14] **Frege, G.**: "Introduction to Logic" (1906a), in: [18], 184–196.

[15] **Frege, G.**: "Review of Arthur Schoenflies' book *The Logical Paradoxes of Set-theory*" (1906b), in: [18], 176–183.

[16] **Frege, G.**: "Logic in Mathematics" (1914), in: [18], 203–250.

[17] **Frege, G.**: *Conceptual Notation and Related Articles*, Clarendon Press, Oxford 1972.

[18] **Frege, G.**: *Posthumous Writings*, Blackwell, Oxford 1979.

[19] **Frege, G.**: *Collected Papers on Mathematics, Logic and Philosophy*, Blackwell, Oxford 1984.

[20] **Frege, G.**: "Frege–Wittgenstein Correspondence", in: E. De Pellegrin (ed.), *Interactive Wittgenstein*, Springer, Dordrecht 2011, 15–74.

[21] **Gabriel, G.**: "Frege als Neukantianer", *Kant-Studien* 77 (1986) 84–101.

[22] **Goedeke, P.**: *Wahrheit und Wert*, Erben, Hildburghausen 1927.

[23] **Grattan-Guinness, I.:** "Russell's logicism versus Oxbridge logics, 1890–1925", *Russell* 6 (1985/6) 101–131.

[24] **Gödel, K.:** "Russell's Mathematical Logic", in: P. A. Schilpp (ed.), *The Philosophy of Bertrand Russell*, Northwestern University Press, Evanston 1944, 123–153.

[25] **Griffin, N.:** *Russell's Idealist Apprenticeship*, Clarendon Press, Oxford 1991.

[26] **Hahn, H., Neurath, O., Carnap, R.:** *Wissenschaftliche Weltauffassung. Der Wiener Kreis*, Wolf, Wien 1929.

[27] **Hegel, G.:** *Logic*, vol. 1 of *Encyclopedia of the Philosophical Sciences* (1830), tr. by W. Wallace, Clarendon Press, Oxford 1975.

[28] **Hegel, G.:** *Vorlesungen über die Geschichte der Philosophie*, vol. 3 (1836), Adriani, Leiden 1908.

[29] **Heijenoort, J. v.:** "Logic as Language and Logic as Calculus", *Synthese* 17 (1967) 324–330.

[30] **Hylton, P.:** "Frege and Russell", in: [42], 509–549.

[31] **Inwood, M.:** *Hegel's Dictionary*, Blackwell, Oxford 1992.

[32] **Kreiser, L.:** "Gottlob Frege: ein Leben in Jena", in: Gottfried Gabriel und Uwe Dathe (Hg.), *Gottlob Frege. Werk und Wirkung*, Mentis, Paderborn 2000, 9–24.

[33] **Linke, P.:** "Gottlob Frege as Philosopher", tr. by C. O. Hill, in: R. Poli (ed.), *The Brentano Puzzle*, Ashgate, Aldershot 1998 (first published in 1946), 49–72.

[34] **Martin, R. M.:** "On Proper Names and Frege's *Darstellungsweise*", *The Monist* 51 (1967) 1–8.

[35] **Milkov, N.:** "The Latest Frege", *Prima philosophia* 12 (1999) 41–48.

[36] **Milkov, N.:** "Tractarian Scaffoldings", *Prima philosophia* 14 (2001) 399–414.

[37] **Milkov, N.:** *A Hundred Years of English Philosophy*, Kluwer, Dordrecht 2003.

[38] **Milkov, N.:** "Rudolf Hermann Lotze", *Internet Encyclopedia of Philosophy* (2010). http://www.iep.utm.edu/lotze/

[39] **Milkov, N.:** "The Construction of the Logical World: Frege and Wittgenstein on Fixing Boundaries of Human Thought", in: E. Nemeth *et al.* (eds.): *Thinking (Across) Boundaries*, Vienna University Press, Vienna 2012, 151–161.

[40] **Peckhaus, V.:** "Language and Logic in German Post-Hegelian Philosophy", *The Baltic International Yearbook of Cognition, Logic and Communication* 4 (2009) 1–17.

[41] **Potter, M.:** "Introduction", in: [42], 1–31.

[42] **Potter, M., Ricketts, T. (eds.):** *The Cambridge Companion to Frege*, Cambridge University Press, Cambridge 2010.

[43] **Scholz, H.:** "Gottlob Frege", in: Scholz, H., *Mathesis universalis*, Schwabe, Basel 1961 (first published in 1941), 268–278.

[44] **Sluga, H.:** "Frege and the Rise of Analytic Philosophy", *Inquiry* 18 (1975) 471–498.

[45] **Sluga, H.:** *Gottlob Frege*, Routledge, London 1980.

[46] **Sluga, H.:** "Frege: the Early Years", in: Rorty, R. *et al.* (eds.), *Philosophy in History*, Cambridge University Press, Cambridge 1984, 329–356.

[47] **Sluga, H.:** "Frege against the Booleans",*Notre Dame Journal of Formal Logic* 28 (1987) 80–98.

[48] **Smith, B.:** "Against Fantology", in: Reicher, M. and Marek, J. (eds.), *Experience and Analysis*, ÖBV & HPT, Vienna 2005, 153–170.

[49] **Smith, B.:** "The Benefits of Realism: A Realist Logic with Applications", in: Munn; K. and Smith, B. (eds.), *Applied Ontology*, Ontos, Frankfurt 2008, 109–124.

[50] **Stumpf, C.:** *Über die Grundsätze der Mathematik*, Wolfgang Ewen's transcription of Stumpf's Habilitation, Königshausen & Neumann, Würzburg 2008 (written in 1870).

[51] **Weiner, J.:** *Frege Explained: From Arithmetic to Analytic Philosophy*, Open Court, Chicago 2004.

[52] **Wittgenstein, L.:** *Tractatus logico-philosophius*, transl. by Ogden, C., Kegan P., London 1922.

Author

PD Dr. Nikolay Milkov
Institut für Humanwissenschaften: Philosophie
Fakultät für Kulturwissenschaften
Universität Paderborn
Warburgerstr. 100
D-33098 Paderborn
Email: nikolay.milkov@uni-paderborn.de

Patricia Blanchette

Frege's Critique of Modern Axioms

Abstract. [1] Axioms, as Frege understands them, are the fundamental principles of a science. The sense in which the axioms ground the rest of a theory is one from which it follows that a number of philosophically-important characteristics of theories can be read off from the corresponding characteristics of the axioms. The purpose of this talk is to explain some critical ways in which Frege's conception differs from a more modern conception, one familiar from the work of Hilbert, Dedekind, and Tarski. Frege's objections to the modern conception of axioms are, it is argued here, important: when we move to the new conception of axioms and leave Frege's conception behind, we gain a good deal of mathematical tractability, but we also lose a good deal of philosophical content.

Introduction

Axioms, we are taught from an early age, are the fundamental principles of a science. They are the truths on which the rest of a given theory hangs, and they determine the subject-matter and the scope of the theory. They are the principles that govern a specific collection of objects, relations and functions, or equivalently that ground the theory of those objects, relations and functions.

This, which we might call the „old-fashioned" view of axioms, is familiar from Euclidean geometry, at least as that geometry was understood by Euclid. The axioms of geometry, from this point of view, are about such objects as points, lines, planes, and spheres, and the relations that obtain between these objects. As axioms, they are both the most basic truths of the science, and statements of the most-important features of the objects and relations that make up its subject-matter.

Since the end of the nineteenth century, a quite different conception of axioms has arisen. In what we will call the „modern" conception of ax-

---

[1]This is a précis of a lecture given at the Third International Gottlob Frege Conference in Wismar, May 2013. Many thanks to all of the organizers, especially to Prof. Dr. Dieter Schott, for a most wonderful conference.

ioms, an axiom is a sentence of a formal language, a sentence that has no determinate subject-matter, but is instead susceptible to a wide variety of different interpretations. On this understanding, the axioms of geometry are only about points, lines, and planes when considered under one of their many available interpretations; they themselves have no specific subject-matter, and are not confined to a specific application.

Axioms in the modern sense play a central role in modern mathematical investigations, especially in investigations of the logical structure of theories and their subject-matter. Rigorous proofs of the consistency of a theory, and of the independence of a given axiom or theorem from others, require the modern understanding of axioms, since these proofs turn on the existence of alternative interpretations. The all-important modern notion of categoricity, too, as well as various kinds of completeness, also apply most straightforwardly to axioms in the modern sense, i.e. to reinterpretable formulas and sets thereof.

In comparison with the older, Euclidean conception, the new and streamlined conception of axioms stands out for its rigor, its tractability and especially for its fruitfulness. Once axioms are treated „formally,“ as we might put it, the proof of theorems from axioms achieves a transparent precision. And once we couple the formal axioms with rigorous definitions of satisfaction on structures, we achieve crisp definitions of, and proof-techniques for, the central notions just mentioned, those of consistency, independence, and categoricity.

The move from axioms as understood by Euclid to axioms as understood by e.g. Dedekind, Hilbert and Tarski might seem to leave the fundamental role of axioms intact: axioms are still the deductive starting-point for a theory, and an axiomatization is still a way of distilling the content of a theory to a tractable core. The fundamental change, as it might seem, has simply to do with rigor: axioms as newly-understood within the confines of a formal theory are considerably better-defined, with clearer logical properties and relations, than were their Euclidean predecessors.

This idea, that axioms as conceived by Hilbert and Tarski are merely a cleaned-up version of the kinds of things taken in earlier centuries as the fundamental principles of a science, is a view that is resoundingly rejected by Frege. In the move from an earlier conception of axioms, one shared by Frege, to the modern conception, we take a step backwards, from Frege's point of view. As Frege sees it, the things newly called „axioms" are fundamentally the wrong kinds of things to take to be the building-blocks of a science: they are not, and cannot play the role of, the things that Frege himself calls „axioms." The dispute is not merely terminological: on the view championed by Frege, the kinds of questions we can ask, and answer, about theories and axioms as newly-conceived are radically different from the kinds of questions we can make sense of with respect to theories and axioms of the old kind. And, most importantly, from Frege's point of view there are significant theoretical questions to ask about e.g. an axiomatization of geometry or of arithmetic – questions having to do with independence and consistency – that cannot be answered by the techniques that come hand-in-hand with the new view of axioms.

If Frege is right, then the move at the end of the nineteenth century to a conception of axioms, and hence of theories, as sets of formulas of a re-interpretable language brought with it not just gains in tractability, but also real losses. The purpose of this talk to spell out Frege's reasons for this view, and in so doing to make it apparent that he was right.

Frege on Proof and Conceptual Analysis

In *Grundlagen*, Frege lays out the role of proof as follows:

> The aim of proof is, in fact, not merely to place the truth of a proposition beyond all doubt, but also to afford us insight into the dependence of truths upon one another. After we have convinced ourselves that a boulder is immovable, by trying unsuccessfully to move it, there remains the further question, what is it that supports it so securely? The further we pursue these enquiries, the fewer become the primitive truths to which we reduce everything; and this simplification is in itself a goal worth pursuing. - *Grundlagen* [7], sec. 2

The idea, in short, is that by proving the truths of a science from the simplest principles we can manage, we learn what „supports" that theory; we learn, of those simpler principles, that they suffice to ground the theory. As he puts it some years later,

Because there are no gaps in the chains of inference, every 'axiom,' every 'assumption,' 'hypothesis,' or whatever you wish to call it, upon which a proof is based is brought to light, and in this way we gain a basis upon which to judge the epistemological nature of the law that is proved. - *Grundgesetze* I [5], p. 3

One crucial aspect of Frege's view of axioms is that they are not formulas, but are the non-linguistic items expressed by formulas. Known in his mature period as thoughts (*Gedanken*), these non-linguistic items are, generally speaking, the things of which theories are made, and the things that stand as the premises and conclusion of proofs. As he puts it in 1906:

When one uses the phrase 'prove a proposition' in mathematics, then by the word 'proposition' one clearly means not a sequence of words or a group of signs, but a thought; something of which one can say that it is true. - Frege [8], p. 332)

Though Frege is widely known for having developed the first rigorous formal systems for the expression of proofs, it is important to note that this „formal" aspect of Frege's work does not carry with it the idea that the items demonstrated in a mathematical proof are formulas. The relationship between the formulas of a formal system and the thoughts with whose proof we are concerned is the straightforward one of expression: each formula in a Fregean formal deduction expresses a specific thought. As we might say, the *proof* (a series of thoughts) is expressed by a *deduction* (a series of formulas). The final sentence of a deduction expresses the thought proven.

A further essential feature of Frege's conception of proof is that, on this conception, proof bears a close relationship to conceptual analysis. As Frege describes the connection in 1884:

[T]he fundamental propositions of arithmetic should be proved, if in any way possible, with the utmost rigor ... If we now try to meet this demand, we very soon come to propositions which cannot be proved so long as we do not succeed in analyzing concepts which occur in them into simpler concepts or in reducing them to something of greater generality. Now here it is above all Number which has to be either defined or recognized as indefinable. This is the point which the present work is meant to settle. - *Grundlagen* [7], p. 5

Frege's idea here is clarified by his practice in both *Grundlagen* and *Grundgesetze*. In both of these works, the attempt to provide rigorous proofs of the truths of arithmetic involves an essential analytic step: we begin by breaking down some of the central concepts involved in those truths into complexes of simpler or more-general components. We in this way reveal a more highly-articulated structure of the thought in question, which thought we can then go on to prove.

To choose an example: in order to demonstrate that

(E) Every cardinal number has a successor

is grounded in pure logic, Frege first provides an analysis of the notions of cardinal number and of successor. On the basis of this analysis, we achieve a more clearly-articulated thought (E*) that bears to (E) the relation of analysans to analysandum. The subsequent proof of (E*) from principles of pure logic suffices, as Frege sees it, to demonstrate the purely-logical grounding of the original (E).

As he himself puts the point in 1914,

> In the development of science it can ... happen that one has used a word, a sign, an expression, over a long period under the impression that its sense is simple until one succeeds in analysing it into simpler logical constituents. By means of such an analysis, we may hope to reduce the number of axioms; for it may not be possible to prove a truth containing a complex constituent so long as that constituent remains unanalysed; but it may be possible, given an analysis, to prove it from truths in which the elements of the analysis occur. - Frege [9], p. 209

Frege's general picture of proof and analysis, then, might be summed up as follows: Given a thought τ and a set P of premise-thoughts, we can demonstrate that τ is logically entailed by P in the following way: we first give conceptual analyses of the thoughts in question, yielding the (set of) analysans-thoughts τ^* and P*; and then proceed to give a rigorous proof of τ^* from P*. Success in such a two-step process establishes the original claim of logical entailment.

Frege on Independence and Independence-Demonstrations

The difference between Frege's conception of axioms and the conception familiar to all of us in the 21st century is drawn most starkly in Frege's reaction to David Hilbert's 1899 monograph, *Foundations of Geometry* [14]. Hilbert's goal in *Foundations* is to present an economical axiomatization of Euclidean geometry, and to provide a number of consistency and independence-demonstrations for various collections of axioms and theorems. Frege's response to this work of Hilbert's is entirely negative: he claims that Hilbert's attempts to prove consistency and independence are failures, and that the things Hilbert calls „axioms" are the wrong kinds of entities to bear that name.

Axioms, for Hilbert, are sentences. In the case of geometry, the sentences include standard geometric terms, including for example the terms „point," „line," „between," and so on. The technique Hilbert uses for demonstrating consistency and independence is similar to the standard technique in use today, that of constructing „models." The procedure, as employed by Hilbert, can be explained by means of the following schematic example.

Suppose we want to prove the consistency of a set $\{A_1 \ldots A_n\}$ of axioms. This set will typically consist of sentences not all of which express truths of Euclidean geometry. (If each sentence expresses an acknowledged truth, then its consistency is already acknowledged and not in need of demonstration.) It might contain, for example, n-1 axioms of Euclid, together with the negation of an axiom of Euclid. We demonstrate its consistency via a two-step method: First, we provide a new interpretation of the geometric terms appearing in the axioms. Following Hilbert, we might for example interpret the term „point" as standing for pairs of real numbers drawn from a specified domain, „line" for triples of ratios of such numbers, „lies on" for an algebraic relation between such pairs and triples, and so on. The second step is the demonstration that, when the terms are thus interpreted, each member of the set $\{A_1 \ldots A_n\}$ expresses a theorem of a background theory B (here, a theory of real numbers), which theory is assumed to be consistent.

It follows from this demonstration that a contradiction is derivable from the set $\{A_1 \ldots A_n\}$ only if a contradiction is derivable from the theorems of B, and hence that $\{A_1 \ldots A_n\}$ is inconsistent (in the sense of permitting the derivation of a contradiction) only if B is. The procedure, then, provides a relative consistency proof: the set in question is consistent if the background theory B is consistent. The same procedure is used by Hilbert to demonstrate independence: a sentence A_n is independent of a set $\{A_1 \ldots A_{n-1}\}$ iff the sets $\{A_1 \ldots A_{n-1}, \neg A_n\}$ and $\{A_1 \ldots A_{n-1}, A_n\}$ are both consistent. Here, the „independence" of A_n from the set in question is a matter of there being no derivation of A_n, and no derivation of $\neg A_n$, from that set; this is immediately demonstrated by the procedure just outlined, again assuming the consistency of the background theory B.

The Differences and their Import

The contrast between the two conceptions of axioms is stark. For Frege, an axiom is a determinate thought. And thoughts, as Frege sees it, are the kinds of entities with respect to which questions of consistency and independence make sense. Axiom-sentences, from this point of view, are important only as vehicles for the expression of axiom-thoughts.

For Hilbert on the other hand, the sentences are important not as vehicles for the expression of determinate thoughts, but as a means of laying down general conditions satisfiable by various collections of objects, functions, and relations. Sentences as so understood are on Hilbert's view the kinds of things about which we raise questions of consistency and independence. From this point of view, but not from Frege's, it is of the essence of axioms that their non-logical (here, geometrical) terminology is susceptible of varying interpretations.

The importance of this distinction is most significant when coupled with Frege's view that the important logical properties of thoughts - for example their provability from a given set of premises - can often be determined only after a thorough conceptual analysis of those thoughts and of their components. This means that there is for Frege an important gap, in principle, between the relation of deducibility (a relation between sentences) and the relation of provability (a relation between thoughts). Given a well-designed formal system, a sentence S is deducible in that system from a set P of sentences only if the thought $\tau(S)$ expressed by S is in fact logically entailed by the thoughts $\tau(P)$ expressed by the members of P. But the converse, from Frege's point of view, is often false. That S is not deducible from P does not guarantee that $\tau(S)$ fails to be logically entailed by $\tau(P)$. When the thought $\tau(S)$ can be subjected to deeper conceptual analysis, on the basis of which the resulting analysans-thought is expressible via the more-complex sentence S*, we can find, via a deduction of the new S* from P (or from new sentences P* achieved similarly from P via conceptual analysis), that the original thought $\tau(S)$ is in fact provable from, and hence logically entailed by, the original premise-thoughts $\tau(P)$. This is Frege's point when he notes that, as quoted above, „it may not be possible to prove a truth containing a complex constituent so long as that constituent remains unanalysed; but it may be possible, given an analysis, to prove it from truths in which the elements of the analysis occur." (Frege [9], p. 209). Failure of deducibility, in short, does not entail independence.

From Frege's point of view, Hilbert's reinterpretation of the geometric axiom-sentences involves an illicit shift from one set of thoughts (the geometric ones) to a new set (those concerned with real numbers). While the original questions of consistency and independence concern, as Frege sees it, the original thoughts concerning points and lines, Hilbert's re-interpretation of the axiom-sentences marks a shift of attention to a new set, one that has nothing to do with the points and lines of geometry. And because of Frege's view of the connection between conceptual analysis and logical entailment, the fact that the two sets of thoughts are expressible via the same set of sentences is no guarantee that from the consistency of one we can infer the consistency of the other. The change in the objects, functions and relations under discussion when we move from thoughts about geometry to thoughts about real numbers or vice-versa can (and indeed often will, as Frege sees it) bring with it changes in relations of entailment between the thoughts in question. Hence the inference from the consistency of a set of thoughts expressed by a set Σ of sentences to the consistency of a different set of thoughts expressed by Σ under a reinterpretation is, as Frege puts it, „a fallacy."

Frege further recognizes that, were we to take each set of Hilbert's axiom-sentences as providing an implicit definition of an n-place higher-level relation (where n is the number of undefined geometric terms appearing in the members of that set), then Hilbert's interpretation does show an important result: that the relation so defined is satisfiable, and in that sense consistent. But, says Frege, the consistency of such a relation is no guarantee of the consistency of the thoughts that are obtained via any particular instance of it. Referring to Hilbert's axiom-sentences when so understood as 'pseudo-axioms,' Frege remarks:

> Mr. Hilbert's independence-proofs simply are not about the real axioms, the axioms in the Euclidean sense, for these, surely, are thoughts. ... Mr. Hilbert appears to transfer the independence putatively proved of his pseudo-axioms to the axioms proper ... This would seem to constitute a considerable fallacy. - Frege [8], p. 402

That the inference he takes Hilbert to make is fallacious from Frege's point of view is again a consequence of the Fregean view that the consistency and independence in question have to do with logical relations between thoughts that can, in principle, turn on what's expressed by such terms as „point," „between," and so on. And indeed, on that understanding of consistency and independence, the inference is in fact fallacious. Where Hilbert understands the „consistency" of a set Σ of axiom-sentences to mean either the non-deducibility of a contradiction from Σ or the satisfiability of the higher-level relation defined by Σ, the inference from the consistency in Hilbert's sense of Σ to the consistency in Frege's sense of $\tau(\Sigma)$ is unwarranted. Similarly for independence.

It is worth pointing out at this juncture that though Frege takes Hilbert to make a fallacious inference, Hilbert in fact does nothing of the sort. Hilbert is simply not interested, here, in the kinds of consistency and independence on which Frege focuses. For he is not concerned with the entities Frege calls „axioms." In short, while Hilbert's technique is unsuited to the demonstration of what Frege calls „consistency" and „independence," the technique is conclusive in the demonstration of the weaker notions intended by Hilbert.

Axioms as Definitions

As noted above, each set of Hilbert's axiom-sentences defines a complex relation, or, as we might now put it, a structure-type. An interpretation that satisfies each sentence in such a set constitutes a structure, a particular organization of objects under specified orderings and relations. The axiom-sentences of Euclidean geometry, viewed from this perspective, define a structure-type that is variously satisfiable via the usual constellation of points and lines, under the usual incidence and order relations, and also via infinitely many other structures, some geometrical and some not.

The richness of this modern conception of axioms (i.e. as definitions of structure-types) is perhaps most clearly seen in the late 19th century in the work of Richard Dedekind. Dedekind's axiomatic treatment of the natural numbers in *Was sind und was sollen die Zahlen* [3] provides a strikingly simple and fruitful application of the new axiomatic method. This treatment turns on the definition of a structure-type each instance of which is called a „simply infinite system." For Dedekind, a simply infinite system is any set S satisfying the conditions that, for some relation f and object α,

- f is a 1-1 function;
- α is not in the range of f;
- S is the closure of $\{\alpha\}$ under f.

That these conditions completely characterize the type is shown via Dedekind's demonstration that all structures satisfying these conditions are isomorphic. This categoricity result establishes that, if the purpose of a set of axioms is to characterize a type of structure as completely as possible, then this particular collection of axioms is entirely successful.

The natural numbers, for Dedekind, are the members of that ordered collection of objects whose only properties are given by the axioms just listed. They are, as we might put it, the items that form the „minimal" simply infinite system. This makes Dedekind's treatment of the numbers dramatically different from Frege's. For Frege, the truths of arithmetic are thoughts about determinate objects, concepts, and relations; the thoughts and their components are „rich" in the sense that they are in principle susceptible to fruitful conceptual analysis. And there is, for

Frege, nothing stipulative about the axiom-thoughts that ground that collection of truths. For Dedekind, on the other hand, the axioms are simply stipulations; as long as they are consistent, they define a condition on structures, and it is this condition in which we are interested. That a consistent defined condition is uniquely satisfiable up to isomorphism is all we need in order to take the condition to be in fact satisfied by some „minimal" structure, whose further properties we can then investigate. This investigation, from Dedekind's point of view, is what we are engaged in when doing e.g. number theory.

Hilbert's brand of consistency- and independence-questions are the natural ones to ask from the point of view of a Dedekind-style treatment of mathematics. Even if we take the axiom-sentences to express determinate truths, as Dedekind does, those truths are not about concepts, objects, and relations whose nature might yield an as-yet undiscovered conceptual richness when subjected to conceptual analysis. Those expressed truths are instead about concepts, objects and relations whose whole nature is given by the structure-defining conditions explicitly laid out, i.e. by the axiom-sentences. Hence the questions Hilbert asks, and answers, concerning deducibility-relations amongst sentences and the satisfiability of implicitly-defined conditions, are exactly the right ones to ask when enquiring about the consistency and independence of axioms as understood by Dedekind.

From Dedekind's point of view, there is a sense in which structure is everything: there is nothing more to the natural numbers than the fact that they (under less-than) instantiate a particular canonical type of structure; there is nothing more to the reals (similarly) than that they instantiate their own characteristic structure-type, and so on. On this conception, the idea of axioms as expressing the foundation of a theory is straightforwardly cashed out as the requirement that axioms provide categorical characterizations of the type of structure in question: once the set of axioms of theory T is rich enough to constrain its models up to isomorphism, that set of axioms has said everything there is to say about T. It has done so, that is, if T is the theory of a collection of objects and relations whose nature is exhausted by the abstract structure that they instantiate.

We can now draw the distinction between Frege and the new tradition even more clearly. For Frege, in contrast to Dedekind, there is a great deal more to the natural numbers than the fact that they, under less-than, form an ω-sequence. Notice that the points on a line segment extending infinitely to the right similarly form, under the ordering „one unit to the left of," such a sequence. But for Frege, it is essential to ask *in virtue of what* the objects under that relation form that sequence. Crucially, the question of what it is that grounds the infinity of the objects must be answered if one is to answer the question of the foundations of the science. In the case of the sequence of points on a line, the infinity is grounded in the structure of space, something given us (as Frege sees it, following Kant) via pure intuition. But the grounding of the infinity of the series of natural numbers is entirely different in Frege's view: because of the nature of the objects in question, and of the relation under which they are ordered, the infinity of the series is guaranteed by purely logical truths. The distinction between ω-sequences whose existence and ordering is guaranteed via principles of logic and those whose existence and ordering is guaranteed via something else, e.g. via the structure of straight lines in space, is of the essence of Frege's logicist project: the crucial claim Frege makes here, and the one on which he spends his life's work, is that the natural numbers are of the first kind and not the second. This distinction is by contrast of no significance from the point of view occupied by Dedekind: that the truths of arithmetic hold solely in virtue of their instantiation of the type *simply infinite system* is crucial, and forms the heart of Dedekind's logicism, but the question of what it is in virtue of which they instantiate this structure is one whose answer plays no role in that logicism.

From Frege's point of view, axiom-sentences that define structure-types are perfectly legitimate objects of investigation. But the structure-types they define are merely the shell of a science. Until we are have a particular collection of objects and relations that together satisfy that structure-type, we have no science at all. And until we know the nature of that collection, and of the principles in virtue of which it exists and satisfies the structure-type, we do not know the grounds of the science. And it is these principles, those that ground the existence and the ordering of the specific objects in question, that form the ultimate foundational truths, the true axioms of the science, in Frege's view.

Retrospective

The modern conception of axioms, that conception of which we have taken the work of Hilbert and of Dedekind as exemplars, is now the everyday, standard conception in foundational work. We prove consistency by the construction of models, and we take categoricity to be an important criterion of axiomatic success. The fruitfulness of this approach is undeniable: it is only against the backdrop of the modern conception that we have any systematic means at all of proving consistency and independence. The Fregean conception of axioms by contrast, on which the contents of individual terms might always, in principle, give rise on conceptual analysis to as-yet unrecognized sources of logical entailment or contradiction between axioms, and on which there is no rigorous means of demonstrating consistency (aside from a demonstration of truth) leaves foundational work always just a little bit, in principle, in peril.

Nevertheless, the streamlined and mathematically-tractable modern conception of axioms does leave out of account some important aspects of the foundations of scientific theories. One way to characterize Frege's view is as, in large part, the insistence that these aspects of theories and of their foundations are important, and that the failure of modern approaches to take such features seriously is a significant failing.

The difference between the modern and the Fregean conception of axioms is perhaps most clearly seen when comparing the sense in which, on each conception, the axioms of a theory provide the „grounds" of that theory.

Axioms, as Frege sees it, ground a theory in the sense of being its fundamental truths. The grounding is transitive: if we want to know what ultimately guarantees the truth of a theory T, we ask what guarantees the truth of those axioms. If some of a theory's axioms are grounded in the structure of space, or in contingent empirical truths, then so too is the theory; if all of the axioms are analytic, then so too is the theory. The question of whether the theory carries a commitment to objects of a given kind is the question of whether the axioms do; the question of whether a theory is knowable a priori is the question of whether its axioms are, and so on. It is only when we ask such questions, those of the nature of the axiom-thoughts, that we can answer the kinds of questions that are central to Frege, the kinds of questions that animated much work in the epistemology of mathematics up to his day.

On the modern conception, on the other hand, axioms are not truths at all, but are instead either partially-interpreted sentences or the structure-defining conditions stipulated by such sentences. Hence the sense in which an axiomatized theory is „grounded" in its axioms is quite different. The theorems themselves are, in a sense, „consequences" of the axioms: a theorem-sentence is always deducible from (or otherwise entailed by) the axiom-sentences, and the structural condition it expresses is satisfied by any structure that satisfies the conditions defined by the axioms. But we cannot ask what grounds the axioms: they are stipulations, not truths, and have no grounds. The question of whether a theory is analytic or synthetic, empirical or otherwise, cannot be answered by examining the nature of its axioms, if those axioms are of a modern mathematical kind. Indeed, there is no sense in which the theory itself is either analytic or synthetic, empirical or non-empirical, when consistently viewed as an axiomatic theory in the modern sense. For in this sense, the theory is a collection of stipulations and consequences thereof.

The adoption of the modern conception of axioms therefore involves giving up on some theses that were of cardinal importance to Frege. If number theory is, as Frege took it to be, a collection of truths about a particular collection of objects under a specific ordering, then we can meaningfully ask, and answer, questions about the metaphysical and epistemological status of that theory. We can ask whether its truths turn on anything outside of logic, whether its objects can be known *a priori* to exist, whether its theorems require any contingent truths for their grounding, and so on. Shifting to the modern conception of number theory means shifting to a perspective from which the theory itself, at least as this is given by its axioms, is not a collection of truths about a particular series of objects. And if there is, as for example Dedekind holds, a particular collection of objects characterizable as „the numbers," these are objects whose existence is not entailed by, and whose nature is not described by, the axioms; their existence falls outside the purview of the axioms – and hence, strictly speaking, of the theory – altogether. Whether or not one takes there to be, in this sense, a „canonical" model of the axioms, the fundamental difference with Frege is that, on this modern conception, the central Fregean questions are ill-formed: because a theory on the modern view is not a body of truths, but rather a body of stipulations and their consequences, it is neither analytic nor synthetic; it is not knowable either *a priori* or *a posteriori*, and its axioms cannot be interrogated for specific existential commitments.

In short, the idea that a mathematical theory is, like an empirical theory, a body of truths about a specific domain is given up in the move to the modern conception of axioms, and with it the foundational questions that Frege took to be central to the philosophy of mathematics. And while it is (perhaps) a coherent philosophical question to hold that mathematics *is* in some sense a matter of stipulation, so that the Fregean questions are somehow ill-formed, it is important to notice that the adoption of the modern perspective has not been accompanied with anything like a compelling argument for this position; it has instead been ushered in on a wave of fruitful techniques that leave this central philosophical issue unaddressed.

Bibliography

[1] **Blanchette, P.**: „Frege and Hilbert on Consistency," *Journal of Philosophy* 93, 7 (1996), pp. 317–336.

[2] **Blanchette, P.**: *Frege's Conception of Logic.* New York: Oxford University Press 2012.

[3] **Dedekind, R.**: *Was sind und was sollen die Zahlen?* Vieweg: Braunschweig 1888.

[4] **Frege, G.**: *Philosophical and Mathematical Correspondence.* Eds. G. Gabriel, H. Hermes, F. Kambartel, Ch. Thiel, A. Veraart. Basil Blackwell: Oxford 1980.

[5] **Frege, G.**: *Grundgesetze der Arithmetik Bd. 1.* Jena: Hermann Pohle 1893. Partial English translation as *The Basic Laws of Arithmetic*, M. Furth (trans.), Berkeley and Los Angeles: University of California Press 1967.

[6] **Frege, G.**: *Grundgesetze der Arithmetik Bd. 2.* Jena: Hermann Pohle 1902.

[7] **Frege, G.**: *Die Grundlagen der Arithmetik, Eine logisch mathematische Untersuchung über den Begriff der Zahl*, Breslau: Wilhelm Koebner 1884. English translation by J. L. Austin as *The Foundations of Arithmetic, A logico-mathematical enquiry into the concept of number*, Oxford: Blackwell 1953.

[8] **Frege, G.**: „Über die Grundlagen der Geometrie," *Jahresbericht der Deutschen Mathematiker-Vereinigung* 15, pp. 293–309, 377–403, 423–430. Reprinted in [12], pp. 281–323. English translation as „Foundations of Geometry: Second Series" in [13], pp. 293–340.

[9] **Frege, G.**: „Logik in der Mathematik," in [11], pp. 219-270. English translation as "Logic in Mathematics" in [10], pp. 203–250.

[10] **Frege, G.**.: *Posthumous Writings*. Eds. Hermes, Kambartel, Kaulbach. Chicago: University of Chicago Press 1979. (Translation of most of *Nachgelassene Schriften*.)

[11] **Frege, G.**.: *Nachgelassene Schriften* (2nd revised edition). Eds. Hermes, Kambartel, Kaulbach. Hamburg: Felix Meiner Verlag 1983.

[12] **Frege, G.**: *Kleine Schriften* (2nd edition). Ed. I. Angelelli. Hildesheim: Georg Olms Verlag 1990.

[13] **Frege, G.**: *Collected Papers on Mathematics, Logic, and Philosophy*. Ed. B. McGuinness. Oxford: Blackwell 1984.

[14] **Hilbert, D.**: *Grundlegung der Geometrie*, Stuttgart: Teubner 1899. English translation of the 10th edition as *Foundations of Geometry*, L. Unger (trans.), P. Bernays (ed.), Open Court 1971.

Author

Prof. Dr. Patricia Blanchette
Department of Philosophy
University of Notre Dame
46556 USA
Email: blanchette.1@nd.edu

Tabea Rohr

Allgemeinheit der Logik versus Logische Allgemeinheit

Eine bisher unbeachtete Unterscheidung in Freges *Grundlagen der Arithmetik*

Zusammenfassung. Dieser Artikel untersucht die Verwendungsweise des Wortes „Allgemeinheit" in § 3 der *Grundlagen der Arithmetik* und vertritt die These, dass Frege dort zwei Begriffe der Allgemeinheit unterscheidet. Allgemeinheit als Merkmal analytischer Sätze wird den „besonderen Wissensgebieten" gegenübergestellt, Allgemeinheit als Merkmal von Sätzen a priori wird im Gegensatz zu „Tatsachen ohne Allgemeinheit" verstanden. Da auch synthetische Sätze quantifiziert sein oder, um in Freges Terminologie zu bleiben, logische Allgemeinheit besitzen können, ist diese Form der Allgemeinheit kein Alleinstellungsmerkmal von analytischen und damit logischen Sätzen. Es wird eine Interpretation vorgeschlagen, wonach Freges Verwendungsweise des Begriffs „Allgemeinheit" im Sinne von logischer Allgemeinheit der Begriff der Unabhängigkeit zu Grunde liegt, den Frege in § 14 der *Grundlagen der Arithmetik* einführt. Unabhängigkeit wird bei Frege als eine Relation verstanden, die zwischen einem Satz und einer Menge von Sätzen, die eine Wissenschaft bilden, besteht. Auf dieser Grundlage, so die These dieses Artikels, kann eine „Allgemeiner-als-Relation" eingeführt werden, die zwischen einzelnen Wissenschaften besteht. Dadurch wird eine Allgemeinheitshierarchie eingeführt, wobei die Logik die allgemeinste Wissenschaft ist.

Einleitung

Frege beschreibt das Ziel seiner mathematischen Arbeit im Kantischen Vokabular, wenn er sagt, er wolle die Analytizität der Arithmetik nachweisen. Da er mit dieser These aber Kant direkt widerspricht, wird in der Sekundärliteratur vereinzelt behauptet, dass Frege sich der Kantischen Terminologie nur bediene, um von philosophischen Lesern besser verstanden zu werden. Michael Dummett vertritt diese These in seiner einflussreichen Monographie *Frege - Philosophy of Mathematics*. ([1], S. 2)

Gegen diese Interpretation spricht die Kontinuität, mit der Frege seine Haltung vertritt. Bereits in seinen frühen mathematischen Schriften gibt Frege zwei Indizien für seine Vermutung an, dass die Arithmetik in erkenntnistheoretischer Hinsicht einen Sonderstatus einnehme:[1]

1. Die Arithmetik ist im weitesten Sinne allgemein.

2. Die Arithmetik beruht nicht auf Anschauung.

Auch in den *Grundlagen der Arithmetik* bringt Frege diese Argumente für seine These, dass die Arithmetik analytisch sei, vor. ([3], insbesondere § 13 und § 14) Beide Argumente sind zunächst mit der Kantischen Gebrauchsweise von „analytisch" vereinbar. Fraglich ist jedoch, ob Freges Gebrauch von „allgemein" und „anschaulich" dem Kants entspricht. Ich werde mich an dieser Stelle nur auf die Frage nach der Allgemeinheit der Logik beschränken. Zahlreiche Autoren haben bereits auf die Wichtigkeit der „Allgemeinheit" für Freges Logikbegriff hingewiesen. Hier wird nun eine Interpretation von Freges Allgemeinheitsbegriff vorgestellt, nach der dieser auf dem Begriff der Unabhängigkeit aus § 14 der *Grundlagen der Arithmetik* beruht und gezeigt, wie dieser Begriff der Allgemeinheit mit Kants Philosophie vereinbar ist.

Zwei Dimensionen der Allgemeinheit

In § 3 der *Grundlagen der Arithmetik* gebraucht Frege den Begriff der Allgemeinheit in zwei Kontexten. Zum einen grenzt Frege die „allgemeinen logischen Gesetze" von den „besonderen Wissensgebieten" ab, um analytische von synthetischen Wahrheiten zu unterscheiden. Zum anderen stellt er die „allgemeinen Gesetze" den „Tatsachen" gegenüber, um Sätze a priori von Sätzen a posteriori abzugrenzen. In diesem Fall kann man die Allgemeinheit quantifikational auffassen. Alle nicht ableitbaren, wahren Sätze, die einen Allquantor enthalten, sind demnach Gesetze a priori. Tatsachen sind dann Instantiierungen von allgemeinen Sätzen. Um analytische Sätze von synthetischen abzugrenzen, reicht dieser quantifikationale Begriff der Allgemeinheit jedoch nicht aus, da auch einige synthetische Sätze quantifikational allgemein sind. Es muss also ein Kriterium geben, um zu begründen, dass beispielsweise geometrische, und somit synthetische, Gesetze wie

„Alle Dreiecke haben eine Innenwinkelsumme von 180°."

---

[1] Siehe z.B. Freges Habilitationsschrift *Rechnungsmethoden, die auf einer Erweiterung des Größenbegriffs gründen*. ([5], S. 50 f.)

weniger allgemein sind als logische Gesetze wie

„Jeder Satz ist entweder wahr oder falsch."

Man könnte, um in Freges Terminologie zu verbleiben, festhalten: Die Allgemeinheit der Logik wird nicht allein durch die logische Allgemeinheit ausgezeichnet.

Versuche anderer Autoren

In der modernen modelltheoretischen Logik gibt es die Möglichkeit, die logische Allgemeinheit mithilfe der quantifikationalen Allgemeinheit zu definieren. Eine logische Wahrheit ist demzufolge ein Satz, der in allen Modellen, und somit für alle Gegenstände, über die man quantifizieren kann, wahr ist.

Man könnte meinen, dass Frege eine ähnliche Konzeption von logischen Sätzen hat, da er in seiner Begriffsschrift nicht über abgegrenzte Individuenbereiche quantifiziert, sondern über alle Gegenstände überhaupt.[2] Diese Besonderheit zeichnet zwar Freges Logik gegenüber anderen Logikauffassungen aus, es ist aber keineswegs einleuchtend, dass sie auch zur Abgrenzung von nicht-logischen Allgemeinheitsaussagen dient. In Freges Begriffsschrift sollen schließlich, wie aus dem Vorwort des gleichnamigen Buches hervorgeht, auch nicht-logische Sätze ausgedrückt werden können. Frege entwickelt dort die Idee, dass die Begriffsschrift als eine Art Leibnizsche Universalsprache dienen könnte, in der mit höchster logischer Präzision Sätze der Geometrie und Physik formuliert werden können. ([4], S. VI) Wären logische Sätze durch ihren unbeschränkten Individuenbereich ausgezeichnet, so müssten jene Sätze explizit auf einen bestimmten Gegenstandsbereich eingeschränkt werden. Die Begriffsschrift als Zeichensystem beinhaltet aber überhaupt kein Element, um so etwas wie einen eingeschränkten Individuenbereich anzugeben. Dies ist auch nicht notwendig, da Wenn-dann-Aussagen bereits wahr sind, wenn die Bedingung falsch ist. Möchte man also in Begriffsschrift die Aussage

„Alle Dreiecke haben eine Innenwinkelsumme von 180°."

formulieren, so ist dies ohne Einführung einer weiteren Art von Zeichen möglich. Wenn nämlich etwas kein Dreieck ist, so ist die Aussage auf

---

[2]Ein solcher Vorschlag wurde in der Sekundärliteratur unter anderem von Kit Fine gemacht. ([2], S. 556)

Grund der Wenn-dann-Struktur sowieso erfüllt. Ob man den Individuenbereich, über den in der Aussage quantifiziert wird, auf Dreiecke, geometrische Gegenstände oder alle mathematischen Entitäten beschränkt, hat
keinen Einfluss auf ihre Gültigkeit. Somit ist die Aussage auch für einen
uneingeschränkten Individuenbereich gültig. Hinzu kommt, dass durch die
Beschränkung auf einen bestimmten Individuenbereich eine Bedingung,
nämlich, dass die Dinge, über die etwas ausgesagt wird, diesem Individuenbereich angehören, nicht in der Formel explizit gemacht werden würde.
Dies steht aber im Gegensatz zu Freges Motivation zur Entwicklung der
Begriffsschrift. ([4], S. X)

Auf gravierende Unterschiede zwischen Freges Auffassung der Logik
und dem heutigen Verständnis von formaler Logik hat in jüngster Zeit
erneut Warren Goldfarb hingewiesen. [7] Für Frege sei nicht der Umfang
des Individuenbereichs maßgebend, sondern, so Goldfarb, die Tatsache,
dass in logischen Gesetzen über alle Objekte und Begriffe quantifiziert
wird. ([7], S. 67) Während der Ausdruck

„Alle Menschen sind sterblich."

ein allgemeiner, aber nicht-logischer Satz ist, da er die Begriffe „Mensch"
und „sterblich" enthält, ist der Satz

„Jede Eigenschaft kommt einem Ding entweder zu oder nicht zu."

– streng formal: $(\forall F)(\forall x)(F(x) \vee \neg F(x))$ – logisch. Neben quantifizierten
Ausdrücken dürfen logische Sätze laut Goldfarb nur sogenanntes „themen-
neutrales Vokabular" enthalten, womit Junktoren und Quantoren gemeint
sind.

Tatsächlich hat Goldfarb damit eine notwendige Bedingung für das
„Logisch-sein" herausgearbeitet. Es ist aber fraglich, ob Frege dies auch
als ein hinreichendes Kriterium anerkannt hätte.[3] Wir wissen heute sicher,
dass dies kein hinreichendes Kriterium sein kann. Die Unvollständigkeit
der Prädikatenlogik zweiter Stufe zeigt, dass nicht alle wahren Aussagen
auch tatsächlich axiomatisch abgeleitet werden können. Man kann sicherlich einwenden, dass Frege derartige metalogische Betrachtungen fremd
gewesen sind. Hätte Frege jedoch „wahr und in logischen Zeichen formu-
lierbar" mit „beweisbar aus logischen Axiomen" gleichgesetzt, so hätte er
die *Grundgesetze der Arithmetik* nicht zu schreiben brauchen. Denn mit

---

[3]Zu Goldfarbs Verteidigung sei hier angemerkt, dass Goldfarb selbst nicht behaupten würde, dass es
sich dabei um ein hinreichendes Kriterium handelt. Er geht sogar soweit zu behaupten, dass es ein
hinreichendes Kriterium für das Logisch-sein einer Wahrheit bei Frege nicht gäbe. ([7], S. 72)

der Übersetzung der arithmetischen Aussagen in logische wäre bereits gezeigt, dass es einen Beweis geben muss. Hinzu kommt, dass man mithilfe logischer Zeichen, vor allem wenn man sie wie Frege auffasst, zahlreiche Sätze ausdrücken kann, die nicht in den Bereich der Logik zu gehören scheinen.[4] Als Beispiel sollen nur einige Aussagen wie „Es existiert etwas." oder „Alles hat eine Eigenschaft." genannt werden. Auch das Russellsche Unendlichkeitsaxiom ist ein Beispiel, das zeigt, dass man in logischen Zeichen einen Satz ausdrücken kann, der wahr sein könnte, den man aber ungern als „logisch" klassifizieren möchte.

Allgemeinheit als maximale Abhängigkeit

Im folgenden soll nun eine alternative Lesart der „Allgemeinheit" vorgestellt werden.

In den *Grundlagen der Arithmetik* gibt Frege ein Kriterium an, mithilfe dessen eine Hierarchie der Wissenschaften aufgebaut werden kann. Über das Verhältnis von Geometrie, Arithmetik und Logik heißt es dort:

> Für das begriffliche Denken kann man immerhin von diesem oder jenem der geometrischen Axiome das Gegenteil annehmen, ohne dass man in Widersprüche mit sich selbst verwickelt wird, wenn man Schlussfolgerungen aus solchen der Anschauung widerstreitenden Annahmen zieht. Diese Möglichkeit zeigt, dass die geometrischen Axiome von einander und von den logischen Urgesetzen unabhängig, also synthetisch sind. Kann man dasselbe von den Grundsätzen der Zahlenwissenschaft sagen? Stürzt nicht alles in Verwirrung, wenn man einen von diesen leugnen wollte? Wäre dann noch Denken möglich? Liegt nicht der Grund der Arithmetik tiefer als der aller Erfahrungswissens, tiefer selbst als der der Geometrie? ([3], § 14)

Zentral für diesen Abschnitt ist die Relation „unabhängig"(U), die zwischen einzelnen Sätzen und Mengen[5] von Sätzen, die die Axiome einer Wissen-

---

[4]Dieser Einwand ist nicht neu. Bereits Russell weist in [9], S. 202 f. darauf hin, dass, obwohl alle Aussagen, die logisch sind, in logischen Zeichen formuliert werden können, nicht alle Sätze, die in logischen Zeichen ausgedrückt werden können, logisch sind. In Bezug auf Frege haben darauf unter anderem auch Dummett und Künne hingewiesen. ([1], S. 43; [8], S. 356)

[5]Man könnte den Eindruck gewinnen, meine Interpretation würde voraussetzen, dass Frege bereits die Instrumentarien der modernen Mengenlehre und der Metalogik besitzt. Der Begriff der Menge setzt hier jedoch nicht die moderne Mengenlehre voraus. Ein naiver Mengenbegriff und die Idee, dass man Sätze in Mengen bzw. Klassen zusammenfassen kann, um über das Ableitungsverhältnis zwischen

schaft bilden,[6] besteht. Ein Satz ist unabhängig von einer Wissenschaft, wenn weder der Satz selbst noch seine Negation mit den Sätzen der Wissenschaft im Widerspruch steht. Dies kann folgendermaßen formalisiert werden:

Definition 1. $U(n, M) := (n, M \nvdash \bot) \land (\neg n, M \nvdash \bot)$

Durch den Begriff der Unabhängigkeit kann eine Hierarchie eingeführt werden, die im Zitat mit der Formulierung, eine Wissenschaft würde „tiefer liegen" als eine andere, umschrieben wird. Dazu kann der Begriff der Unabhängigkeit zur Definition einer Relation „Allgemeiner-als"(A) zwischen Mengen verwendet werden. Ich werde versuchen zu zeigen, dass diese Relation dem Begriff des allgemeinen logischen Gesetzes in Freges Definition von „analytisch" entspricht.

Definition 2. $A(M, N) := (\forall n \in N)(U(n, M)) \land (\forall m \in M)(\neg U(m, N))$

Man kann sich leicht vergegenwärtigen, dass diese Relation genau der Beziehung entspricht, die laut Frege zwischen Geometrie und Logik besteht. Der erste Teil der Formel drückt genau die Allgemeinheit der Unabhängigkeitsbeziehung aus, die Frege in dem Zitat postuliert. Der zweite Teil stellt sicher, dass diese Unabhängigkeit nicht wechselseitig ist, ansonsten würde keine Hierarchie eingeführt werden, denn dazu muss die Relation asymmetrisch sein.

Ein Vorteil dieser Lesart gegenüber den zuvor diskutierten Interpretationsvorschlägen besteht darin, dass die Allgemeinheit nicht von Einzelsätzen, sondern von Mengen von Sätzen ausgesagt wird. Der Begriff der Allgemeinheit ist bei Frege schließlich grundlegend, um Logik als Wissenschaft, und somit als eine besondere Menge von Sätzen, auszuzeichnen. Dadurch, dass Allgemeinheit nicht als Eigenschaft, sondern als „Allgemeiner-als-Relation" zwischen zwei Mengen aufgefasst wird, gibt es graduelle Abstufungen von Allgemeinheit. Die Logik zeichnet sich dabei durch die größte Allgemeinheit aus. Diese Allgemeiner-als-Relation besteht dann auch zwischen Geometrie und Physik. In dem Aufsatz „Das Trägheitsgesetz", den Frege einige Jahre nach den *Grundlagen der Arithmetik* verfasst hat,

---

Sätzen etwas auszusagen, ist durchaus schon in Freges Schriften präsent. Besonders deutlich wird dies in einer Ausführung in „Über die Grundlagen der Geometrie III". ([5], S. 317 f.) Der Begriff der Abhängigkeit wird dort tatsächlich mit Hilfe von metalogischen Überlegungen formal gefasst.

[6]Im folgenden wird statt „Menge von Sätzen, die die Axiome einer Wissenschaft bilden" nur noch „Wissenschaft" gesagt.

beschreibt er, wie physikalische von mathematischen Fragen zu unterscheiden sind. Frege zeigt, dass der Raum abstrakt durch ein Inertialsystem beschrieben werden kann und dass es eine unendliche Menge von Inertialsystemen gibt, in denen man den Begriff der Bewegung erklären kann. Mit dem Trägheitsgesetz vereinbar sind aber nur einige diese Inertialsysteme. Diese sind, so Frege, dadurch, dass sie die physikalische Wirklichkeit beschreiben, „von allen anderen logisch und mathematisch gleich möglichen besonders ausgezeichnet."[7] Theoretische Physik ist nicht reine Mathematik, denn nicht jedes mathematische Modell, das Begriffe wie „Zeit", „Raum" und „Bewegung" enthält, erklärt auch tatsächlich unsere Realität. Die moderne Redeweise von „Paralleluniversen" in der theoretischen Physik, trägt dieser Tatsache Rechnung, indem sie anerkennt, dass auch alternative Universen denkbar und mathematisch beschreibbar sind, die sich beispielsweise durch ihre Naturkonstanten von dem unseren unterscheiden.

Das Verhältnis zwischen Logik und Geometrie ist ganz analog. Logisch gesehen sind eine Vielzahl verschiedener, einander widersprechender Geometrien möglich. Nur eine dieser Geometrien gibt aber tatsächlich eine Beschreibung der reinen Anschauung. Die Wissenschaften lassen sich dementsprechend hierarchisch ordnen. Diese Hierarchie könnte man wie folgt veranschaulichen:

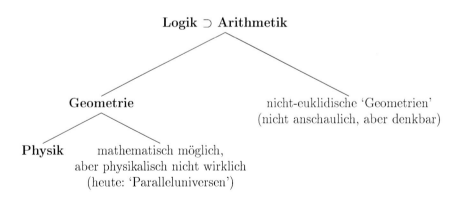

Eine neue Hierarchieebene ergibt sich überall da, wo alternative Wissenschaften möglich wären. So ist die Logik sowohl mit der euklidischen

---

[7]„Das Trägheitsgesetz" ([5], S. 122)

als auch mit nicht-euklidischen[8] Geometrien vereinbar, Geometrie sowohl mit der physikalischen Wirklichkeit als auch mit dem physikalisch Nicht-Wirklichem. Frege nimmt diese Überlegung in § 14 zum Ausgangspunkt seiner Argumentation, dass die Arithmetik allgemeiner sei als die Geometrie:

> Die tollsten Fieberphantasien, die kühnsten Erfindungen der Sage und der Dichter, welche Tiere reden, Gestirne stille stehen lassen, aus Steinen Menschen und aus Menschen Bäume machen, und lehren, wie man sich am eigenen Schopfe aus dem Sumpf zieht, sie sind doch, sofern sie anschaulich bleiben, an die Axiome der Geometrie gebunden. Von diesen kann nur das begriffliche Denken in gewisser Weise loskommen, wenn es etwa einen Raum von vier Dimensionen oder von positivem Krümmungsmaße annimmt. Solche Betrachtungen sind durchaus nicht unnütz; aber sie verlassen ganz den Boden der Anschauung. ([3], § 14)

Geometrie ist deswegen, so Frege weiter, nicht aus der Logik ableitbar und somit weniger allgemein.

Versteht man Allgemeinheit in diesem Sinne, so folgt der logische Monismus direkt aus der Definition, denn es kann auf Grund der Asymmetrie der „Allgemeiner-als-Relation" nur eine allgemeinste Menge von Sätzen geben. Auch Freges Formulierung, Logik sei die Wissenschaft von der Wahrheit, wird durch diese Definition klarer. Die „Allgemeiner-als-Relation" besteht zwischen Wissenschaften und somit zwischen Mengen von wahren Sätzen. Die Spitze dieser Hierarchie, also die allgemeinste Wissenschaft, umfasst die Gesetze, die angeben, welche Sätze überhaupt rationalerweise für wahr gehalten werden können. Denn diese Gesetze, und nur diese, sind grundsätzlich alternativlos.

Die Aussage aus § 14 der *Grundlagen der Arithmetik*, dass „alles in Verwirrung stürzt", wenn man versucht, einen analytischen Satz zu negieren, ist eine alternative Formulierung zu der Definition in § 3, dass analytische Sätze durch die größtmögliche Allgemeinheit ausgezeichnet seien. Dass „alles in Verwirrung stürzt", kann man formal so auffassen, dass die Negation dieser Sätze mit allen Wissenschaften im Widerspruch steht. Da laut Frege das „Verwirrungskriterium" ein Kriterium für das Logisch-sein ist, kann man die Menge L aller logischen Sätze wie folgt definieren:

---

[8]„Nicht-euklidisch" ist hier nicht als Synonym zu „hyperbolisch" zu verstehen, sondern, in Anlehnung an Freges Gebrauchsweise, als Sammelbegriff für alle Geometrien, die nicht mit der klassischen, erstmals von Euklid axiomatisierten Geometrie identisch sind.

Definition 3. $L := \{p|(\forall M)(\neg p, M \vdash \bot)\}$.

Man kann aus dieser Definition direkt ableiten, dass alle logischen Sätze sich dadurch auszeichnen, dass ihre Negation mit sich selbst im Widerspruch steht, da zu allen Mengen auch die leere Menge gehört. Somit gilt:

$$p \in L \to (\neg p, \emptyset \vdash \bot).$$

Entsprechend Freges Definition der Analytizität ist Logik die Wissenschaft, die allgemeiner ist als alle anderen Wissenschaften. D.h.:

$$(\forall M \neq L)(A(L, M)).$$

Diese Formel kann ganz einfach mithilfe der Definition der logischen Sätze und der Definition der Allgemeinheit abgeleitet werden. Somit sind die Aussagen über Logik in § 3 und § 14 äquivalent.

Indem die Sätze der Logik nicht über das logische Vokabular, sondern über ihr Ableitungsverhältnis zu anderen Sätzen abgegrenzt werden, wird auch deutlich, dass nicht jeder wahre Satz, der geometrisches Vokabular enthält, auch ein Satz der Geometrie ist. „Alle Dinge sind Dreiecke oder sind keine Dreiecke." ist beispielsweise kein Satz der Geometrie, da er direkt durch Instantiierung aus dem logischen Gesetz „$\forall F \forall x(F(x) \lor \neg F(x))$" abgeleitet werden kann. Da der Satz „Alle Dreiecke haben eine Innenwinkelsumme von 180°" nicht so hergeleitet werden kann, ist er eben kein Satz der Logik, sondern der Geometrie. Man betrachte nun folgenden Schluss:

Alle Quadrate sind Rechtecke.
Alle Rechtecke haben rechte Winkel.

_____

Alle Quadrate haben rechte Winkel.

Dieser kann zwar auch als Instantiierung des logischen Gesetzes

$$\forall F \forall G \forall H \forall x[(F(x) \to G(x)) \land (G(x) \to H(x))] \to (F(x) \to H(x))$$

aufgefasst werden. Die Konklusion selbst, also „Alle Quadrate haben rechte Winkel.", kann aber nicht allein aus logischen Gesetzen abgeleitet werden. Die Logik kann nur als negatives Kriterium dienen, indem mit logischen

Mitteln festgestellt wird, dass eine Menge von Sätzen nicht wahr sein kann, beispielsweise: {„Alle Quadrate sind Rechtecke.", „Alle Rechtecke haben rechte Winkel.", „Einige Quadrate haben keine rechten Winkel."}

Freges und Kants Begriff des Analytischen

In § 3 der *Grundlagen der Arithmetik* schreibt Frege in einer Fußnote, er wolle mit seinen Definitionen „nur das treffen, was frühere Schriftsteller, insbesondere Kant gemeint haben." Wie kann die vorgestellte Definition von logischer Allgemeinheit mit Kants Auffassung von analytischen Sätzen vereinbart werden? Freges Definition scheint derjenigen Kants überhaupt nicht zu ähneln.

Mein Vorschlag kann jedoch dazu dienen, Freges Kommentar besser zu verstehen, insbesondere wenn man Freges Ansatz mit Leibniz' kontrastiert. Da es Leibniz zufolge prinzipiell möglich ist, alles mithilfe von logischen Schlüssen aus Definitionen von Begriffen herzuleiten, ist kein Satz unabhängig von den logischen Grundgesetzen. Leibniz zufolge würde also keine Wissenschaft allgemeiner sein als eine andere. Wenn die analytischen Wahrheiten also die allgemeinsten sind, fällt für Leibniz alles mit dem Analytischen zusammen, und eben dies bringt Frege als Kritik gegen Leibniz vor. ([3], § 15) Freges Definition von analytisch und synthetisch entspricht also sehr wohl einer zentralen Intuition Kants. Frege distanziert sich mit Kant von Leibniz' Universalsprachenutopie, da die logischen Gesetze für ihn nur negative Kriterien für das Wahrsein von Sätzen liefern könne, wenn diese nicht selbst zum engen Kanon logischer Sätze gehören.

Frege vertritt in einigen frühen Schriften die Auffassung, dass eine Aussage einen Inhalt nur dadurch erhält, dass sie einschränkend ist. Der Inhalt eines Ausdrucks ist umso größer, je mehr Fälle durch ihn ausgeschlossen werden. Existenzaussagen über einzelne Gegenstände sind aus diesem Grund für Frege inhaltsleer, denn die Existenz kann von allen Gegenständen ausgesagt werden.[9] Kant würde alle logischen Aussagen in diese

---

[9] Im „Dialog mit Pünjer über Existenz." ([6], S. 71) kommt Frege in Zusammenhang mit Überlegungen zum Begriff der Existenz, als Begriff erster Stufe verstanden, zu folgendem Ergebnis: „Wenn man die Sache ganz allgemein machen will, muss man einen Begriff aufsuchen, der allen Begriffen übergeordnet ist. *Ein solcher Begriff, wenn man es so nennen will, kann gar keinen Inhalt mehr haben, in dem sein Umfang grenzenlos ist; in dem jeder Inhalt kann nur in einer Beschränkung des Umfangs bestehen.*" [Hervorhebung durch Autorin] In „Booles rechnende Logik und meine Begriffsschrift" erläutert Frege, warum er ausgerechnet die Wenn-dann-Beziehung als Urzeichen eingeführt hat. Als Grund hierfür führt er an, dass die Wenn-dann-Beziehung einfacher sei als das „und" und das ausschließende „oder", da sie weniger Fälle ausschließt und somit weniger Inhalt hat,

Kategorie einordnen. Logik als allgemeinste Wissenschaft ist für Frege die am wenigsten einschränkende Wissenschaft, denn sie schließt nur diejenigen Sätze aus, die logisch falsch sind. Damit hat die Logik, nach Freges eigenem Kriterium, von allen Wissenschaften auch am wenigsten Inhalt. Insofern kommt er Kants Auffassung von Logik erstaunlich nahe. Als Wissenschaft vom Denken oder, in späterer Terminologie, von der Wahrheit, behandelt die Logik Frege zufolge jedoch trotzdem noch ein abgegrenztes Gebiet. Widersprüchliche Sätze, also nicht denkbare Sätze bzw. „Verwirrungen", werden durch Logik ausgeschlossen und dadurch, so scheint Frege zu meinen, können logische Sätze erkenntniserweiternd sein. Dieser Punkt allein ist es, der mit Kants Auffassung des Analytischen nicht vereinbar ist.

Ergebnisse

Meine Thesen lassen sich wie folgt zusammenfassen. Frege führt zwei verschiedene Begriffe der Allgemeinheit ein, um die Kantische Einteilung der wahren Sätze zu definieren. Die Allgemeinheit der Logik ist dabei nicht die logische Allgemeinheit. Versuche, die Allgemeinheit der Logik auf die logische Allgemeinheit zurückzuführen, indem etwa auf die Größe des Individuenbereichs verwiesen wird, sind nicht befriedigend. Stattdessen kann die Allgemeinheit der analytischen Wahrheiten mithilfe des Begriffs der Unabhängigkeit definiert werden. Dadurch wird eine Allgemeinheits-Hierarchie eingeführt, in die alle Wissenschaften eingeordnet werden können. Die Aussage aus § 3 der *Grundlagen der Arithmetik*, dass Logik die allgemeinste Wissenschaft sei, ist nach dieser Interpretation gleichbedeutend mit der Aussage, dass Logik die Wissenschaft ist, von der alle anderen Wissenschaften unabhängig sind. Eben diese Idee liegt der Argumentation in § 14 zu Grunde, die Frege für den nicht-logischen Charakter der Geometrie auf der einen Seite und den logischen Charakter der Arithmetik auf der anderen Seite vorbringt.

---

denn, so Freges Prinzip: „Um so einfacher aber ist ein Inhalt, je weniger er sagt." ([6], S. 40 f.)

Literaturverzeichnis

[1] **Dummett, M.**: *Frege – Philosophy of Mathematics.* Duckworth, London 1995.

[2] **Fine, K.**: *The Limits of Abstraction.* In: Philosophy of Mathematics Today. Hgg. von Matthias Schirn, S. 503–629, Clarendon Press, Oxford 1998.

[3] **Frege, G.**: *Grundlagen der Arithmetik.* Georg Olms Verlag, Hildesheim 1990.

[4] **Frege, G.**: *Begriffsschrift.* In: Begriffsschrift und andere Aufsätze. Hgg. von Ignacio Angelelli, Georg Olms Verlag, Hildesheim 2007.

[5] **Frege, G.**: *Kleine Schriften.* Hgg. von Ignacio Angelelli, Georg Olms Verlag, Hildesheim 1967.

[6] **Frege, G.**: *Nachgelassene Schriften.* Hgg. von Hans Hermes u.a., Felix Meiner Verlag, Hamburg 1983.

[7] **Goldfarb, W.**: *Frege's Conception of Logic.* In: The Cambridge Companion to Frege. hgg. von Michael Potter und Thomas Ricketts, S. 63–85, Cambridge University Press, Cambridge 2010.

[8] **Künne, W.**: *Die Philosophische Logik Gottlob Freges – Ein Kommentar.* Klostermann, Frankfurt a.M. 2010.

[9] **Russell, B.**: *Introduction to Mathematical Philosophy.* Routledge, London 1995.

Autorin

Tabea Rohr
Institut für Philosophie
Friedrich-Schiller-Universität Jena
D-07737 Jena, Germany
Email: tabea.rohr@uni-jena.de

Joachim Bromand

Freges Kritik am ontologischen Gottesbeweis

Zusammenfassung. Die folgende Abhandlung beschäftigt sich mit zwei weitverbreiteten Vorurteilen der Frege-Deutung: Dem ersten, philosophiehistorischen Vorurteil zufolge läuft Freges Kritik am ontologischen Gottesbeweis auf die Formel *Existenz ist keine Eigenschaft* hinaus, die dann so zu verstehen ist, dass Existenz auch kein Merkmal des Gottesbegriffs sein könne, was viele ontologische Gottesbeweise vorauszusetzen scheinen. Das zweite, systematische Vorurteil besteht in der These, dass Freges so gedeutete Kritik erfolgreich ist. Ziel der folgenden Ausführungen ist es zu zeigen, dass beide Vorurteile unzutreffend sind: Weder ist der im obigen Sinne verstandene Einwand Freges ein folgenreicher Einwand gegen ontologische Gottesbeweise, noch erschöpft sich Freges Kritik am ontologischen Gottesbeweis lediglich in dem Hinweis, dass *Existenz* kein Prädikat (der ersten Stufe) ist. Freges Kritik ist vielmehr deutlich differenzierter und berücksichtigt drei verschiedene Ansätze, wie Existenz dem Gottesbegriff subsumiert werden könnte. Dabei gelingt es Frege zu zeigen, dass keiner dieser Ansätze erfolgreich ist. Freges Kritik betrifft dabei aber nur solche Gottesbeweise, die von einem dieser drei Ansätze Gebrauch machen, und ist kein prinzipielles logisches Argument gegen ontologische Gottesbeweise im Allgemeinen, für das es fälschlicherweise oft gehalten wurde.

1. Einführung

Gottlob Freges Einsichten über Existenz bilden einen entscheidenden Beitrag zu seiner epochalen Entwicklung der modernen Prädikatenlogik. Am Rande dieser Überlegungen zieht Frege lakonisch auch eine Konsequenz für das Projekt des ontologischen Gottesbeweises:[1]

> Weil Existenz Eigenschaft des Begriffes ist, erreicht der ontologische Beweis von der Existenz Gottes sein Ziel nicht. Eben-

---

[1] Beim vorliegenden Beitrag handelt es sich um die im Mai 2013 auf der 3. Internationalen Frege-Konferenz in Wismar vorgetragene, stark verkürzte Fassung meiner ausführlicheren Studie „Frege über Existenz und den ontologischen Gottesbeweis", die im Band *Freges Philosophie nach Frege*, hrsg. v. B. Reichardt und A. Samans, im Mentis-Verlag, Münster 2014, erschienen ist [1]. Für wertvolle Hinweise danke ich neben den Konferenzteilnehmern auch Guido Kreis sowie dem Forschungskolloquium Philosophie der RWTH Aachen. Raoul Bussmann danke ich für die Erstellung der LaTeX-Version des Manuskripts.

sowenig wie die Existenz ist [...] die Einzigkeit Merkmal des Begriffes ‚Gott'. ([3], §53)

Freges Kritik am ontologischen Gottesbeweis wird zumeist auf die Formel *Existenz ist keine Eigenschaft* reduziert, die dann so verstanden wird, dass Existenz auch kein Merkmal des Gottesbegriffs sein könne, wie es im Falle vieler ontologischer Gottesbeweise vorausgesetzt wird. Diese Deutung Freges ist mittlerweile zu einer Art Standardinterpretation avanciert. Freunde der Standardinterpretation Freges wie Mackie ([8], 76ff.) sehen in dieser Überlegung etwa einen „tödlichen" Einwand, der den ontologischen Gottesbeweis „ein für allemal erledigen würde". Der Einwand wurde jedoch zunehmend hinterfragt (siehe etwa [10], 27), so dass in der neueren Literatur die Einschätzung der Kritiker der Standardinterpretation überwiegt, dass der in diesem Sinne verstandene Einwand Freges nicht besonders stichhaltig ist (vgl. etwa [9], 32; [2], 195). Darüber hinaus stellt sich aber die Frage, ob Frege mit seinem Einwand überhaupt das im Sinne hatte, was ihm die Standardinterpretation unterstellt. Im Rahmen der folgenden Überlegungen soll *erstens* der systematischen Frage nachgegangen werden, wie erfolgreich der im Sinne der Standardinterpretation verstandene Einwand Freges eigentlich ist. Dabei wird sich zeigen, dass dieser bestenfalls die Fehlerhaftigkeit eines bestimmten *Typs* von Gottesbeweisen zeigen kann (wie vielleicht des cartesischen), keinesfalls aber ein *prinzipielles* Argument gegen ontologische Gottesbeweise im Allgemeinen darstellt, wie fälschlicherweise oft behauptet wird. Der im Sinne der Standardinterpretation verstandene Einwand Freges könnte nur dadurch zu einem prinzipiellen Gegenargument gegen ontologische Gottesbeweise erweitert werden, dass man Annahmen hinzuzöge, die aus heutiger Sicht, insbesondere aber auch vom Standpunkt Freges aus unakzeptabel sind. Es stellt sich daher die Frage, ob Frege seinen Einwand überhaupt im Sinne der Standardinterpretation verstanden wissen wollte. Ein *zweites* Ziel der folgenden Überlegungen ist daher, in historisch-exegetischer Hinsicht Freges eigentliche Intention im Zuge einer sorgfältigen Analyse der Mitschriften Rudolf Carnaps von Freges *Vorlesungen über Begriffsschrift* sowie anhand von Freges *Dialog mit Pünjer über Existenz* zu rekonstruieren. Dabei soll eine neuartige, moderatere Alternative zur Standardinterpretation vorgeschlagen werden, der zufolge Frege einen weitaus weniger weitreichenden Einwand formulieren wollte, als die Standardinterpretation glauben machen will, und der nur die Fehlerhaftigkeit eines bestimmten Typs von Gottesbeweisen zeigt. Im Gegensatz zum Einwand im Sinne der Standardinterpretation wird sich Freges eigentlicher Einwand aber (im Rahmen seiner begrenzten Reichweite) als durchaus stichhaltig erweisen.

2. Der ontologische Gottesbeweis und der Einwand „Existenz ist kein Prädikat"

Ontologische Gottesbeweise sind Beweisversuche für die Existenz Gottes, die – im Gegensatz zu a posteriorischen Beweisversuchen wie dem teleologischen oder dem kosmologischen Gottesbeweis – im Wesentlichen erfahrungsunabhängig bzw. a priori erfolgen sollen. Deshalb bauen ontologische Beweise in der Regel nur auf Prämissen, die begriffliche bzw. analytische Wahrheiten darstellen und daher a priori eingesehen werden können. Seit der Entwicklung der Urform des ontologischen Arguments durch Anselm von Canterbury ist eine große Vielzahl verschiedener Versionen des ontologischen Arguments vorgeschlagen worden, so dass sich zunächst die Frage stellt, welche Version des ontologischen Arguments Frege mit seiner Kritik wohl im Blick hatte. Einen Aufschluss darüber geben Freges *Vorlesungen über Begriffsschrift*, in denen Frege bemerkt: „Man definiert zuerst den Begriff ‚Gott', nimmt aber die Existenz als Merkmal in die Definition auf." ([7], 18) Diese Bemerkung legt nahe, dass Frege seine Kritik zunächst gegen einen Gottesbeweis wie den folgenden von Descartes wendet:

> Auch sehe ich nicht weniger klar und deutlich ein, daß es zu [Gottes] Natur gehört, immer zu existieren [...] [S]o müßte demnach die Existenz Gottes in mir zumindest in demselben Maße Gewißheit besitzen, wie bislang die Wahrheiten der Mathematik. (Descartes, AT VII 65f.)

Hier folgert Descartes die Existenz Gottes daraus, dass Existenz zur „Natur" Gottes gehört bzw. ein Merkmal des Gottesbegriffs ist. Existenz wird dabei als eine Eigenschaft verstanden, die ein Merkmal des Gottesbegriffs ausmacht. Die Standardinterpretation von Freges Einwand besagt nun:

Existenz wird durch den Existenzquantor ausgedrückt (ist also ein sog. Begriff der zweiten Stufe) und ist daher keine Eigenschaft, die als Merkmal zur Definition des Gottesbegriffs herangezogen werden könnte (da hier nur Begriffe erster Stufe in Betracht kommen).

Diesem Einwand zufolge scheint die Ausgangsprämisse in logischer Hinsicht nicht einmal wohlgeformt zu sein, so dass auch die Konklusion ihre argumentative Basis verlöre. Problematisch ist der Einwand insofern, als er Descartes mit der Vertauschung von Quantor und Prädikat einen simplen logischen Fehler unterstellt und den cartesischen ontologischen Beweis somit nicht allzu wohlwollend deutet. Eine wohlwollendere Deutung könnte etwa darin bestehen, bei der Rekonstruktion des obigen Beweises nicht den Existenz*quantor*, sondern ein Existenz*prädikat* zu verwenden, das häufig durch „E!(x)" symbolisiert und in der Regel durch $(\exists y)$ $x = y$ definiert wird. Ein solches Existenzprädikat ist insofern uninformativ, als es auf jeden Gegenstand zutrifft und somit den Bereich aller Entitäten nicht in zwei Teile unterteilt (wie etwa das Prädikat *weiß*, das die Gesamtheit aller Objekte in den Teil der weißen Objekte unterteilt und den Teil der Objekte, die nicht weiß sind). Dennoch könnte im cartesischen Gottesbeweis von diesem Existenzprädikat die Rede sein; in diesem Falle wäre Freges Einwand im Sinne der obigen Standardinterpretation einfach irrelevant. Noch deutlicher wird das Problem, wenn man die verschiedenen Formulierungen des ontologischen Gottesbeweises bei Descartes berücksichtigt, wie etwa die folgende:

> [Es ist notwendig, Gott] alle Vollkommenheiten zu verleihen, wenn ich darauf verfalle, an ein erstes und höchstes Seiendes zu denken [...]. Diese Notwendigkeit reicht völlig aus, damit ich später, wenn ich bemerke, daß die Existenz eine Vollkommenheit ist, richtig schließe, daß ein erstes und oberstes Seiendes existiert. (Descartes, AT VII 67)

Diese Version des ontologischen Gottesbeweises kann übersichtlicher in einer formalisierten Fassung wie der folgenden wiedergegeben werden, wobei das Prädikat „V" ein Prädikat der zweiten Stufe sei, das auf alle und nur die vollkommenen Eigenschaften zutrifft, „g" sei ein (möglicherweise leerer) Eigenname für Gott und „Φ" sei eine Variable zweiter Stufe (für Eigenschaften):

(P$_1$) $(\forall \Phi)$ $(V(\Phi) \to \Phi(g))$ (Gott besitzt alle Vollkommenheiten.)

(P$_2$) $V(\text{E!})$ (Existenz ist eine Vollkommenheit.)

(K) E!(g) (Gott existiert.)

Auch hier scheint der im Sinne der Standardinterpretation verstandene Einwand Freges völlig irrelevant zu sein, da gar nicht vom Gottesbegriff und seinen Merkmalen die Rede ist. Vielmehr wird *Gott* in der zweiten Rekonstruktion als Eigenname verwendet, weshalb diese Rekonstruktion im

Folgenden als *namentliche* bezeichnet werden soll, um sie von der ersten *begrifflichen* Rekonstruktion abzugrenzen. Die bereits zitierte Bemerkung Freges („Man definiert zuerst den Begriff ‚Gott‘, nimmt aber die Existenz als Merkmal in die Definition auf.“) deutet nun klar darauf hin, dass sich Freges Einwand gegen die begriffliche Version des cartesischen Beweises richtet. Um einen relevanten Einwand auf die namentliche Rekonstruktion des cartesischen Beweises darzustellen, scheint die Standardinterpretation noch um die These erweitert werden zu müssen, dass Existenz *nur* durch den Existenzquantor ausgedrückt werden kann und es kein Existenzprädikat wie E! geben kann. Dieser Zusatz würde auch die namentliche Rekonstruktion des cartesischen Beweises betreffen, da die zweite Prämisse und die Konklusion ohne das Existenzprädikat E! gar nicht formuliert werden könnten. Allerdings ist die um die Zusatzannahme verstärkte Standardinterpretation höchst problematisch: Zunächst einmal würde eine solche Zusatzannahme unserem üblichen Sprachgebrauch zuwiderlaufen, dem zufolge *es gibt* manchmal durchaus wie ein Prädikat erster Stufe gebraucht wird, wie im Falle von: *Alles, was es gibt, wurde von Gott erschaffen* oder: *Es gibt nichts, das es nicht gibt.* Vor allem spricht aber gegen die Zusatzannahme, es gäbe kein Existenzprädikat der ersten Stufe, dass die Formulierbarkeit eines Existenzprädikats wie E! in modernen prädikatenlogischen Sprachen außer Frage steht und E! somit auch nach Freges eigenen Maßstäben wohlgeformt ist. Tatsächlich räumt Frege, wie wir sehen werden, die Formulierbarkeit eines solchen Existenzprädikats durchaus ein.

3. Frege über Existenz

Frege unterscheidet strikt zwischen den Merkmalen eines Begriffs und seinen Eigenschaften, die er auch als *Beschaffenheit* des Begriffs bezeichnet. Diese Unterscheidung findet sich auch in Freges Rede von Begriffen verschiedener Stufen (erster Stufe, zweiter Stufe) wieder. So bezeichnet Frege einen Begriff wie *Schimmel*, der auf Objekte wie etwa Lebewesen angewandt werden kann, als Begriff der ersten Stufe. Ein Merkmal dieses Begriffs ist etwa der Begriff *weiß*, der selbst wiederum auf Objekte angewandt werden kann und somit auch ein Begriff erster Stufe ist. Dass *weiß* ein Merkmal des Begriffs *Schimmel* ist, zeigt sich darin, dass die Aussage *Alle Schimmel sind weiß* eine begriffliche bzw. analytische Wahrheit darstellt. Im Gegensatz dazu bezeichnet Frege Eigenschaften von Begriffen erster Stufe als Begriffe zweiter Stufe. Begriffe zweiter Stufe können bedeutungsvoll nur von Begriffen erster Stufe ausgesagt werden, nicht aber von Gegenständen. Als Beispiele von Prädikationen mit Begriffen zweiter Stufe führt Frege Zahlangaben an:

[D]ie Zahlangabe [enthält] eine Aussage von einem Begriffe [...]. Am deutlichsten ist dies vielleicht bei der Zahl 0. Wenn ich sage: „die Venus hat 0 Monde", so ist gar kein Mond oder Aggregat von Monden da, von dem etwas ausgesagt werden könnte; aber dem Begriffe ‚Venusmond' wird dadurch eine Eigenschaft beigelegt, nämlich die, nichts unter sich zu befassen. ([3], §46)

Weitere Beispiele solcher Zahlangaben und entsprechender Begriffe zweiter Stufe können mit Hilfe von Ausdrücken wie *es gibt höchstens drei, es gibt mindestens zwei, es gibt genau sieben* gebildet werden, bei denen man auch von numerischer Quantifikation spricht. Auch beim Existenzquantor handelt es sich um einen Begriff zweiter Stufe, da er nach Frege „nichts anderes als die Verneinung der Nullzahl" ausdrückt (ebd., §53) bzw. dem Ausdruck *es gibt mindestens ein* entspricht; dem negierten Existenzquantor entspräche hingegen, wie Frege im obigen Zitat festhält, der Ausdruck *es gibt genau null.* Solche Begriffe zweiter Stufe können nun nur bedeutungsvoll von Begriffen erster Stufe (wie *Baum*) ausgesagt werden wie im Falle von *Es gibt mindestens zwei Bäume,* nicht aber von Einzelobjekten. Mit dieser Aussage wird dabei vom Begriff *Baum* die Eigenschaft behauptet, dass seine Extension mindestens zwei (verschiedene) Objekte enthält.

Der Existenzquantor ist nach Frege das primäre Mittel, um eigentliche Existenzbehauptungen zu tätigen, in denen der Existenzquantor auf einen Begriff angewandt wird. Der Existenzquantor kann jedoch nicht unmittelbar auf einen Eigennamen angewandt werden, um eine Subjekt-Prädikat-Aussage wie „es gibt Julius Cäsar" auszudrücken, in der ein Existenzprädikat erster Stufe verwendet wird (vgl. [4], 200). Wenn man auch den Existenzquantor als Begriff der zweiten Stufe nicht als Existenzprädikat der ersten Stufe verwenden kann, stellt sich doch die Frage, ob Frege für solche Zwecke ein Existenzprädikat erster Stufe wie E!(x) für möglich hält, das definiert werden kann durch $(\exists y)\ x = y$ oder alternativ durch $x = x$. Tatsächlich fasst Frege in seinem *Dialog mit Pünjer über Existenz* die Möglichkeit eines solchen Prädikats ins Auge und untersucht dort dessen Eigenschaften. Frege drückt dieses Existenzprädikat durch *existieren* bzw. *Existierendes* aus, um es vom Existenzquantor zu differenzieren, den er dort durch *es gibt* ausdrückt. Für den Existenzbegriff gilt dabei, dass „der Begriff ‚Existierendes' jedem Begriffe übergeordnet sein [muss]"

([5], 74), so dass der Existenzbegriff koextensional mit dem gesamten Gegenstandsbereich (und somit koextensional mit E! bzw. mit $x = x$) ist. Tatsächlich scheint auch Frege die Äquivalenz von *existieren* und E! bzw. $x = x$ zu behaupten:

> Überhaupt könnte man in jeder Beweisführung [...] überall „existieren" mit „sich selbst gleich sein" vertauschen, ohne dass neue Fehler dadurch hineingebracht werden. ([5], 70)

4. Freges Kritik am ontologischen Gottesbeweis

Für das Folgende sind insbesondere zwei Punkte der vorangegangenen Überlegungen festzuhalten: Zum einen versteht Frege das Unternehmen des ontologischen Gottesbeweises in einer sehr spezifischen Weise: „Man definiert zuerst den Begriff ‚Gott', nimmt aber die Existenz als Merkmal in die Definition auf." ([7], 18) Freges Kritik am ontologischen Gottesbeweis dürfte sich gegen Beweise wenden, die diesem spezifischen Verständnis Freges entsprechen, und nicht ohne Weiteres auf andersartige Beweise zu übertragen sein (beispielsweise argumentieren manche Autoren dafür, dass man zwar nicht die Existenz als Begriffsmerkmal auffassen könne, wohl aber die *notwendige Existenz*). Ebenfalls sollte nach dem bisher Gesagten evident sein, dass Freges Kritik sich nicht bloß im Hinweis der Standardinterpretation erschöpfen kann, der Existenzquantor könne als Begriff zweiter Stufe kein Merkmal eines erststufigen Begriffs wie *Gott* sein: Ein solcher Hinweis wäre wirkungslos in Hinblick auf den Existenzbegriff erster Stufe, den Frege, wie soeben gezeigt, durchaus berücksichtigt. Betrachtet man Freges Kritik genauer, ergibt sich, dass Frege sehr wohl auch den Fall des Existenzprädikats berücksichtigt sowie eine weitere Möglichkeit, „die Existenz als Merkmal in die Definition [des Gottesbegriffs] auf[zunehmen]" (s. o.). Im Einzelnen berücksichtigt Frege die folgenden drei Ansätze, wie dem Gottesbegriff Existenz als Merkmal zugeschrieben werden könnte:

(1) mit Hilfe des Existenzquantors,

(2) mit Hilfe eines Existenzprädikats,

(3) im Rahmen einer impliziten (axiomatischen) Definition.

Freges Kritik am ontologischen Gottesbeweis nimmt somit die Form einer Fallunterscheidung an. Im Fall (1) stimmt Freges Kritik dabei im Wesentlichen mit der Standardinterpretation überein: Der Existenzquantor ist ein

Begriff der zweiten Stufe, also eine Funktion, die nur auf Begriffe erster Stufe angewandt werden kann und nur solchen Begriffen Wahrheitswerte zuordnet. Der Existenzquantor kann demnach nicht auf Gegenstände angewandt werden und kommt somit auch nicht als Merkmal eines Begriffs der ersten Stufe in Frage. Bis hierhin stimmen die Standardinterpretation und Frege also überein. Das Problem dieses Einwands ist nun, dass dieser nur greift, wenn Descartes wirklich den Existenzquantor als Merkmal eines Begriffs erster Stufe hätte verwenden wollen. In beiden obigen Rekonstruktionen ist dies jedoch nicht zwangsläufig so, da jeweils ein Existenzprädikat erster Stufe verwendet werden kann. Demnach liefe dieser Einwand aber ins Leere (oder beträfe Descartes nur im Rahmen einer sehr wenig wohlwollenden Lesart). Um diesem Gegeneinwand zu entgehen, müsste die Standardinterpretation etwa bestreiten, dass es so etwas wie ein Existenzprädikat der ersten Stufe überhaupt gibt. Wie wir gesehen haben, zieht Frege ein solches Prädikat in seinem Nachwort zum *Dialog mit Pünjer über Existenz* aber durchaus in Betracht, so dass die Standardinterpretation hier vom Pfade Freges abweicht.

In Fall (2) betrachtet Frege die Möglichkeit, dem Gottesbegriff als Merkmal Existenz im Sinne eines Existenzprädikats zu subsumieren. Im Gegensatz zu (1) gesteht Frege im Falle von (2) nun sehr wohl ein, dass ein Existenzprädikat zu den Merkmalen eines Begriffs zählen kann:

> Sobald man aber dem Worte „existieren" einen Inhalt gibt, der von einzelnem ausgesagt wird, kann dieser Inhalt auch zum Merkmal eines Begriffes gemacht werden, unter den das einzelne fällt, von dem das existieren ausgesagt wird. ([5], 74)

Freges Kritik an dieser Strategie ist eine ganz andere als im Falle von (1). Im Falle von (2) wendet Frege ein, dass es *irrelevant* zur Entscheidung der Existenzfrage ist, welche Merkmale der Gottesbegriff hat. Auch in seinem Nachwort zum *Dialog mit Pünjer über Existenz* wird die Überlegung formuliert, dass das Hinzuziehen des Existenzprädikats zu den Merkmalen eines Begriffs nicht die Existenz eines Objekts garantiert, das unter den Begriff fällt:

> [M]an [kann] [...] als Merkmal des Begriffes Centaur die Existenz auffassen, obwohl es keine Centauren gibt. ([5], 74)

Dass der Existenzbegriff ein Merkmal des Gottesbegriffs ist, besagt dabei nur, dass der Allsatz *Alle Götter existieren* analytisch wahr ist. Aus diesem Satz folgt aber nicht die Existenz eines göttlichen Wesens, so dass die Subsumierung des Existenzbegriffs unter den Gottesbegriff vereinbar mit der Nichtexistenz Gottes und somit irrelevant für den ontologischen Gottesbeweis ist.

Schließlich spricht sich Frege noch gegen einen weiteren Ansatz (3) aus, wie Existenz dem Gottesbegriff als Merkmal subsumiert werden könnte. Dieser Einwand ist allgemeinerer Natur und richtet sich gegen das Vorgehen (Hilberts etwa), Begriffe implizit durch Axiome definieren zu wollen. Würde man solche impliziten Definitionen etwa des Gottesbegriffs durch Axiome zulassen, unter denen sich auch Existenzbehauptungen befinden, würde ein ontologischer Gottesbeweis zu einer Trivialität:

> Bei H[ilbert] scheint mir [...] ein klares Bewußtsein dafür zu fehlen, [...] dass [...] eine Definition nicht für einen Lehrsatz eintreten kann. [...] ,Der Gottesbegriff wird durch folgende Axiome gegeben: a) ein Gott ist allmächtig; b) ein Gott ist allwissend; c) es giebt einen Gott.' [...] [Es] wäre zu beweisen, nachdem ein Begriff durch die beiden ersten Merkmale bestimmt wäre, dass es etwas der Art gäbe; und ein solcher Beweis darf nicht durch eine Definition umgangen werden. ([6], 397)

5. Zur Reichweite von Freges Einwand

Den Überlegungen des letzten Abschnitts zufolge zeigt Frege durchaus erfolgreich, dass dem Gottesbegriff Existenz weder mit Hilfe des Existenzquantors, eines Existenzprädikats noch im Rahmen einer impliziten (axiomatischen) Definition derart subsumiert werden kann, dass ein Gottesbeweis gelingt. Diese Argumentation betrifft aber nur diejenigen Gottesbeweise, die tatsächlich von einer dieser drei Möglichkeiten Gebrauch machen. Um ein grundlegendes Gegenargument gegen ontologische Gottesbeweise im Allgemeinen zu liefern, wäre darüber hinaus etwa noch zu zeigen, dass ontologische Gottesbeweise prinzipiell darauf angewiesen sind, einen der drei in Freges Kritik berücksichtigten Wege zu beschreiten. Während Vertreter der Standardinterpretation oft nahelegen, dass Frege ein solches prinzipielles Argument formulieren wollte, schätzt Frege selbst die Reichweite seines Einwands deutlich moderater ein und scheint die Möglichkeit, von Begriffsmerkmalen auf die Existenz einer den Begriff erfüllenden Entität zu schließen (was ja einen ontologischen Beweis ausmacht), nicht generell ausschließen zu wollen:

[Es wäre] zuviel behauptet, daß niemals aus den Merkmalen eines Begriffes auf die Einzigkeit oder Existenz geschlossen werden könne; nur kann dies nie so unmittelbar geschehen, wie man das Merkmal eines Begriffes einem unter ihn fallenden Gegenstande als Eigenschaft beilegt. ([3], §53)

Frege scheint hier lediglich behaupten zu wollen, dass Gottesbeweise nicht *auf eine bestimmte Art* geführt werden können. Dass es darüber hinaus ein prinzipielles logisches Argument gegen ontologische Gottesbeweise im Allgemeinen geben sollte, ist zudem mehr als fraglich (vgl. [2], 200): Dies kann am Beispiel des modallogischen Gottesbeweises von Kurt Gödel aus dem Jahre 1970 verdeutlicht werden, der auf Annahmen beruht, die denen der klassischen Gottesbeweise von Anselm oder Descartes durchaus ähneln. Gödels Beweis scheint dabei modernen logischen Maßstäben völlig zu genügen, so dass bislang kein logischer Fehler in Gödels Beweisführung entdeckt werden konnte (auch wenn man über die Prämissen streiten kann). Insbesondere beschreitet Gödel keinen der von Frege kritisierten drei Wege. Es ist demnach nicht nur so, dass der im Sinne der Standardinterpretation verstandene Einwand Freges als prinzipielles Argument gegen ontologische Gottesbeweise scheitert; vielmehr scheint Gödel richtig zu liegen und das Projekt der ontologischen Gottesbeweise demnach nicht vor unüberwindlichen prinzipiellen logischen Problemen zu stehen, wie manche Vertreter der Standardinterpretation glauben machen wollen.

Literaturverzeichnis

[1] **Bromand, J.**: „Frege über Existenz und den ontologischen Gottesbeweis" , in: Reichardt, B. & Samans, A. (Hg.), *Freges Philosophie nach Frege*, Münster 2014, S. 175–192.

[2] **Bromand, J.**: „Kant und Frege über Existenz", in: Bromand, J. & Kreis, G. (Hrsg.), *Gottesbeweise. Von Anselm bis Gödel*, Berlin 2011.

[3] **Frege, G.**: *Die Grundlagen der Arithmetik*, Breslau 1884.

[4] **Frege, G.**: „Über Begriff und Gegenstand", *Vierteljahrsschrift für wissenschaftliche Philosophie* 16 (1892), S. 192–205.

[5] **Frege, G.**: *Nachgelassene Schriften*, hrsg. v. Hermes, H., Kambartel, F., & Kaulbach, F., 2., erw. Aufl., Hamburg 1983.

[6] **Frege, G.**: *Kleine Schriften*, hrsg. v. Angelelli, I., 2. Aufl., Hildesheim u. a. 1990.

[7] **Frege, G.**: „Vorlesungen über Begriffsschrift", Mitschrift von R. Carnap, hrsg. v. Gabriel, G., *History and Philosophy of Logic* 17 (1996), S. 1–48.

[8] **Mackie, J. L.**: *Das Wunder des Theismus*, Stuttgart 1985.

[9] **Oppy, G.**: *Ontological Arguments and Belief in God*, Cambridge 1995.

[10] **Plantinga, A.**: *God and Other Minds*, Ithaca & London 1967.

Autor

PD Dr. Joachim Bromand
Institut für Philosophie
Rheinische Friedrichs-Wilhelms-Universität Bonn
Am Hof 1
D-53113 Bonn
Email: *bromand@uni-bonn.de*

und

Philosophisches Institut
RWTH Aachen
Eilfschornsteinstraße 16
D-52062 Aachen
Email: *joachim.bromand@rwth-aachen.de*

Rainer Stuhlmann-Laeisz

Die Logik – auch eine Feindin Freges?

Anmerkung: Teile des hier veröffentlichten Vortrags sind bereits unter dem Titel „Das Nachwort zu den Grundgesetzen. Ein Kommentar" erschienen [10]. Die Wiederverwendung erfolgt mit freundlicher Genehmigung des mentis Verlags.

Einführung

„Ich habe die Meinung aufgeben müssen, daß die Arithmetik ein Zweig der Logik sei und daß demgemäß in der Arithmetik alles rein logisch bewiesen werden müsse" (*NS* [5], S. 298). Mit dieser Bemerkung aus einer Notiz aus den Jahren 1924/25 mit dem Titel „Neuer Versuch der Grundlegung der Arithmetik" nimmt Frege Abschied von einer geliebten Freundin. Diese hatte ihm mit dem Verbot, das berühmtberüchtigte Gesetz V als logisches Grundgesetz der Arithmetik anzunehmen, schon im Jahre 1902 so viel angetan. Freges freundschaftliche Beziehung zur Logik wird von dann an nicht mehr nachhaltig erwidert. Zwar hatte die Logik ihm über weite Strecken das Fundament für seinen Aufbau der Arithmetik gestellt und ihm auch das Werkzeug zu dessen Errichtung geliefert. Doch mit dem Verbot von Gesetz V zerschlägt sie einen Grundpfeiler des Fregeschen Gebäudes — und wird so zur Feindin.

Im Vordergrund meines Vortrags werden die feindlichen Seiten des Verhältnisses Freges mit der Logik stehen. Ich beginne aber mit den freundlichen Seiten, und hier mit Freges Rehabilitierung des Erkenntniswertes analytischer Urteile. Sodann blicken wir in das vordergründig freundliche Gesicht von Gesetz V. Dessen feindlichen Charakter erörtere ich zunächst anhand von Freges Ausführungen zu Gesetz Vb im Nachwort zu den *Grundgesetzen* [3]. Es folgt dann meine Darstellung der gravierenden Probleme, die sich in Gesetz Va verbergen.

Die Vielzweigigkeit der Logik und die Wertschätzung analytischer Urteile

Die Rede von *der Logik* und von *den logisch wahren* (und mithin analytischen) Urteilen ist verdeckend. Sie verdeckt die Tatsache, dass die Logik viele Zweige hat, exemplarisch die Aussagen- und die Prädikatenlogik, und diese dann wiederum mit oder ohne Identität, und viele Zweige mehr. Dementsprechend vieldeutig ist der Begriff der logischen Wahrheit. *Wenn nicht alle Menschen gerecht sind, dann gibt es ungerechte Menschen* ist eine prädikatenlogische, nicht jedoch eine aussagenlogische Wahrheit. *Wenn Sokrates gerecht ist, dann ist er gerecht* ist eine aussagenlogische Wahrheit, eine Tautologie. Die verschiedenen Zweige der Logik sind unterschiedlich reich. Die Prädikatenlogik mit Identität ist reicher als die ohne, und diese wiederum ist reicher als die Aussagenlogik. Je reicher ein Zweig ist, desto schwieriger ist es, zu zeigen, dass eine ihm zugehörige logische bzw. analytische Wahrheit eine solche ist; desto höher ist dann auch der Erkenntniswert sowohl dieser Einsicht als auch der Erkenntniswert der analytischen Wahrheit selbst. Einen Sachverhalt dieser Art muss Frege vor Augen gehabt haben, wenn er in *GLA* [2], § 17 „die weit verbreitete Geringschätzung der analytischen Urtheile und das Märchen von der Unfruchtbarkeit der reinen Logik" beklagt.

Die „Geringschätzung der analytischen Urtheile" ist, wie wir sogleich sehen werden, nicht zuletzt Immanuel Kant geschuldet. Sie kann aufgehoben werden, wenn man die beschriebene Vielzweigigkeit der Logik zur Kenntnis nimmt.

Wie viel von dieser Vielzweigigkeit hat Frege gesehen? In der *Begriffsschrift* [1] von 1879 äußert er sich noch folgendermaßen: „Wir theilen [...] alle Wahrheiten, die einer Begründung bedürfen, in zwei Arten, indem der Beweis bei den einen rein logisch vorgehen kann, bei den andern sich auf Erfahrungsthatsachen stützen muss" (Vorwort). Wenige Zeilen später folgt „die Frage [...], zu welcher dieser beiden Arten die arithmetischen Urtheile gehörten" (IV). Hier haben wir noch als Fundament der begründungsbedürftigen Wahrheiten auf der einen Seite die Erfahrung und auf der anderen Seite als *einen* Block *die Logik.* Und wenn Frege im Jahr 1879 noch fragt, in welche der beiden genannten Klassen die arithmetischen Wahrheiten gehören, so liegt dies daran, dass „die Logik" zu dieser Zeit noch gar nicht in einer Form vorlag, welche die gestellte Frage zu entscheiden gestattet hätte. In dieser Form hat Frege die Logik vielmehr, beginnend mit der *Begriffsschrift* [1], erst entwickelt. Die Logik, auf der die Arithmetik nach Freges fast lebenslanger Überzeugung gründet, ist sein Kind – und das ist eine freundschaftliche Beziehung; die Vielzweigigkeit der Logik wird erst sichtbar, als dieses Kind entwickelt ist.

Zur erkenntnistheoretischen Charakterisierung der arithmetischen Wahrheiten knüpft Frege an Kants Unterscheidung analytischer von synthetischen Urteilen an und definiert in § 3 der *Grundlagen* [2] von 1884: „Stösst man auf diesem Wege [gemeint ist der Weg der Zurückverfolgung des Beweises für ein wahres Urteil] nur auf die allgemeinen logischen Gesetze und auf Definitionen, so hat man eine analytische Wahrheit" (S. 4). Freges logizistische These ist dann natürlich, dass arithmetische Wahrheiten analytisch sind. Doch hier droht eine Gefahr, eben „die weit verbreitete Geringschätzung der analytischen Urtheile" (S. 24, § 17). Geringgeschätzt wird deren Erkenntniswert, man mag auch sagen ihr Informationsgehalt. Und diese Geringschätzung hofft Frege durch den Aufweis der Vielzweigigkeit und der Reichheit der Logik überwinden zu können. – Wie ist es zu der Geringschätzung gekommen? Wie schon gesagt, geht sie nicht zuletzt auf Immanuel Kant zurück, dessen Philosophie der Mathematik die arithmetischen Wahrheiten ja bekanntlich als nicht-analytische Urteile ausweist. Kant hatte in der *Kritik der reinen Vernunft* (*KRV*) sinngemäß erklärt, ein (wahres) Urteil sei analytisch, wenn sein Prädikat schon in seinem Subjektsbegriff enthalten sei – möglicherweise versteckt. Exemplarisch erfüllt wird diese Bedingung von dem Satz „Alle Schimmel sind weiß". Diese Wahrheit gründet im Wesentlichen auf der Definition eines Schimmels als eines weißen Pferdes und auf der Tautologie *wenn P und W, dann W – wenn Pferd und Weiß, dann Weiß.* Vielmehr als dieser dünne Zweig der Logik geht hier nicht ein. Und wenn, wie Kant meinte, diese Analyse alle analytischen Urteile erfasste, dann hätten diese einen wahrhaft dürftigen Erkenntniswert. *Dann* hätte Kant auch Recht mit seiner Behauptung, dass zum Beispiel die Zahlformel „$7 + 5 = 12$" kein „analytischer Satz sei" (*KRV* [7], Einleitung B15). Die Dinge liegen jedoch anders, als Kant sie gesehen hat, und dementsprechend weist Frege Kants Theorie der Arithmetik in den *Grundlagen* [2] entschieden zurück. Zu Recht wertschätzt er die Leistung des Logischen, des Ableitens aus Prämissen: „Aus ihnen müssen neue Sätze abgeleitet werden, die in keinem einzelnen von jenen [Prämissensätzen] enthalten sind. Dass sie in allen zusammen schon in gewisser Weise stecken, entbindet nicht von der Arbeit, sie daraus zu entwickeln und für sich herauszustellen" (S. 23, §17).

Wie bereits gesagt, hat die Logik viele Zweige, sie geht weit über die Aussagen- und Prädikatenlogik der ersten Stufe hinaus. Freges 6 Grundgesetze der Arithmetik reichen hinein bis in die Prädikatenlogik der zweiten Stufe mit Identität.

Gesetz V: Das freundliche Gesicht

Den in Freges Grundgesetz V enthaltenen begriffstheoretischen Gedanken können wir normalsprachlich folgendermaßen ausdrücken:

Ein Begriff F hat denselben Umfang wie ein Begriff G genau dann, wenn für jeden Gegenstand a gilt: wenn a ein F ist, dann ist a auch ein G, und umgekehrt.

Gesetz V hat zwei Gesichter, ein freundliches und ein feindliches. Das freundliche Gesicht signalisiert, dass Gesetz V Substanzielles erlaubt, Substanzielles, das Frege auch für die logische Grundlegung der Arithmetik benötigt. Im feindlichen Gesicht lesen wir, dass diese Erlaubnis desaströs ist: Sie impliziert nämlich die Existenz der bekannten Menge aller Mengen, die sich nicht selbst enthalten, und diese Menge, wenn es sie denn gäbe, würde sich selbst sowohl enthalten als auch nicht enthalten. Damit haben wir die Russellsche Antinomie. Das freundliche Gesicht von Gesetz V verdeckt für lange Zeit das feindliche; und Frege hat bis in die Mitte des Jahres 1902 nur das freundliche Gesicht gesehen. – Schauen also auch wir mit Frege zunächst in das freundliche Gesicht. Seine Freundlichkeit besteht u. a. darin, dass es so klar und einsichtig ist. Machen wir uns seine Klarheit und Einsichtigkeit zu Eigen! Das Gesetz thematisiert Begriffe und ihre Umfänge, und es erlaubt, Sätze, in denen Begriffe benutzt werden, um etwas von etwas auszusagen – *a ist ein F* – zu transformieren, und d. h. logisch äquivalent zu übersetzen, in Sätze, die von den Gegenständen, die den benutzten Begriffen als deren Umfänge korrespondieren, etwas aussagen – *der Umfang von F ist identisch mit dem Umfang von G*. Diese Transformation vollzieht einen gewaltigen ontologischen Schritt. Sie bereichert unser Diskursuniversum um Begriffsumfänge, also um Klassen oder Mengen. Diese sind jetzt Entitäten, die Gegenstand unserer Rede, Thema unseres wissenschaftlichen Fragens und Antwortens, überhaupt: Objekte unseres Denkens sein können. Solche Existenzen annehmen zu dürfen, ist eine sehr freundliche Erlaubnis von Gesetz V. Frege macht sehr freimütig von ihr Gebrauch. Denn er ist, wie wir noch sehen werden, auf die Existenz von Begriffsumfängen angewiesen.

Wie freimütig Frege von dieser ontologischen Erlaubnis Gebrauch macht, zeigt der § 3 der *Grundlagen* ([3], Band 1, 1893). Dort lesen wir: „Ich brauche die Worte ,die Function $\Phi(\xi)$ hat denselben W e r t h v e r l a u f wie die Function $\Psi(\xi)$' allgemein als gleichbedeutend mit den

Worten ,die Functionen $\Phi(\xi)$ und $\Psi(\xi)$ haben für dasselbe Argument immer denselben Werth'". Beschränken wir uns bei dieser terminologischen Erklärung auf Begriffe und deren Anwendung auf Gegenstände, dann ergibt sich Folgendes: Dafür, dass Begriffe F und G bei ihrer Anwendung auf einen Gegenstand a immer denselben Wahrheitswert ergeben, führt Frege die *Ausdrucks*weise ein *der Begriff F hat denselben Wertverlauf wie der Begriff G*, bzw., da Frege bei Begriffen den Wertverlauf *Umfang* nennt, *F hat denselben Umfang wie G*.

Ontologisch gesehen, ist der Vorgang ungeheuerlich: Durch eine bloße Vereinbarung über den Sprachgebrauch wird unser Diskursuniversum angereichert um Begriffsumfänge als neue Entitäten. Die von Frege eingeführte Redeweise präsupponiert ja, dass es zu jedem Begriff einen Umfang gibt. Wenn diese Existenzpräsupposition falsch ist, dann ist die Redeweise verboten, und die zu ihr führende Vereinbarung ist hinfällig und ungültig. Angesicht des bekannten Desasters, zu dem die scheinbare Freundlichkeit von Gesetz V führt, muss man sagen: Frege war hier sehr leichtsinnig, ontologisch leichtsinnig – ähnlich übrigens wie Platon mit seiner Formen- ("Ideen"-) Ontologie. – Kann man diesen Leichtsinn erklären? Man kann: Frege war von der Existenz der Begriffsumfänge so überzeugt, dass ihm beim Verfassen seiner *Grundgesetze* überhaupt keine entsprechenden Zweifel kamen: „Diese Möglichkeit [sc: so zu reden wie es in § 3 eingeführt wird] muss als ein logisches Gesetz angesehen werden" (*GGA* [3], § 9, S. 14). Man beachte: Die uneingeschränkte Überzeugung Freges bezieht sich auf die Existenz von Begriffsumfängen. Sie bezieht sich nicht notwendig auf den im Gesetz V ausgesprochenen Zusammenhang zwischen Begriffen und ihren Umfängen. Wie wir alsbald sehen werden, hatte Frege bezüglich des vollen Inhalts von Gesetz V durchaus gewisse Bedenken. – Zurück zur Erklärung von Freges anscheinendem Leichtsinn: Ist es denn in der Tat nicht völlig unschuldig und harmlos, Folgendes zu glauben: Immer dann, wenn wir einen Begriff haben, wie zum Beispiel den eines Einwohners von Wismar, dann gibt es auch eine Gesamtheit von Entitäten, hier: von Personen, auf die dieser Begriff zutrifft, die unter diesen Begriff fallen. Und diese Gesamtheit benennen wir mit dem traditionellen logischen Ausdruck: *Umfang des Begriffs*. Man kann das Geglaubte auch eigenschaftstheoretisch ausdrücken: Zu jeder Eigenschaft, die Dinge haben können oder nicht, gibt es eine wohlbestimmte Klasse oder Menge von Dingen, welche die Eigenschaft haben. Ist das eine leichtsinnige Hypothese?

Gesetz V: Das feindliche Gesicht

Freges Kommentare im Nachwort zu den Grundgesetzen

Nun schauen wir in das feindliche Gesicht von Gesetz V. – Damit wende ich mich zunächst dem Nachwort zu den *Grundgesetzen* [3] vom Oktober 1902 zu. Dieses ist ein Dokument der Erschütterung und der wissenschaftlichen Redlichkeit. Es enthält Freges nahezu verzweifeltes Bemühen, den ihm von Bertrand Russell mitgeteilten Widerspruch im System seiner logischen Axiome – also der *Grundgesetze der Arithmetik* – durch eine Abänderung des Systems zu beseitigen.

In seinem bekannten Brief vom 16. Juni 1902 (vgl. *GGA* [3], Band II, S. 253; der Brief ist wiedergegeben in *WB* [4]) schreibt Russell: „Sei *w* das Prädicat, ein Prädicat zu sein, welches von sich selbst nicht prädiciert werden kann. Kann man *w* von sich selbst prädicieren? Aus jeder Antwort folgt das Gegentheil" (*WB* [4], S. 211). Sodann deutet Russell eine zweite Version des Widerspruchs an: „Ebenso giebt es keine Klasse (als Ganzes) derjenigen Klassen die als Ganze sich selber nicht angehören. Daraus schliesse ich dass unter gewissen Umständen eine definierbare Menge kein Ganzes bildet" (*WB* [4], S. 211). Damit stellt Russell eben das in Frage, woran Frege so bedingungslos geglaubt hatte: Eine *definierbare Menge als Ganzes* ist ja der Umfang des definierenden Begriffs.

In seinem Nachwort erinnert Frege zunächst an die Bedenken, die er schon im Vorwort zu Band I der *Grundgesetze* [3], gegen das Gesetz V geäußert hatte. Freges Sorge betraf den Charakter des Gesetzes als einer *logischen* Wahrheit: „Ich halte es [sic!] für rein logisch. Jedenfalls ist hier die Stelle bezeichnet, wo die Entscheidung [sc.: über Ge- oder Misslingen des logizistischen Programms] fallen muss" (*GGA* [3], Band I, S. VII). Zweifel an der *Wahrheit* des Gesetzes deutet Frege hier nicht an. Sein Bedenken gegen das Gesetz ist deshalb relativ harmlos, gemessen an dessen tatsächlicher, desaströser Konsequenz: Indem das Gesetz einen Widerspruch impliziert, erweist es sich nicht nur als falsch, sondern sogar als eine *logische Falschheit*. Sodann unterstreicht Frege die substanzielle Rolle, welche Gesetz V in seinem logizistischen Programm spielt: „Und noch jetzt sehe ich nicht ein, [...] wie die Zahlen als logische Gegenstände gefasst [...] werden können, wenn es nicht – bedingungsweise wenigstens – erlaubt ist, von einem Begriffe zu seinem Umfange überzugehn" (*GGA* [3],

Band I, S. 253). Eben diesen Übergang erlaubt das Gesetz ja ohne jede Einschränkung. Wie hängt dies mit der Fassung der Zahlen als *logischer Gegenstände* zusammen? Diese Frage beantworte ich in zwei Schritten:

1. An den Anfang des Teils IV der *Grundlagen der Arithmetik*, überschrieben „Der Begriff der Anzahl", stellt Frege den gewichtigen Satz: „Jede einzelne Zahl ist ein selbständiger Gegenstand" (*GLA* [2], S. 67). In ontologischer Hinsicht ist damit eine Weiche gestellt: Zahlen sind Substanzen, keine Akzidenzien. Im Sinne der Fregeschen Ontologie sind sie Gegenstände und nicht Funktionen; a fortiori sind Zahlen dann auch keine Begriffe. Frege folgt damit der mathematischen Praxis, die ja Zahlen als Gegenstände auffasst, über die man etwas aussagt und an denen man Operationen vornimmt, indem man sie beispielsweise addiert. – Die Forderung, Zahlen als Gegenstände zu fassen, wird nun dadurch erfüllt, dass Zahlen als Umfänge von Begriffen definiert werden.

2. Die beabsichtigte Gründung der Arithmetik auf die Logik erfordert natürlich, die Zahlen als *logische* Gegenstände, also als Gegenstände der Wissenschaft *Logik*, zu beschreiben. Auch diese Forderung wird durch die Heranziehung der Begriffsumfänge erfüllt: Zweifellos sind ja *Begriffe* etwas, das in das Untersuchungsgebiet der Logik gehört. Zu sagen, etwas sei ein Begriff, ist eine *logische* Aussage. *Umfänge* von Begriffen sind also Derivate von Logischem, und in dieser Eigenschaft sind sie Objekte logischer Untersuchungen. Begriffsumfänge sind mithin logische Gegenstände, und sie werden als solche zur logizistischen Fassung der Zahlen gebraucht. Dieser Umstand begründet die Unentbehrlichkeit von Gesetz V.

Gesetz V enthält zwei Implikationen in zwei Richtungen. Für meine weiteren Überlegungen zu Freges Nachwort konzentriere ich mich auf die eine dieser beiden Richtungen, und zwar deshalb, weil Frege meint, nur sie gehe in die Ableitung des Widerspruchs ein. Diese Implikation ist das Gesetz Vb, dessen begriffstheoretischen Gehalt wir normalsprachlich so formulieren können:

Wenn ein Begriff F denselben Umfang hat wie ein Begriff G, dann gilt für jeden Gegenstand a: a fällt unter F genau dann, wenn a unter G fällt.

Beachten Sie, dass in der Antezedenz dieser Implikation die Existenz von Begriffsumfängen präsupponiert wird. Sie wird von Vb *nicht* impliziert.

In nahezu selbstzerstörerischer Weise legt Frege nun die Feindlichkeit dieses Gesetzes offen: Zweimal leitet er begriffsschriftlich mit seiner Hilfe den Russellschen Widerspruch ab. Und dann folgt ein dritter Stoß: „Wir wollen unsere Untersuchung nun noch dadurch ergänzen, dass wir, statt von (Vb) auszugehen und so auf einen Widerspruch zu stossen, die Falschheit von (Vb) als Endergebnis gewinnen" (*GLA* [2], S. 257). Zu diesem Zweck beweist er einen Satz, den wir in Anlehnung an Freges eigene normalsprachliche Formulierung folgendermaßen wiedergeben können (*GLA* [2], S. 258f.):

> Für jede Funktion M zweiter Stufe mit Begriffen als Argumenten [und, was aber Fregeselbstverständlich ist: Gegenständen als Werten] gibt es Begriffe F und G und einen Gegenstand a derart, dass zwar F und G denselben M-Wert haben (also M(F) = M(G)), der Gegenstand a aber unter F fällt, nicht jedoch unter G (also F(a), aber nicht: G(a)).

Da *Umfang von* ... eine solche Funktion M ist, folgt hieraus die Falschheit von Vb.

Der Beweis des Satzes ist ähnlich strukturiert wie Freges erste Ableitung der Russell-Antinomie. In seinem Kern steht der folgende Begriff – ich will ihn mit H bezeichnen:

> X ist der M-Wert eines Begriffs F, unter den X nicht fällt.

Man sieht dann, dass der M-Wert dieses Begriffs, also der Gegenstand M(H), unter H fällt. Dann aber gibt es per definitionem von H einen Begriff, F, der zwar denselben M-Wert hat wie H, also M(F) = M(H), unter welchen M(H) aber nicht fällt.

Konsequenzen aus dem bewiesenen Satz

Mit diesem Beweis ist nicht nur Vb widerlegt. Über die Funktionen M ist ja nur vorausgesetzt, dass sie Begriffen Gegenstände zuordnen. Mithin: Was immer wir einem Begriff F als „sein M" zuordnen mögen – ob seinen Umfang, seinen Inhalt, seine Definition oder – falls dies sinnvoll ist – die schönste Frau, die er umfasst, es wird immer Begriffe geben, die dasselbe M haben, obwohl nicht dieselben Gegenstände unter sie fallen. So etwas wie einen Begriffsumfang, der dem Gesetz Vb genügt, kann es also gar nicht geben.

Das von Frege bewiesene Theorem hat aber noch weiter reichende Konsequenzen. Die in ihm thematisierten Funktionen nehmen ja Begriffe F, G erster Stufe als Argumente und ordnen ihnen jeweilige Gegenstände zu – das M von F bzw. von G. Diese Zuordnung kann niemals eineindeutig sein. Vielmehr wird es immer verschiedene Begriff F, G geben und einen Gegenstand a derart, dass a unter F fällt, nicht aber unter G, obwohl F und G denselben M-Wert, also dasselbe M, haben. Mit dieser Aussage beanspruche ich nicht, über ein Identitäts- oder ein Verschiedenheitskriterium für Begriffe zu verfügen, diese Problematik stelle ich noch zurück. Ich mache lediglich von einem an Leibnizens Identitätskriterium orientierten Vorverständnis von Verschiedenheit Gebrauch. Dieses besagt: Wenn einer Entität X etwas zukommt, was einer Entität Y nicht zukommt, dann ist X eine andere, eine von Y verschiedene Entität. Die Anwendung auf unseren Fall ist evident: Dem Begriff F kommt zu, dass a unter ihn fällt, dem Begriff G kommt dies nicht zu, also ist F von G verschieden. Da F und G aber denselben M-Wert haben, ist die Zuordnung durch M nicht eineindeutig. Dieses Ergebnis wende ich nun an auf eine, zugegebenermaßen etwas problematische, Zuordnung. Sie tangiert Freges bekannte Aporie *Der Begriff Pferd ist kein Begriff* (sondern ein Gegenstand); deshalb erläutere ich die Zuordnung an diesem Beispiel. – Auf Wolfgang Künnes überzeugende Auflösung der Aporie gehe ich nicht ein (siehe [8], S. 227ff.). Ich argumentiere vielmehr Frege-intern so, als ob *der Begriff Pferd* tatsächlich ein Gegenstand wäre:

Der ungesättigte Ausdruck *x ist ein Pferd* drückt eine ungesättigte Entität F aus, nämlich einen Begriff. Dieser ist eine Funktion erster Stufe mit einem Argument und damit seinerseits exemplarisch ein passendes Argument für eine „Function zweiter Stufe mit einem Argument zweiter Art". Dieser ungesättigten Entität, also dieser Funktion, ordne ich nun zu: *den Begriff Pferd* – also im Sinne Freges: einen Gegenstand.

Hier ergibt sich nun – trotz allen Desasters – etwas für Frege Tröstliches, etwas Freundliches: Die erklärte Zuordnung ist ja, wie wir wissen, nicht eineindeutig. Sie kann deshalb keinesfalls die identische Abbildung sein.

Sie erlaubt also, dass ihre ungesättigten Argumente von ihren gesättigten Werten verschieden sind. Und dieses Ergebnis erlaubt wiederum etwas, was Frege ja fordert: Der Begriff Pferd ist kein Begriff und damit auch mit keinem Begriff identisch. Wir können es auch so sagen: Die Argumente dieser Zuordnung werden prädikativ *benutzt: Bucephalos ist ein Pferd.* Ihre Werte werden – als Gegenstände der Rede – *erwähnt: Der Begriff Pferd ist nicht leer.* Wenn Sie so wollen, ist die Anwendung unserer Zuordnung eine Ver-Gegenständlichung. Und dem Gedanken, dass der Prozess der Ver-Gegenständlichung etwas in etwas anderes transformiert: diesem Gedanken würde wohl auch Martin Heidegger, sicherlich sonst eher ein Feind Freges, freundlich gegenüberstehen. Denn der Prozess ist – in Heideggerscher Terminologie – die Transformation von der *Zu-Handenheit* in die *Vor-Handenheit.*

Die Feindlichkeit von Gesetz Va

Wir haben jetzt die – mit Ausnahme der letzten – desaströsen Konsequenzen von Gesetz Vb gesehen. Aber auch in der anderen Implikationsrichtung verbergen sich gravierende Probleme. Hier zunächst eine normalsprachliche Formulierung des begriffstheoretischen Gehalts dieser Implikation:

> Wenn alle Gegenstände, die unter einen Begriff F fallen, auch unter einen Begriff G fallen, und umgekehrt, dann hat F denselben Umfang wie G.

Ich nenne dieses Gesetz Va. (Freges Formulierung seines Gesetzes Va ist allgemeiner und damit noch stärker.) Beachten Sie, dass wir in der Implikation Va den Begriffsumfang im Hinterglied haben. Ich habe ja schon ausführlich über die Freundlichkeit von Gesetz V gesprochen. Sie bestand darin, Frege etwas zu erlauben, was er für die Fassung der Zahlen als logischer Gegenstände braucht, nämlich die Annahme der Existenz von Klassen, also Begriffsumfängen, und den uneingeschränkten Übergang von einem Begriff zu seinem Umfang. Diese freundliche Erlaubnis ist enthalten in unserer Implikation Va. Die Freundlichkeit ist jedoch vordergründig: Va erlaubt etwas, was – wie wir seit Russells Antinomie wissen – gar nicht erlaubt ist. Aber mehr noch: Wenn Va eine logische Wahrheit ist – was Frege glaubt und was er auch braucht – dann ist auch die Existenz von Begriffsumfängen und ins besondere die Existenz des jeweiligen Umfangs zu einem Begriff eine logische Wahrheit. Das sehen wir leicht so: Logisch wahr ist es, dass alle Gegenstände, die unter einem Begriff F fallen, unter eben diesen Begriff F fallen. Hieraus folgt mit Va: Der Umfang von F ist identisch mit dem Umfang von F. Und hieraus folgt mit Prädikatenlogik der ersten Stufe: Es gibt etwas, y, so dass gilt: y ist der Umfang des Begriffs F. Als Ableitung notiert:

1. alle x: F(x) gdw F(x)	logische Wahrheit
2. Umf(F) = Umf(F)	aus 1. mit Gesetz Va
3. es gibt y: y = Umf(F)	prädikatenlogisch aus 2.

Wir sehen: Die in Vb präsupponierte Existenz von Begriffsumfängen wird von Gesetz Va garantiert. Dies ist der Beitrag von Va zum Beweis der Russellschen Antinomie, und dieser Beitrag macht auch Gesetz Va zu einem Feind Freges.

Exkurs in die Abstraktionstheorie

Gesetz V, insbesondere Va, ist ein Spezialfall einer abstraktionstheoretischen Hypothese, von der ich einerseits meine, dass Frege sie uneingeschränkt geglaubt hat, von der ich aber andererseits nicht sehe, dass er sie thematisiert hat. Die Hypothese liegt aber seinem Verfahren der Definition durch Abstraktion zum Grunde. – Gemeint ist Folgendes: Die Relation unter Begriffen, dieselben Gegenstände unter sich zu befassen – ausgedrückt in der Antezedenz von Va – ist eine Äquivalenzrelation, eine partielle Identität. Äquivalenzrelationen spielen auch in anderen Fregeschen Kontexten eine Rolle. Denken wir an die Gleichzahligkeit von Begriffen oder an die Parallelität von Geraden. Die von Frege geglaubte Abstraktionshypothese ist nun der Sache nach die folgende:

(Abstra)

> Sei A eine Klasse und äq eine Äquivalenzrelation auf A. Dann gibt es eine auf A definierte Funktion f derart, dass für alle x,y aus A gilt: f(x) = f(y) gdw x äq y.

Im Falle vom Gesetz V ist die Klasse A natürlich die Klasse der Begriffe und f die Funktion: *der Umfang von ... .*

Die Plausibilität dieser Hypothese beruht auf folgender Überlegung: Wenn zwei Entitäten X und Y in irgendeinem Sinne äquivalent und damit in irgendeiner Hinsicht partiell identisch sind, dann muss es doch etwas geben, worin X mit Y identisch ist, etwas Drittes, also etwas von X wie von Y Verschiedenes. Eben dieses Dritte ist das aus der Äquivalenzrelation resultierende Abstraktum, welches die Abstraktionsfunktion f dem X und dem Y als etwas ihnen Gemeinsames zuordnet. Die Plausibilität dieser Abstraktionshypothese erklärt erneut Freges oben beschriebenen ontologischen Leichtsinn.

Die Sätze, mit denen Frege in § 3 der *Grundgesetze* [3] Wertverläufe und damit Begriffsumfänge einführt, werfen jedoch nicht nur Probleme der Existenz dieser Entitäten auf. In den Redeweisen Φ *hat denselben Wertverlauf wie* Ψ *oder der Wertverlauf von* Φ ist identisch mit dem Wertverlauf von Ψ ist Eindeutigkeit impliziert: Wenn es überhaupt Wertverläufe von Funktionen bzw. Umfänge von Begriffen gibt, dann sind diese eindeutig bestimmt. Jeder Begriff hat einen aber auch nur einen Umfang; jede Funktion hat genau einen Wertverlauf. Nun mag man mit Blick auf unsere Abstraktionshypothese sagen: Wenn die Existenz einer Abstraktionsfunktion, welche äquivalenten, also partiell identischen, Entitäten das ihnen gemeinsame Moment als Abstraktum zuordnet, wenn also diese Existenz gesichert ist, dann ist die Eindeutigkeit gewährleistet. Das folgt daraus, dass die Abstraktionsfunktion eben eine Funktion ist, deren Werte per definitionem einer Funktion eindeutig bestimmt sind. So weit, so gut. Aber woher wissen wir, dass auch die Abstraktionsfunktion selbst eindeutig bestimmt ist? Antwort. Wir wissen es gar nicht, und es ist auch falsch. Vielmehr gilt: *Jede* Funktion, die äquivalenten Entitäten dasselbe Abstraktum und nicht äquivalenten Entitäten verschiedene Abstrakta zuordnet, ist eine mögliche Abstraktionsfunktion. Die Rede von *dem* identischen Moment an partiell identischen Entitäten ist nicht gerechtfertigt. Explizit thematisiert Frege diesen Umstand in § 10 der *Grundgesetze*. Implizit thematisiert ist der Umstand in zwei Passagen der *Grundlagen*, in denen Frege jeweils das Verfahren der Abstraktion zur Einführung neuer Entitäten erörtert – und auch problematisiert.

Zu Beginn von § 10 der *GGA* lesen wir: „Dadurch, dass wir die Zeichenverbindung [... der Wertverlauf von Φ(ξ) = der Wertverlauf von Ψ(ξ)] als gleichbedeutend mit [... für alle a: Φ(a) = Ψ(a)] hingestellt haben, ist freilich die Bedeutung eines Namens wie [... der Wertverlauf von Φ(ξ)] noch keineswegs vollständig festgestellt. Wir haben nur ein Mittel, einen

Werthverlauf immer wiederzuerkennen, wenn er durch einen Namen wie [. . . der Wertverlauf von $\Phi(\xi)$] bezeichnet ist, durch welchen er schon als Werthverlauf erkennbar ist. Aber [wir . . .] können [nicht . . .] entscheiden, ob ein Gegenstand, der uns nicht als ein solcher gegeben ist, ein Werthverlauf" ist (*GGA* [3], Band I, § 10).

Im Kern dieses Zitat steht Folgendes: Die Festlegung der Bedeutung einer Wertverlaufsgleichung durch die Äquivalenz der dazugehörigen Funktionen legt die Bedeutung der in einer solchen Gleichung vorkommenden Wertverlaufsterme, also Fregesche Namen der Form *der Wertverlauf von* Φ nicht fest. Vielmehr kommt hier jede Zuordnung von Gegenständen zu Funktionen in Frage, die der Bedingung genügt, dass äquivalenten Funktionen derselbe und nicht-äquivalenten Funktionen verschiedene Gegenstände zugeordnet werden. Wir haben hier also einen besonderen Fall dessen, was ich gerade allgemein über Abstraktionsfunktionsfunktionen und Abstrakta gesagt habe. Diese „Unbestimmtheit" (*GGA* [3], Band I, § 10) der Abstrakta hat Konsequenzen, die Frege in den Grundlagen erörtert. Sie impliziert das in der Literatur bekannte „Julius Caesar-Problem". Dieses besteht in Folgendem: Weil jede Zuordnung von Abstrakta in Frage kommt, welche der genannten Bedingung genügt, kommt auch eine solche Zuordnung in Frage, die den römischen Feldherrn Julius Caesar als Abstraktum eines Abstraktionsprozesses gewinnt. Wir können mit der Festlegung der Bedeutung von Gleichungen unter Abstrakta nicht entscheiden, ob Julius Caesar ein solches Abstraktum ist. Wir können also auch nicht widerlegen, dass Julius Caesar der Wertverlauf einer Funktion ist. Oder, wenn es wie in den Grundlagen, um die Fassung von Zahlen als Abstrakta von Begriffen geht, dann können wir „nie entscheiden, ob einem Begriffe die Zahl Julius Caesar zukomme, ob dieser bekannte Eroberer Galliens eine Zahl ist oder nicht" (*GLA* [2], § 56). Frege erörtert dieses Problem an einem weiteren Beispiel: Wenn wir in der Geometrie der Ebene Richtungen von Geraden einführen durch die Abstraktionsdefinition: Die Richtung der Geraden a ist gleich der Richtung der Geraden b genau dann, wenn a parallel ist zu b, dann können wir nach dieser Erklärung „nicht entscheiden, ob England dasselbe sei wie die Richtung der Erdachse" (*GLA* [2], § 66). Ja, wir können nicht entscheiden, ob England überhaupt eine Richtung ist. Wir wissen nämlich nicht, was eine Richtung ist. Und genau so wenig wissen wir, was eine Zahl ist oder ein Wertverlauf. Die in den jeweiligen Identitätskriterien festgelegten Bedeutungen von Gleichheitsaussagen geben die Begriffe *Wertverlauf, Zahl* und *Richtung* nicht her.

In den Grundlagen bietet Frege bekanntlich eine Lösung des Problems an. Unter Berufung darauf, „dass man wisse, was der Umfang eines Begriffes sei" (*GLA* [2], § 68) gewinnt er den Begriff der (An-)Zahl mit Hilfe der folgenden Definition: „Die Anzahl, welche dem Begriffe F zukommt, ist der Umfang des Begriffs ‚gleichzahlig dem Begriffe F'" (*GLA* [2], § 68). In dieser Definition ist die Gleichzahligkeit unter Begriffen die für das Abstraktionsverfahren erforderliche Äquivalenzrelation; und Freges Lösungsversuch für die Julius Caesar Problematik sieht verallgemeinert so aus, dass er die Äquivalenzklasse eines Gegenstandes X als das diesem X zugeordneten Abstraktum nimmt. Führt dieser Weg heraus aus der in § 10 der Grundgesetze beschriebenen Unbestimmtheitsproblematik? Offensichtlich nicht, und zwar genau deshalb nicht, weil er, wie Frege ja selbst sagt, voraussetzt, „dass man wisse, was der Umfang eines Begriffes sei". In den Grundgesetzen lernen wir aber, dass Begriffsumfänge bestimmte Wertverläufe sind. Sie werden mit Hilfe der Wertverläufe definiert. Sie dann ihrerseits zu benutzen, um den Begriff eines Wertverlaufs zu gewinnen, wäre offensichtlich zirkulär. Jedenfalls mit dem Angebot aus den Grundlagen kann also die in den Grundgesetzen beklagte Unbestimmtheit nicht aufgehoben werden.

Gesetz V als Identitätskriterium und die Individuierung von Begriffen

Ich wende mich nun einem letzten Problem zu, das Gesetz V für Frege aufwirft. Dieses ist weniger desaströs als die bisher besprochenen Probleme. Nichts desto trotz muss es Frege in Verlegenheit bringen. Um es zu verstehen, wollen wir vorübergehend die aufgezeigten Schwierigkeiten vergessen und mit Frege ontologisch blauäugig sein: Wir glauben einfach an die Existenz von Begriffsumfängen und insbesondere daran, dass jeder Begriff einen Umfang hat. Wir versetzen uns also in den Frege vor dem Jahre 1902. Vor diesem Hintergrund können wir Gesetz V auch lesen als ein Identitätskriterium für Begriffsumfänge, also für Klassen oder Mengen. Damit meine ich Folgendes: Begriffsumfänge sind uns gegeben durch Begriffe. Haben wir nun einen Begriff F und einen Begriff G, dann können wir sinnvoll fragen: Ist der Umfang von F identisch mit dem Umfang von G, oder ist er von diesem verschieden? Diese Frage beantwortet Gesetz V durch die Angabe der folgenden Bedingung:

Der Umfang von F ist identisch mit dem Umfang von G genau
dann, wenn unter die Begriffe F und G dieselben Gegenstände
fallen.

In diesem Sinne ist Gesetz V ein Identitätskriterium für Begriffsumfänge
– und in der allgemeineren originalen Formulierung Freges natürlich auch
für Wertverläufe von Funktionen. Ein solches Kriterium ist natürlich nur
dann interessant und substanziell, *wenn der Begriff F* selbst verschieden
ist von *dem Begriff G.* Denn wenn der Begriff F derselbe ist wie der Begriff G, dann bedarf es keines Kriteriums zur Beantwortung der Frage,
ob der Umfang von F identisch ist mit dem von G. Dass dies so ist folgt
schon identitätslogisch: Wenn *F = G,* dann auch *Umfang von F = Umfang von G.* Zur Beurteilung der Substanz von Gesetz V müssen wir also
etwas wissen über die *Individuierung von Begriffen.* Ein Identitätskriterium für Begriffe würde uns hier sicher helfen. Begriffe sind uns ja gegeben
durch prädikative sprachlich Ausdrücke, durch „Begriffswörter" oder „Be-
griffsnamen", wie Frege sagt. Ein Identitätskriterium für Begriffe würde
dann allgemein die Frage beantworten, wann verschiedene Begriffswörter
für denselben Begriff stehen und wann nicht. Über ein solches Kriterium
verfüge ich nicht. Wir kommen aber auch mit weniger aus. Wir müssen
ja nur entscheiden, ob ein Begriff F schon dann identisch ist mit einem
Begriff G, wenn unter F dieselben Gegenstände fallen wie unter G. Ein
Kriterium mit dieser Konsequenz würde Gesetz V Substanz nehmen. Mit
ihm hätten wir nämlich: Wenn unter F dieselben Gegenstände fallen wie
unter G, dann ist F identisch mit G, und dann ist (s. o.) der Umfang von
F trivialerweise identisch mit dem Umfang von G. In diesem Sinne macht
Gesetz V eine nicht-extensionale Individuierung von Begriffen erforderlich.

Wie sieht dies nun bei Frege aus? An verschiedenen Stellen legt seine
Ausdrucksweise eine nicht-extensionale Individuierung von Begriffen und
Funktionen nahe. So lesen wir in *Funktion und Begriff* aus dem Jahre
1891, „daß diese Funktionen [!] [die zuvor durch zwei verschiedene Funkti-
onsausdrücke eingeführt wurden] *denselben* Wertverlauf haben [...]. In
der Logik nennt man dies Gleichheit *des* Umfanges der Begriffe [!]". (*NS*
[5], S. 16). Klarerweise können hiernach verschiedene Begriffe denselben
Umfang haben. Die Voraussetzung für die Substantialität von Gesetz V
wäre also erfüllt. – Ganz anders belehren uns hingegen Freges nachgelassene Ausführungen *über Sinn und Bedeutung,* die er zwischen 1892 und 1895
notiert hat. Dort lesen wir: „Was zwei Begriffswörter bedeuten, ist dann
und nur dann dasselbe, wenn die zugehörigen Begriffsumfänge zusammen-

fallen" (*NS* [5], S. 133); und: „ein Begriffswort bedeutet einen Begriff" (*NS* [5], S. 128). Also: Ein Begriff – ein Umfang; verschiedene Begriffe – verschiedene Umfänge. Begriffe werden gemäß ihren Umfängen, also klarerweise extensional, individuiert. Gesetz V verliert seine Substanz. Und dies müsste den Frege der frühen 1890-er Jahre eigentlich in Verlegenheit bringen. Allerdings, so mögen Sie gegen diese meine kritische Bemerkung einwenden, sie beruht auf der Annahme, denselben Umfang zu haben, sei als Relation unter Begriffen logisch äquivalent damit, dieselben Gegenstände unter sich zu befassen. Dieser Einwand ist berechtigt. Diese logische Äquivalenz in Frage zu stellen, heißt aber gerade, Gesetz V in Frage zu stellen. Es heißt, bereits jetzt einen Blick auf die Modifizierung der Konzeption des Begriffsumfanges im Nachwort zu den *GGA* [3] zu werfen, also auf Freges berühmten „way out" (vgl. Geach [6], Quine [9]). Das aber wollen wir jetzt nicht mehr tun.

Literaturverzeichnis

[1] **Frege, G.**: *Begriffsschrift und andere Aufsätze*. (*BS*) Zweite Auflage. Mit E. Husserls und H. Scholz' Anmerkungen hgg. von I. Angelelli, Hildesheim 1964.

[2] **Frege, G.**: *Die Grundlagen der Arithmetik*. (*GLA*) Centenarausgabe. Mit ergänzenden Texten kritisch hgg. von C. Thiel, Hamburg 1986.

[3] **Frege, G.**: *Grundgesetze der Arithmetik. Begriffsschriftlich abgeleitet. Band I und II*. (*GGA*) In moderne Formelnotation transkribiert und mit einem ausführlichen Sachregister versehen von T. Müller, B. Schröder und R. Stuhlmann-Laeisz, Paderborn 2009.

[4] **Frege, G.**: *Wissenschaftlicher Briefwechsel*. (*WB*) Herausgegeben, bearbeitet, eingeleitet und mit Anmerkungen versehen von G. Gabriel, H. Hermes, F. Kambartel, C. Thiel und A. Veraart,: Hamburg 1976.

[5] **Frege, G.**: *Nachgelassene Schriften*. (*NS*) Unter Mitwirkung von G. Gabriel und W. Rödding bearbeitet, eingeleitet und mit Anmerkungen versehen von H. Hermes, F. Kambartel und F. Kaulbach, Hamburg 1969.

[6] **Geach, P. T.**: *On Frege's Way Out*. Mind LXV (1956).

[7] **Kant, I.**: *Kritik der reinen Vernunft*. (*KRV*) Nach der ersten und zweiten Originalausgabe herausgegeben von J. Timmermann, Hamburg 1998.

[8] **Künne, W.**: *Die Philosophische Logik Gottlob Freges. Ein Kommentar*. Frankfurt a. M. 2010.

160

[9] **Quine, W. V.**: *On Frege's Way Out.* Mind LXIV (1955).

[10] **Stuhlmann-Laeisz, R.**: *Das Nachwort zu den Grundgesetzen. Ein Kommentar.* In Reichardt/Samans (Hrsg.): Freges Philosophie nach Frege. Münster 2014.

Autor

Prof. em. Dr. Rainer Stuhlmann-Laeisz
Institut für Philosophie
Universität Bonn
Am Hof 1
D-53113 Bonn, Germany
Email: stuhlmann-laeisz@uni-bonn.de

Jan G. Michel

Frege-Inspired Neo-Descriptivism and Its Problems

Preliminary remark: This paper is based on a talk I gave in German under the title 'Der von Frege inspirierte Neodeskriptivismus und seine Probleme'. For several reasons, I have, however, decided to provide my paper in English. Some material is based on the argumentation in Michel [13]. I would like to thank Patricia Blanchette, Bertram Kienzle, Wolfgang Künne, Hans Sluga, and Niko Strobach for discussions and for helpful comments on my talk.

Introduction

In current debates in the analytic philosophy of language, Gottlob Frege's famous essay 'Über Sinn und Bedeutung' [8], first published in 1892 and translated into English as 'On Sense and Reference'[1], is commonly regarded as one of three sources of a theory of definite descriptions – or, for short: of a descriptivism – of proper names.[2] The most recent and possibly most popular strategy to capture Frege's distinction between sense and reference consists in an epistemic interpretation of a two-dimensional framework in which two different "dimensions" of the meanings of terms and sentences are formally modeled by the use of two different kinds of intensions (understood as functions).

In this paper, I mainly pursue the following two goals: on the one hand, I want to show how a central Fregean insight is tried to be captured within a two-dimensional strategy. On the other hand, I want to show that, in the light of Saul Kripke's arguments against descriptivism, this strategy is faced with a fundamental problem.

---

[1]There are several English translations of Frege's 'Über Sinn und Bedeutung' – most notably, Max Black's 'On Sense and Reference' [1] and Herbert Feigl's 'On Sense and Nominatum' [7]. The terminology used in Feigl's translation is largely influenced by Rudolf Carnap's *Meaning and Necessity* [2]. In the following, I will quote from both of these translations in the running text and from Frege's original in the notes.

[2]Except for Frege's essay, one is typically referring to Bertrand Russell's 'On Denoting' [14], first published in 1905, and to the essay 'Proper Names' [15], first published in 1958, in which John Searle argues for a cluster theory.

I proceed in four steps: in a first step, I bring together the passages that contain a central Fregean insight as a source of inspiration for a two-dimensional reconstruction and that suggest a descriptivist reading of Frege's view. In a second step, I shortly present Kripke's threefold argumentation against two versions of descriptivism, which is also the basis for Kripke's view that proper names are rigid designators. In a third step, I explain the basic idea of a Frege-inspired two-dimensional strategy which is used to reconcile theories of definite descriptions with theories of rigid designation and which is sometimes characterized as 'neo-descriptivism'. Since the two-dimensional strategy is dependent on rigidified definite descriptions, I argue, in a fourth step, that, in the light of Kripke's epistemological and semantic arguments, the two-dimensional strategy is problematic and untenable – though it is, nevertheless, motivated by Kripke's modal argument.

A Fregean Insight and Fregean Descriptivism

Frege begins his essay with some remarks on sameness[3] (in the sense of identity)[4]:

'The idea of Sameness challenges reflection. It raises questions which are not quite easily answered. Is Sameness a relation? A relation between objects? Or between names or signs of objects?' ([7], p. 186)[5]

Even though he discusses different answers to the challenging questions on the nature of sameness or identity, in the end, Frege leaves open to which results his own reflections have lead him. On the basis of the quoted questions, Frege, however, develops his central distinction between sense and reference which mainly applies to proper names – for Frege this means: to

---

[3] Frege's word is 'Gleichheit' ([8], p. 23), Black's translation is 'equality' ([1], p. 563), Feigl's translation is 'Sameness' ([7], p. 186; capitalization in the original).

[4] See the first footnote of Frege's text ([8], p. 23, fn. 1): 'Ich brauche dies Wort [i.e., "Gleichheit"] im Sinne von Identität und verstehe "$a = b$" in dem Sinne von "a ist dasselbe wie b" oder a und b "fallen zusammen".' Here is Feigl's translation ([7], p. 197, fn. 1): 'I use this word [i.e., "Sameness"] in the sense of identity and understand "a = b" in the sense of "a is the same as b" or "a and b coincide".' Note the subtle differences in quotation marks and in italics between Frege's original text and Feigl's translation of it.

[5] 'Die Gleichheit fordert das Nachdenken heraus durch Fragen, die sich daran knüpfen und nicht ganz leicht zu beantworten sind. Ist sie eine Beziehung? eine Beziehung zwischen Gegenständen? oder zwischen Namen oder Zeichen für Gegenstände?' ([8], p. 23)

singular terms[6] – and to sentences: the reference of a singular term is an individual – e.g., the reference of the proper name 'Phosphorus' is the planet Venus, and the reference of the definite description 'the teacher of Alexander the Great' is Aristotle. The reference of a sentence can be regarded as its truth value. Moreover, (versions of) the principles of compositionality and of substitution hold for the references of sentences: according to (a version of) the principle of compositionality, the reference of a sentence is determined by the references and the order of its parts. And, (a version of) the principle of substitution, which is an application of the principle of compositionality, says that the reference of a given sentence remains unchanged if a part of the sentence is exchanged with a contextually referentially identical part. For illustration, consider sentences (1) and (2):

(1)   Phosphorus is identical with Phosphorus.

(2)   Phosphorus is identical with Hesperus.

On the basis of the aforementioned principles, a commonality of the sentences becomes obvious: (1) and (2) have the same truth value, because, in (2), only one token of the proper name 'Phosphorus' has been exchanged by the referentially identical proper name 'Hesperus'. Both sentences are true because both proper names, 'Phosophorus' and 'Hesperus', have the same referent, namely Venus – which, in turn, is self-identical. Nevertheless, there is an important difference between the two sentences: in contrast to sentence (2), sentence (1) can be known trivially – in other words: sentence (1) is *uninformative*, while sentence (2) is *informative*. What I call 'informativity' here is what Frege calls 'Erkenntniswert' in German – and which is usually translated into English as 'cognitive value' or as 'cognitive significance'.[7] Here is Max Black's translation of the relevant passage of Frege's text:

> '$a = a$ and $a = b$ are obviously statements of differing cognitive
> value; $a = a$ holds a priori [. . .], while statements of the form
> $a = b$ often contain very valuable extensions of our knowledge

---

[6]I.e., genuine proper names (e.g., 'Aristotle') and definite descriptions (e.g., 'the teacher of Alexander the Great'). Among others, indexical terms remain unconsidered in the following.

[7]Cf. Max Black's translation ('cognitive value' [1], p. 563) and Herbert Feigl's translation ('cognitive significance' [7], p. 186). – By the way, I think that the choice of the word 'cognitive' in the translations of Frege's text is unfortunate, but, though related, I cannot delve into this particular topic in this paper.

and cannot always be established a priori.' ([1], p. 563)[8]

In Frege's view, the cognitive value (cognitive significance, informativity, Erkenntniswert) of a linguistic expression is essential to its semantic value. From his observation that two expressions have different semantic values if they have different cognitive values, Frege infers that the semantic value of an expression is not limited to its reference. He assumes that there is yet another aspect that contributes to the semantic value of an expression, namely an expression's *sense*. According to Frege, if two expressions have different cognitive values, they have different senses. Black's translation reads:

'It is natural, now, to think of there being connected with a sign (name, combination of words, letter), besides that to which the sign refers, which may be called the reference of the sign, also what I should like to call the sense of the sign, wherein the mode of presentation is contained. [...] The reference of ['Hesperus'] would be the same as that of ['Phosphorus'], but not the sense.' ([1], p. 564)[9]

Thus, according to Frege, a linguistic expression usually has yet another semantic value besides its reference, namely its sense. Generally, the sense of an expression is contained in the manner and the context (cf. Feigl's translation [7], p. 187) – or, as Black puts it in the quote above: in 'the mode' – of its presentation. Moreover, the sense of an expression presents its reference under a certain aspect. An example may illustrate what that means: the proper names 'Phosphorus' and 'Hesperus' have the same reference, but different senses. Both expressions refer to the planet Venus, but the proper name 'Phosphorus' presents Venus as a celestial body that can be seen in the morning, and the proper name 'Hesperus' presents Venus as a celestial body that can be seen in the evening. As regards proper names, we note: while the reference of a proper name is the object denoted, the sense of a proper name is the manner and the context in which the denoted object is presented. Against this background, a central

---

[8]'$a = a$ und $a = b$ sind offenbar Sätze von verschiedenem Erkenntniswert: $a = a$ gilt a priori [...], während Sätze von der Form $a = b$ oft sehr wertvolle Erweiterungen unserer Erkenntnis enthalten und a priori nicht immer zu begründen sind.' ([8], p. 23)

[9]'Es liegt nun nahe, mit einem Zeichen (Namen, Wortverbindung, Schriftzeichen) außer dem Bezeichneten, was die Bedeutung des Zeichens heißen möge, noch das verbunden zu denken, was ich den Sinn des Zeichens nennen möchte, worin die Art des Gegebenseins enthalten ist. [...] Es würde die Bedeutung von ['Hesperus'] und ['Phosphorus'] dieselbe sein, aber nicht der Sinn.' ([8], p. 24)

Fregean insight can be formulated as follows: *two proper names a and b have the same sense iff the identity statement 'a = b' is uninformative.*

Before we return to this Fregean insight, we need to clarify why the Fregean view is regarded as a version of descriptivism. Frege writes (in the translation of Max Black again):

> 'The *sense* of a proper name is grasped by everybody who is sufficiently familiar with the language or totality of designations to which it belongs [...].' ([1], p. 564)[10]

Here, it becomes clear that, from a Fregean perspective, one has to be a competent speaker of a language in order to grasp the sense of a proper name. However, Frege's comment on this sentence in a footnote is even more important:

> 'In the case of an actual proper name such as "Aristotle" opinions as to the sense may differ. It might, for instance, be taken to be the following: the pupil of Plato and teacher of Alexander the Great. Anybody who does this will attach another sense to the sentence "Aristotle was born in Stagira" than will a man who takes as the sense of the name: the teacher of Alexander the Great who was born in Stagira.' ([1], p. 582, fn. 4)[11]

It is mainly these passages that point out the Fregean view that definite descriptions play an essential role for the semantic value of proper names. Therefore, it is these passages that lead to the understanding of the Fregean view as a version of descriptivism.

Kripke's Threefold Argumentation against Descriptivism

In general, one can distinguish between two versions of descriptivism, namely between those concerning the sense (or the meaning) of proper names (D1) and those concerning the reference of proper names (D2):

---

[10]'Der Sinn eines Eigennamens wird von jedem erfaßt, der die Sprache oder das Ganze von Bezeichnungen hinreichend kennt, der er angehört [...].' ([8], p. 24)

[11]'Bei einem eigentlichen Eigennamen wie "Aristoteles" können freilich die Meinungen über den Sinn auseinandergehen. Man könnte z.B. als solchen annehmen: der Schüler Platos und Lehrer Alexanders des Großen. Wer dies tut, wird mit dem Satze "Aristoteles war aus Stagira gebürtig" einen anderen Sinn verbinden als einer, der als Sinn dieses Namens annähme: der aus Stagira gebürtige Lehrer Alexanders des Großen.' ([8], p. 24, fn. 2)

(D1)   A proper name is synonymous (where synonymity is taken as identity of sense) with definite descriptions that a speaker associates with the proper name.

(D2)   The referent of a proper name is that which satisfies the definite descriptions a speaker associates with the proper name.

Most notably, Saul Kripke argued against both of these versions of descriptivism. Kripke's anti-descriptivist argumentation comprises three kinds of arguments, namely modal arguments against (D1) as well as semantic and epistemological arguments against (D2). I want to briefly present these arguments (for the following, cf. [10], [11], [12]).

Kripke's modal argument is directed against the descriptivist claim (D1) that a proper name is synonymous with definite descriptions that a speaker associates with the name. Kripke's argument can be illustrated by an example: let us take 'the most significant pupil of Plato', 'the teacher of Alexander the Great', and 'the philosopher born in Stagira' as candidates for the definite descriptions that speakers associate with the proper name 'Aristotle'. Now, let us consider the following sentence: 'If the teacher of Alexander the Great existed at all, then the teacher of Alexander the Great was the teacher of Alexander the Great'. Clearly, this sentence is necessarily true. However, if (D1) is true and the principle of substitution holds, then we should be able to substitute tokens of the expression 'the teacher of Alexander the Great' for tokens of the expression 'Aristotle' without the sentence changing its truth value: 'If Aristotle existed at all, then Aristotle was the teacher of Alexander the Great'.

Aristotle satisfies the definite descriptions mentioned above, but he could, obviously, have existed without satisfying them: Aristotle could have chosen a different profession, e.g., baker, barber, or goldsmith, and neither did he ever have to get to know Plato nor Alexander the Great. It is not a necessary condition for Aristotle's existence that he was the teacher of Alexander the Great. For instance, let us assume that Aristotle had become a barber and had never got to know Alexander the Great: then Aristotle would have existed, but he would not have become the teacher of Alexander the Great. That is to say that, in this case, the antecedent of the sentence 'If the teacher of Alexander the Great existed at all, then the teacher of Alexander the Great was the teacher of Alexander the Great' would be true, while the consequent would be false – i.e., the sentence is not necessarily true. That, in turn, is to say that (D1) is false – proper names are not synonymous with definite descriptions that speakers associate with them.

This modal argument is the basis for Kripke's claim that proper names, such as 'Aristotle', are *rigid designators*, i.e., expressions that refer to the same object in all possible worlds – provided the object exists – and never to anything else. In contrast to the (non-rigid) definite descriptions 'the most significant pupil of Plato', 'the teacher of Alexander the Great', and 'the philosopher born in Stagira', the proper name 'Aristotle' refers to the same person in all possible worlds in which the person exists.

Let us proceed to Kripke's semantic argument against the descriptivist claim (D2). If one accepts that the referent of a proper name is that which satisfies the definite descriptions a speaker associates with the proper name, then one also accepts the following: if the definite description in question applies to a certain object, then the object is the referent of the proper name, and if the definite description in question does not apply to a certain object, then the proper name has no referent. Kripke argues against this by considering cases of misinformation:[12] imagine, for instance, someone who only knows about Thales that he was a pre-Socratic philosopher who claimed that everything is water. Moreover, imagine that there actually was a certain person who was called 'Thales' by his contemporaries, or who had, at least, a name that, once it was translated and passed from speaker to speaker, came down to us as 'Thales'. Furthermore, imagine that the person's contemporaries attributed a view to him that he never held, namely that everything is water. Suppose, however, that the story about that person spread and developed, and all that has come down to us now is that Thales claimed that everything is water. In this case, the definite description the speaker associates with the proper name 'Thales' does not refer to the person the proper name 'Thales' actually refers to. In addition, it is, though improbable, clearly possible that there was another, completely unknown pre-Socratic philosopher who actually held that everything is water – this person would satisfy the definite description the speaker associates with 'Thales', but that would not make him Thales. The proper name 'Thales' would not refer to him, but to the other philosopher who, obviously, has been misunderstood. That indicates

---

[12]For the following example ('Thales') which was originally offered by Keith Donnellan cf. [6], p. 352ff. Soames uses the same example ([16], p. 360). Kripke's examples are the proper names 'Peano' and 'Dedekind' ([11], p. 84f.).

that the following above-mentioned assumptions are false: if the definite description in question applies to a certain object, then the object is the referent of the proper name, and if the definite description in question does not apply to a certain object, then the proper name has no referent. This is Kripke's so-called semantic argument against the descriptivist claim (D2) that the referent of a proper name is that which satisfies the definite descriptions a speaker associates with the proper name.

Finally, let us turn to Kripke's epistemological argument against (D2): if the fixing of the reference of a proper name n consists in n's referring to that which satisfies a definite description D a competent speaker associates with n, then the speaker knows that the following sentence has to be true: 'If n exists, then n is D'. On the basis of his linguistic competence, the speaker knows a priori that the sentence has to be true; he does not have to carry out further empirical investigations. From the speaker's perspective, the following two sentences have the same epistemic status:

(3) If n exists, then n is D.

(4) If D exists, then D is D.

Kripke argues that the epistemic status of sentences including proper names usually differs from the epistemic status of sentences including definite descriptions: in contrast to sentence (3), sentence (4) expresses an a priori truth. According to Kripke, sentence (3) is only knowable a posteriori, since one has to carry out further empirical investigations in order to judge whether the sentence is true or false.

Kripke illustrates his considerations by means of the example of the proper name 'Columbus' (cf. [11], p. 85): probably, many of us associate the definite description 'the discoverer of America' with the name 'Columbus'. However, we would not say that the sentence 'If Columbus existed, then Columbus was the discoverer of America' expresses an a priori truth because we are not able to judge whether the sentence is true or false on the basis of our linguistic competence or our understanding of language alone. In order to be able to judge whether the sentence is true or false, we need empirical data – thus, the sentence is only knowable a posteriori. This means that the meaning of sentences including the proper name 'Columbus' differs from the meaning of corresponding sentences including the definite description 'the discoverer of America'. In other words: (3)

has not the same meaning as (4). Against this background, we can state that the referent of a proper name is not that which satisfies the definite descriptions a speaker associates with the proper name. Therefore, in the light of Kripke's semantic and epistemological arguments, the descriptivist claim (D2) turns out to be false.

Frege-Inspired Neo-Descriptivism

Even though Kripke's argumentation is largely accepted in current debates in the analytic philosophy of language, David Chalmers notes that, nevertheless, it is widely assumed that Frege had an important insight, namely the above-explained insight that there is a difference in the senses of referentially identical expressions, e.g., in the senses of the expressions 'Phosphorus' and 'Hesperus' (cf., also for the following, [3], [4], [5]). Moreover, from Chalmers' view, it is plausible to assume that a sentence is a priori if it is uninformative. This view is supported by the fact that informative identity statements are typically statements a posteriori, e.g., 'Phosphorus is Hesperus'.

With the aim of elaborating his view within the framework of a two-dimensional semantics, Chalmers, on the one hand, draws on the concept of intension that Carnap [2] introduced: in analogy to Fregean senses, intensions are supposed to grasp the informative contents of sentences. intensions of sentences are to be understood as functions from possible worlds to truth values, and intensions of singular terms are to be understood as functions from possible worlds to referents. On the other hand, Chalmers draws on a Kantian thesis that got under attack by Kripke's argumentation: a sentence is necessarily true iff it is true a priori ([9], p. 46f., B3–B4). Let us recall the above-mentioned Fregean insight: *two proper names a and b have the same sense iff the identity statement 'a = b' is uninformative*. By modifying this Fregean insight with the help of the considerations of Carnap and Kant, Chalmers arrives at a neo-Fregean thesis which can be formulated as follows [4]: *two proper names a and b have the same intension iff the identity statement 'a = b' is a priori*. Below, I will sketch Chalmers' attempt at capturing the neo-Fregean thesis within an epistemic interpretation of the two-dimensional framework (cf. [4] and [5]).

The two-dimensional framework is based on the assumption that expressions and sentences have two dimensions of meaning. These two dimensions can be regarded as intensions, namely as 1- and 2-intensions. The 1-intension of an expression or a sentence is a function from possible worlds *considered as actual* to extensions, and the 2-intension of an expression or a sentence is a function from possible worlds *considered as counterfactual* to extensions. The basic idea is to distinguish two ways of thinking about possibilities or possible worlds – possible worlds considered as actual and possible worlds considered as counterfactual. If we consider a possible world *as counterfactual*, we orient on our world as the actual world. Therefore, the semantic properties of our expressions and sentences do not change when we consider a possible world as counterfactual – they are, so to speak, anchored in our world, i.e., in the actual world. However, if we consider a possible world as actual, we assume that a possible world, one which is not our world, is the actual world. In a way, we pretend that a world that *actually is not* our world *were* our world. Correspondingly, the semantic properties of our expressions and sentences can change – they are, after all, not anchored in our world, the actual world, but in the world considered as actual.

The two ways of thinking about possibilities form the basis for Chalmers' characterization of 1- and 2-intensions within the two-dimensional framework: the 1-intension captures the epistemic and a priori accessible dimension of an expression and specifies its reference in epistemically possible worlds. The 2-intension captures the metaphysical dimension of the expression and specifies its reference in metaphysically possible worlds. The 2-intension of the expression follows from its 1-intension and the circumstances in the actual world, i.e., in our world.

In the case of the proper name 'Phosphorus', this can be spelled out as follows: evaluated according to its 1-intension, the proper name 'Phosphorus' refers to the bright celestial body visible in the morning – in short, it refers to that which plays the Phosphorus-role. That which plays the Phosphorus-role in our world is Venus, but it is epistemically or a priori possible that, for instance, a satellite plays that role. In order for something to be able to play the Phosphorus-role, it must have certain properties $P_1, \ldots, P_n$, e.g., the properties of being bright and visible in the morning sky. Hence, one assumes that 'Phosphorus', evaluated according to its 1-intension, refers to that which fulfills the following definite description: 'the entity that has the properties $P_1, \ldots, P_n$'. However, evaluated according to its 2-intension, 'Phosphorus' refers to Venus, and its reference is fixed as follows: evaluated according to its 1-intension, 'Phosphorus' refers to that which plays the Phosphorus-role. In the actual world, i.e., in our world, Venus plays the Phosphorus-role. So, the 2-intension of 'Phosphorus' picks out Venus in every world – it is, then, metaphysically impossible that 'Phosphorus' refers to something that is not Venus. Hence, one assumes that 'Phosphorus', evaluated according to its 2-intension, refers to that which fulfills the following definite description: 'the entity that *actually* has the properties $P_1, \ldots, P_n$'. The reference of this definite description is, in contrast to the reference of the definite description in the first dimension, anchored in the actual world – more precisely, this definite description is a rigidified one. Via the word 'actual', the definite description features a world-index so that it is a rigid designator, namely a rigid definite description. In this way, one tries to capture Kripke's modal argument as well as the idea of rigid designation within the second dimension.

This analysis illustrates to what extent it is legitimate to characterize the basic two-dimensional idea as 'neo-descriptivist': in the first dimension, the proper name 'Phosphorus' is associated with a non-rigid definite description whose descriptive content fixes the reference of the name in a possible world. Evidently, it is a version of descriptivism in the sense of (D2). In the second dimension, the original non-rigid, informative definite description from the first dimension is rigidified via the world-index 'actual' – or: the actuality operator – so that we have a rigid definite description. This is the neo-descriptivist element in the two-dimensional picture: one tries to reconcile the descriptivist approach with the approach of a theory of rigid designation. The basic idea is that, initially, we find out what 'Phosphorus' refers to in the actual world with the help of the descriptive or informative content of the definite description – we inform ourselves of the actual reference of 'Phosphorus'. Then, we can show that 'Phosphorus' refers to everything that fulfills the rigidified description.

Against this background, Chalmers assumes that a sentence is a priori iff it is, evaluated according to its 1-intension, necessarily true. This assumption corresponds to the above-mentioned neo-Fregean thesis: *two proper names a and b have the same intension iff the identity statement 'a = b' is a priori.* Within the framework of a two-dimensional semantics, the neo-Fregean thesis can be stated more precisely: *two proper names a and b have the same 1-intension iff the identity statement 'a = b' is a priori.* To sum up: the neo-descriptivist idea in the two-dimensional framework is that proper names can be considered as rigidified definite descriptions – i.e., proper names are regarded as synonymous with rigidified versions of the definite descriptions that competent speakers associate with the expressions in question. The motivation of the neo-descriptivist approach is to circumvent Kripke's modal argument against descriptivism in order to save the descriptivist approach. A definite description can be rigidified via the actuality operator. Hence, neo-descriptivists assume that, e.g., the proper name 'Aristotle' is synonymous with the rigidified definite description 'the actual teacher of Alexander the Great', or with the rigidified definite description 'the actual most significant pupil of Plato'. Both of these rigidified definite descriptions refer to the same person in every possible world in which the person exists.

Why Neo-Descriptivism Is Problematic

'Actual' is an indexical operator which rigidifies non-rigid definite descriptions. But, is the neo-descriptivist assumption correct that rigidified versions of the definite descriptions speakers associate with proper names are synonymous with the proper names in question? In order to answer this question, let us, again, take a look at Kripke's epistemological argument against descriptivism: as the 'Columbus' example has shown, the epistemic status of sentences including proper names is different from the epistemic status of corresponding sentences including non-rigid definite descriptions – even though many people probably think that Columbus discovered America, the sentence 'If Columbus existed, then Columbus was the discoverer of America' is not a priori, but a posteriori, since one needs to carry out further empirical investigations in order to be able to judge whether the sentence is true or false. Therefore, the sentence 'If the discoverer of America existed, then the discoverer of America was the discoverer of America' is not synonymous with the sentence 'If Columbus existed, then Columbus was the discoverer of America'. Hence, proper names are not synonymous with their associated non-rigid definite descriptions.

But what about rigidified definite descriptions? I think it is obvious that Kripke's epistemological argument also holds for definite descriptions that have been rigidified by means of the actuality operator: the sentence 'If the actual discoverer of America existed, then the actual discoverer of America was the actual discoverer of America' is not synonymous with the sentence 'If Columbus existed, then Columbus was the actual discoverer of America'. Therefore, it is plausible to assume that proper names are not synonymous with rigidified versions of the definite descriptions that speakers associate with the proper names.

This result is supported by Kripke's semantic argument: as the 'Thales' example has shown, the semantic content of proper names cannot be captured by definite descriptions that speaker associate with the proper name. Again, I think it is obvious that Kripke's argument applies to non-rigid as well as to rigidified – i.e., rigid – definite descriptions. Hence, again, it is plausible to assume that proper names are not synonymous with rigidified versions of the definite descriptions that speakers associate with them.

So, in the light of Kripke's considerations, it becomes apparent how the two-dimensional framework relies on neo-descriptivist assumptions. An essential neo-descriptivist assumption is that rigidified definite descriptions are synonymous with the proper names in question. This assumption is motivated by the hope to save the descriptivist approach from Kripke's modal attack.

However, Kripke also provides epistemological and semantic arguments against description theories. I think it is obvious that these arguments are sound and hold in the case of non-rigid definite descriptions as well as in the case of rigidified definite descriptions. Since it is plausible to assume that proper names are not synonymous with rigidified versions of the definite descriptions that speakers associate with them, there is a fundamental problem for the two-dimensional approach.

Concluding Remark

All in all, I have pointed out that Frege's famous distinction between sense and reference is – on a descriptivist reading – vulnerable to three kinds of arguments that have been, most notably, put forward by Saul Kripke. In addition, I have sketched out to what extent a central Fregean insight motivates the attempt at capturing Frege's distinction between sense and reference within the framework of a two-dimensional semantics. Finally, I have shown how the two-dimensional strategy is, at bottom, a neo-descriptivist strategy, and I have shown that it is (still) vulnerable to two out of three of Kripke's arguments.

However, the following two points, at least, remain debatable: on the one hand, I am not quite sure whether Frege's view has to be interpreted as a form of descriptivism. A non-descriptivist reading of Frege would undermine the discussed considerations – i.e., Kripke's considerations as well as the two-dimensionalist's considerations. On the other hand, I am not sure whether Frege, who – to my knowledge, at least – never talked about intensions or possible worlds, would have agreed with a two-dimensional reconstruction of his ideas. Unfortunately, I cannot deal with these points here, but I would like to discuss them with Frege – maybe in another possible world.

Bibliography

[1] **Black, M.**: 'On Sense and Reference'. Translation of Frege [1892] 2002. In: *Readings in the Philosophy of Language*, Peter Ludlow (ed.), 563–583. MIT Press, Cambridge Mass., [1948] 1997.

[2] **Carnap, R.**: *Meaning and Necessity: A Study in Semantics and Modal Logic.* 2nd, extended edition, University of Chicago Press, Chicago [1947] 1958.

[3] **Chalmers, D.**: *The Conscious Mind: In Search of a Fundamental Theory.* Oxford University Press, Oxford 1996.

[4] **Chalmers, D.**: 'The Foundations of Two-Dimensional Semantics'. In: *Two-Dimensional Semantics*, M. García-Carpintero and J. Macià (eds.), 55–140. Oxford University Press, Oxford 2006.

[5] **Chalmers, D.**: 'The Two-Dimensional Argument against Materialism'. In: *Oxford Handbook to the Philosophy of Mind*, B.P. McLaughlin and S. Walter (eds.), 313–335. Oxford University Press, Oxford 2009.

[6] **Donnellan, K.**: 'Proper Names and Identifying Descriptions'. *Synthese* 21, 335–358 (1970).

[7] **Feigl, H.**: 'On Sense and Nominatum'. Translation of Frege [1892] 2002. In: *The Philosophy of Language*, 3rd edition, A.P. Martinich (ed.), 186–198. Oxford University Press, New York [1949] 1996.

[8] **Frege, G.**: 'Über Sinn und Bedeutung'. In: *Funktion – Begriff – Bedeutung*, M. Textor (ed.), 2–22. Vandenhoeck & Ruprecht, Göttingen [1892] 2002.

[9] **Kant, I.**: *Kritik der reinen Vernunft.* W. Weischedel (ed.). Suhrkamp, Frankfurt [1787] 1996.

[10] **Kripke, S.A.**: 'Identity and Necessity'. In: *Naming, Necessity and Natural Kinds*, S.P. Schwartz (ed.), 66–101. Cornell University Press, London [1971] 1977.

[11] **Kripke, S.A.**: *Naming and Necessity.* Harvard University Press, Cambridge, Mass., [1972] 1980.

[12] **Kripke, S.A.**: *Reference and Existence: The John Locke Lectures.* Oxford University Press, New York [1973] 2013.

[13] **Michel, J.G.**: *Der qualitative Charakter bewusster Erlebnisse: Physikalismus und phänomenale Eigenschaften in der analytischen Philosophie des Geistes.* Mentis, Paderborn 2011.

[14] **Russell, B.**: 'On Denoting'. In: *Logic and Knowledge: Essays 1901-1950*, R.C. Marsh (ed.), 41–56. Allen & Unwin, London [1905] 1956.

[15] **Searle, J.R.**: 'Proper Names'. In: *Readings in the Philosophy of Language*, P. Ludlow (ed.), 585–592. MIT Press, Cambridge, Mass., [1958] 1997.

[16] **Soames, S.**: *The Age of Meaning. Philosophical Analysis in the Twentieth Century*, vol. 2. Princeton University Press, Princeton 2003.

Author

Dr. Jan G. Michel
Philosophisches Seminar
Westfälische Wilhelms-Universität Münster
Domplatz 6
D - 48143 Münster
Email: jagumi@gmx.de

Edoardo Rivello

Frege and Peano on definitions

Abstract. Frege and Peano started in 1896 a debate where they contrasted the respective conceptions on the theory and practice of mathematical definitions. Which was (if any) the influence of the Frege-Peano debate on the conceptions by the two authors on the theme of defining in mathematics and which was the role played by this debate in the broader context of their scientific interaction?[1]

Historical data

Gottlob Frege (1848-1925) and Giuseppe Peano (1858-1932) approximately lived in the same years and was prominent pioneers of the then emerging discipline nowadays knew as Mathematical Logic.

To the best of my knowledge, no meeting between Peano and Frege is reported[2]. However, evidence of a non-episodic interaction is provided by two notes published by Peano on Frege's work, two others by Frege on Peano's and by letters from Peano to Frege and unpublished writings found in Frege's *Nachlass* (see the Appendix for a, hopefully complete, list and a tentative chronology).

Documentary evidence dates from 1891 (a draft of a letter from Frege to Peano which is likely to be his first, answering to a previous dispatch of writings by Peano) to 1903. There are evident gaps in the correspondence which suggest that in that period contacts were more frequent they appear now. Moreover, nothing indicates in a definite way that any contact stopped in 1903, even though from this time onward the interests of the two author seem to diverge.

The scientific production of the two authors mostly overlaps on the following themes:

---

[1]Part of the present note elaborates on data collected during my doctoral studies in the years 2007-2009 at the Department of Mathematics „Giuseppe Peano" of Torino. I wish to thank Clara Silvia Roero for her invaluable contribution in making facts about Peano's work and life suitably available to scholars and for introducing me to the methodology of the History of mathematics.

[2]Both Frege and Peano appear in the „Comité d'Honneur" of the First International Congress of Philosophy (Paris, 1900), but Peano attended the Congress while Frege did not.

- Creating and developing a symbolic language for mathematics (a *ideography*).

- The analysis of the general logic laws used in mathematical reasoning.

- Foundations of arithmetic, analysis and geometry, with particular emphasis on the analysis of the concept of natural number.

- Theory and practice of defining in mathematics.

Public and private discussions between Frege and Peano mostly deal with contrasting the respective ideographies and principles of defining. In the following paragraphs I will focus on the latter topic.

The debate on defining

„Defining in mathematics" is a central theme for both the authors. They devote to this topic entire paragraphs in their main works and a number of other published or unpublished writings throughout their scientific production.

Frege mainly gives a systematic account of his theory of definitions in the two parts of *Grundgesetze der Arithmetik* (1893, 1903): in the first one he describes the role he assigns to defining inside his symbolic system; in the second part he states his *Principles of definition*. In between this two moments, the discussions with Peano and Hilbert take place.

Peano's writings on defining alternate between theoretical statements on definitions and applications to the definitions of a series of fundamental mathematical notions (from the *Area of a surface* (1890) to *Limit* (1913)). The main expositions of his ideas on the topic are in *Notations de Logique Mathématique* (1894), in the framework of his symbolic language, and *Le definizioni in matematica* (1911), more in general. The debate Frege-Peano on defining lies between Peano's symbolic and conceptual exposition of the matter, as did for Frege.

The debate on defining also plays a central role in contrasting Frege's ideography with Peano's: against Nidditch's diminishing appraisal ([7], p. 108) there are the appreciations by Peano (quoted by Nidditch himself) and Frege:

„What is at stake here [the canons of definition] is perhaps the deepest difference between the two concept-scripts." ([4], p. 152)

Frege's *Begriffsschrift* (1879) and *Grundgesetze I* (1893) on one side and Peano's *Notations* (1894) and *Formulaire de mathématiques, vol. 1* (1895) on the other are the works the two authors mainly refer to in discussing about defining in mathematics. In these works we can retrace some shared principles which form the common ground for the subsequent debate:

- Definitions are nominal.

- Defining is an act of willing, not an act of judgment.

- The purpose of defining is to *abbreviate* sentences. (The principles of non-creativity and of eliminability are implicitly assumed.)

- A definition has to have the form of an equation of two *homogeneous* terms: the *definiens* and the *definiendum*.

The documents. According to the current knowledge, the debate Frege-Peano on defining took place in the years 1896-1897. We extract a tentative chronology from the full documentary evidence of Frege-Peano interaction given in the appendix (referenced by App. and the list number):

1. (6.07.1896) Frege, Vortrag *Über die Begriffsschrift des Herrn Peano und meine eigene.* [App. 12.]

2. (29.09.1896) Letter from Frege to Peano. [App. 13.]

3. (14.10.1896) Letter from Peano to Frege. [App. 15.]

4. (1896/1897) Draft of a letter from Frege to Peano (undated). [App. 16.]

5. (4.04.1897) Article of Peano referring to Frege's talk given at 6.07.1896. [App. 17.]

6. (1898) Published letter from Frege to Peano (29.09.1896). [App. 19.]

7. (1898) Peano, *Corrisp.* [App. 20.]

8. (1897/1898?) Frege's unpublished *Begründung meiner strengeren Grundsätze des Definierens.* [App. 21.]

9. (1903) Frege in *Grundgesetze der Arithmetik, begriffsschriftlich abgeleitet*, Band II, footnote to §58) [App. 25.]

The actual sequence of the above-mentioned documents cannot be established with absolute certainty: we do not know if Peano knew the content of Frege's Leipzig talk soon after Frege delivered it (06.07.1896) or when it was published (1897); we do not have elements for dating Frege's unpublished writings; and we do not know if Peano communicated to Frege the final version of his *Risposta* before it was published in *Rivista di Matematica* (1898) together with Frege's letter (29.09.1896).

The debate. In his Leipzig conference (06.07.1896) Frege, although contrasting his own view with Peano's, focuses on aspects of the two ideographies which can be more or less suitable in achieving different specific goals, within a (presumably) shared request for rigour in mathematical resoning. He confines to a short paragraph the theme of definitions, which will reveal a strong matter of controversy:

> „The manner of defining, especially, I find wanting in logical perfection. That the same symbol is explained more than once is almost the rule. Conditional definitions are also very numerous. As against this, I require that each sign be defined just once, and completely, not several times over and in piecemeal fashion; I require that the reference of the defining expression coincide unconditionally with the reference of the defined one."
> ([2], p. 4)

The debate properly starts with Frege's critiques and remarks on Peano's definitions in the letter of 29.09.1896 (intended by Frege for publishing in Peano's *Rivista di Matematica*). The letter is presented as an answer to Peano's review of *Grundgesetze I* (appeared the year before in *Rivista*) and the declared purpose is to argue against Peano's claim that

> „the system of the *Formulary* represents a more profound analysis." ([5], p. 113)

In particular, the main controverse point is the number of primitive symbols in the two ideographies and, for correctly counting them, Frege is led to carefully examine Peano's definitions of a number of notions.

They remain two direct answers from Peano to Frege's letter. The *Risposta* published in *Rivista* in 1898 and the letter of 14.10.1896 (*Reply*), sent just a couple of weeks after receiving Frege's and conceived also as a reply to Frege's Leipzig talk.

Most of Frege's technical points are accepted by Peano, in his first answer or in the course of the debate, so that the irreducible nut of the disagreement between Frege and Peano on defining can gradually emerge. The problem manifests itself in the presence in Peano's *Formulaire* of *multiple* definitions for the same sign. The two authors discuss this fact sometimes in general terms, sometimes referring to binary operations, like addition, or to relations, like equality, as paradigmatic examples.

Frege's argument runs as follows. He requires every symbol to have one and only one meaning for the sake of making inferences under the logical assumption of the *tertium non datur* law. Hence, he claims that multiple definitions of the same symbol assigning different meanings cannot be allowed. Frege says that, in mathematics, apparently non-contradictory multiple definitions can come under two patterns: the first one is represented by *equivalent definitions* the second by *conditional definitions*.

Frege's distinction between sense and denotation makes the nature of equivalent definitions particularly perspicuous: they are definitions which assign to the *definiendum* the same denotation but not the same sense and their equivalence is just a theorem disguised under the form of a multiple definition.

About conditional definitions, Frege simply says that they are not definitions at all, since they are *incomplete*, i.e., they lack assigning a meaning to the *definiendum* in all possible cases.

Peano does not agree with Frege's banish of conditional definitions from mathematics, even though Frege himself envisages the possibility of amending conditional definitions as partial steps in a *definition by cases*, provided we prove the full definition to be complete, i.e., we prove that the partial definitions are compatible and exhaust all possible cases.

Peano's defense of conditional definitions appeals to the fact that there is no limit to the possibility of extending the applicability of an operation, like addition, by means of new definitions, both in principle and due to the unpredictability of the progress of science.[3]

---

[3]On different assessments of conditional definitions facing different purposes in Peano and Frege, see also Quine ([12], p. 42).

It becomes evident that, even on the way of defining, the disagreement between Frege and Peano is rooted in the different aims the ideographies of the two authors are intended to achieve. Frege was already aware of these differences in his Leipzig conference and Peano, in his *Reply*, confirms Frege's speculations:

> „As you so well put it, my principal aim is to publish the *Formulary* and not to deal exclusively with logic or with a particular subject." ([5], p. 122)

In an undated draft of a letter to Peano (likely after Peano's *Reply*) Frege agrees to follow his colleague's line of reasoning by discussing the relevance of conditional definitions for mathematical practice. But even on this common ground the two approaches dramatically diverge.

Peano's approach to mathematical practice is naturalistic. He wants to translate in his symbolic language all mathematical ways of expression and reasoning. On the restricted area of definitions, a clear clue of this intention is given by his project of having a *census* of all modes of definitions, a project he sketches in his *Reply* and pursues in later works.

On the other hand, Frege's approach is prescriptive. Even though in his *Draft* to Peano he recognizes the difficulties in doing other way mathematicians actually do, he says that

> „logical requirements must not be suppressed because of practical difficulties," ([5], p. 125)

also distinguishing between the moment of discovery and the moment of systematic presentation. The conclusion Frege draws is sharply critical of mathematicians' attitude towards defining:

> „It is regrettable that there exists no agreement among mathematicians about the principles to be followed in defining. To produce such an agreement would be a worthwhile task for a mathematical congress. Complete lawlessness now prevails in this area, which is indeed convenient for mathematical writers but damaging to their science. There is not even agreement about what defining really is." ([5], p. 129)

Most of Frege's arguments on defining which he refined in discussing with Peano (as well as others which are more represented in the discussion, on the same subject, with Hilbert) contribute to the mature exposition of the *Principles of definition* contained in the second volume of *Grundgesetze* (1903). In particular, in a footnote to § 58 ([4], pp. 160-161) Frege entirely quotes the part of Peano's *Risposta* which intend to defend mathematicians' habit of conditional defining and substantially summarizes his critiques we have seen above.

Conclusions

The debate on defining epitomizes both the common ground from which departed Frege's and Peano's works in mathematical logic (a symbolic language for the regimentation of mathematical modes of expression and reasoning) and their different aims and approaches. Frege stresses the fact that his *Begriffsschrift* was designed for making inferences, writing

> „our vernacular languages are also not made for conducting proofs. And it is precisely the defects that spring from this that have been my main reason for setting up a conceptual notation." ([5], p. 115)

while Peano conceived his ideography for expressing all the existing mathematics, stating that

> „even if we regard this ideography as only a graphic symbolism capable of representing in a brief and precise form all the propositions of mathematics, its importance is evident. Further, this criterion of being able to use a symbolism as a language may be used to recognize whether it is complete or not." ([10], p. 192)

Following the development of the debate we can observe a shift from an initial focus on the technical aspects of defining inside an ideography to more conceptual and informal concerns about this intellectual task. As the focus moves, the different motivations leading the work of the two authors become more evident and, in the background, the different curricula also play a role (as a matter of fact, Peano was a philosopher not more than Frege was a working mathematician).

In the last, we can say that from the debate on defining re-emerges a fundamental distinction between Frege's and Peano's projected ideographies: while the former is intended as a *tool* in analyzing inferences made in the mathematical language, the latter aims to be itself a (symbolic) language in which to *translate* the mathematical discourse.

With some hindsight these differences in methodology and aims between Peano and Frege ideographies were already manifest in the very origin of the respective projects, long before the debate on definitions:

> „I believe that I can best make the relation of my ideography to ordinary language clear if I compare it to that which the microscope has to the eye." (Frege, see [6], p. 6)
> „On peut réduire toute théorie en symboles, car tout langage parlé, et toute écriture, est un symbolisme [...] Avec un peu d'habitude on transforme tout de suite les symboles en langage et réciproquement." (Peano [8], pp. 41-42)

However, the novelty of their proposals initially made the two authors willing to emphasize similarities against other logical or mathematical approaches. The debate on definitions made both Frege and Peano more aware of the impact of their different purposes on the respective ideographies. They initially perceived themselves as competitors selling a same product, but soon they realized that their products was designed for different targets within different projects.

Appendix: Documentary evidence of Frege–Peano interaction

1. (1891) Peano refers in *Principii di logica matematica*, Rivista di Matematica (R.d.M.), vol. 1, 1891, p. 9, n. 5 to Frege's *Begriffsschrift*, 1879.

2. (1891 – 1894) Draft of a letter from Frege to Peano (undated).

3. (30.01.1894) Postcard from Peano to Frege.

4. (10.02.1894) Letter from Peano to Frege.

5. (1894?) Handwritten notes by Frege on the last page of Peano's letter (10.02.1894).

6. (1894) Peano mentions Frege in *Notations de Logique Mathématique. Introduction au Formulaire de Mathématiques*, Turin, 1894, p. 3) in a list of Mathematical Logic authors.

7. (14.08.1895) Postcard from Peano to Frege.

8. Peano reviews Frege's *Grundgesetze I* in *Recens.: Dr. Gottlob Frege, Grundgesetze der Arithmetik, begriffsschriftlich abgeleitet. Erster Band, Jena, 1893*, R.d.M. vol. 5, 1895.

9. (17.09.1895) Frege reads *Über die Begriffsschrift des Herrn Peano und meine eigene* at the Mathematics section of the Congress of Natural Sciences held in Lübeck.

10. (24.10.1895) Postcard from Peano to Frege.

11. (5.04.1896) Postcard from Peano to Frege.

12. (6.07.1896) Frege, *Über die Begriffsschrift des Herrn Peano und meine eigene.* Vortrag, gehalten in der ausserordenlichen Sitzung vom 6 Juli 1896, in: „Berichte über die Verhandlungen der Königlich Sächsischen Gesellschaft der Wissenschaften zu Leipzig. Mathematisch-Physische Klasse " 48, 1896.

13. (29.09.1896) Letter from Frege to Peano. Frege asks Peano to publish his letter in *Rivista di Matematica* (R.d.M.)

14. (3.10.1896) Postcard from Peano to Frege.

15. (14.10.1896) Letter from Peano to Frege.

16. (1896/1897) Draft of a letter from Frege to Peano (undated).

17. (4.04.1897) Peano refers in *Studii di logica matematica*, Atti della Reale Accademia delle Scienze di Torino vol. 32, 1896-97 to Frege's talk given at 6.07.1896.

18. (11.08.1897) At the First Congress of Mathematicians, held in Zürich, Peano gives a talk and distributes *Formulaire de Mathématiques, t. II §1, "Logique Mathématique"*, where he credits Frege for some propositions.

19. (1898) The letter from Frege to Peano (29.09.1896) is published in *Rivista di Matematica* (*Lettera del sig. G. Frege all'Editore*, R.d.M. vol. 6, 1898, pp. 53-59).

20. (1898) Peano, *Corrisp.: Risposta [a Lettera del sig. G. Frege all'Editore]*, R.d.M. vol. 6, 1898, pp. 60-61.

21. (1897/1898?) Frege's unpublished *Begründung meiner strengeren Grundsätze des Definierens* contrasts Peano's way of defining with his own.

22. (1898/1899?) Frege's unpublished *Logische Mängel in der Mathematik* refers to Peano's answer in R.d.M. vol. 6, 1898.

23. (20.07.1900) Peano mentions in *Formules de logique mathèmatiques*, R.d.M. vol. 7, 1900, Frege as the author of an ideography.

24. (7.01.1903) Postcard from Peano to Frege.

25. Frege refers in *Grundgesetze der Arithmetik, begriffsscrhriftlich abgeleitet, Band II*, Jena, 1903, footnote to §58 to Peano, *Risposta* (1898).

Bibliography

[1] **Dudman, V.**: *Peano's Review of Frege's „Grundgesetze"*. Southern Journal of Philosophy 9(1), 25-37, 1971.

[2] **Frege, G.** (Transl. H. Dudman): *On Herr Peano's Begriffsschrift and my own*. Australasian Journal of Philosophy 47(1), 1-14, 1969.

[3] **Frege, G.**: *Wissenschaftlicher Briefwechsel*. Felix Meiner Verlag 1976.

[4] **Frege, G.**: *Posthumous Writings*. Blackwell 1979.

[5] **Frege, G.**: *Philosophical and Mathematical Correspondence*. Blackwell 1980.

[6] **van Heijenoort, J.**: *From Frege to Gödel. A Source Book in Mathematical Logic, 1879-1931*. Harvard University Press 1967.

[7] **Nidditch, P.**: *Peano and the recognition of Frege*. Mind 72 (285), 103-110, 1963.

[8] **Peano, G.**: *Notations de Logique Mathématique. Introduction au Formulaire de Mathématique.*, Turin 1894.

[9] **Peano, G.**: *Formulaire de mathématiques, vol. 1.*, Turin 1895.

[10] **Peano, G.**: *Selected Works*. Translated and edited, with a biographical sketch and bibliography, by H. C. Kennedy, University of Toronto Press 1973.

[11] **Peano, G.**: *L'Opera Omnia di Giuseppe Peano 1858-1932.* Cd-Rom, a cura di C. S. Roero 2002.

[12] **Quine, W. v. O.**: *Peano as a logician.* In: *Celebrazioni in memoria di Giuseppe Peano nel cinquantenario della morte,* Atti del Convegno organizzato dal Dipartimento di Matematica dell'Università di Torino, 27-28 ottobre 1982, Torino 1986.

Author

Dr. Edoardo Rivello
Mathematical Department "Giuseppe Peano"
Università di Torino
Via Carlo Alberto 10
10123 Torino (Italy)
Email: rivello.edoardo@gmail.com

Peter Simons

Frege 2.0

Was Frege gesagt hätte, wenn er gewusst hätte, was wir heute wissen (und was er vielleicht hätte sagen sollen)

Zusammenfassung: Der Widerspruch im Herzen des logischen Systems Freges zwingt zu einer Revision seiner Annahmen. Es fragt sich, wie er sein System hätte anders bauen können, wenn er von vorneherein die Gefahr eines Widerspruchs erkannt hätte. In diesem Beitrag wird versucht zu zeigen, wie und warum der Widerspruch entstand, und wie man erkennbar Frege'sche Ziele in der Philosophie der Mathematik erreichen kann. Es stellt sich heraus, dass Freges Kritik am Formalismus widerstanden und sein Platonismus verworfen werden können, indem man Freges Beschränkung der Namen auf Singulärterme aufhebt zugunsten einer Logik mit Pluraltermen erster sowie höherer Ordnung.

1. Einleitung

Es wird in diesem Beitrag der kontrafaktische und zugegebenerweise auch anachronistischer Versuch gemacht, einen Frege vorzustellen, der das weiß, was wir heute wissen, insbesondere über die Quellen des katastrophalen Widerspruchs in seinem logischen System der *Grundgesetze der Arithmetik*. Wir stellen die Fragen: Was hätte er besser machen können, was würde er heute tun, was *sollte* er im Lichte unseres heutigen Wissenstands tun, um möglichst viel von seinen Ideen vor dem Abgrund zu retten, und also erkennbar "Frege 2.0" zu sein?

2. Warum Grundgesetz V?

Freges logisches System scheiterte bekanntlich an der Kontradiktion, die Bertrand Russell darin entdeckte. Frege identifizierte gleich die Quelle der Inkonsistenz: sein fünftes Grundgesetz (GgV), hier in einer etwas modifizierten Symbolik:

$$\text{GgV}: \quad \vdash (Wx[f(x)] = Wy[g(y)]) = \forall x\,[f(x) = g(x)]$$

wo W der *Wertverlaufsoperator* ist und die sonstigen logischen Konstanten wie üblich sind. In Worten:

> Der Wertverlauf der Funktion f ist identisch mit dem Wertverlauf der Funktion g genau dann, wenn f und g immer denselben Wert für dasselbe Argument haben (d.h., wenn sie koextensional sind).

Trotz mancher Versuch, die eigentliche Quelle woanders unter Freges Annahmen zu platzieren, bleibt seine Diagnose die beste. Natürlich konnte GgV nur zu einem Widerspruch führen, weil andere Annahmen des Systems – etwa, dass die Logik Funktionsvariablen quantifiziert – operativ sind, aber diese sonstigen Annahmen sind, je für sich und auch zusammengenommen, ohne GgV harmlos. Wir bleiben also bei GgV als eigentliche Quelle und fragen: Warum Grundgesetz V?

Frege brauchte die Wertverläufe, um eine logizistische Deutung der Zahlen (natürlich wie reell) als logische Gegenstände zu geben. Freges ontologisches Universum teilt sich in Gegenstände einerseits und Funktionen andererseits. Es gibt verschieden Arten von Funktionen, je nach Art und Anzahl ihrer Argumente, aber nur eine Art von Gegenständen. Gegenstände sind dasjenige, das durch geschlossene, "gesättigte" Ausdrücke oder "Eigennamen" bedeutet werden. Da es nicht mehrere Arten gibt, in welchen ein Ausdruck gesättigt ist – Ausdrücke sind halt gesättigt – kann es nicht mehrere Arten von Gegenstand geben. Freges Ontologie ist und bleibt in perfekter Harmonie mit seinem Syntax. Deswegen sind für Frege Phrasen wie '$2 + 3 = 5$' auch Eigennamen, die besondere Gegenstände – die Wahrheitswerte – bedeuten. Um zu urteilen bzw. zu behaupten, dass 2 plus 3 gleich 5 ist, muss man den Wahrheitswert der Phrase '$2 + 3 = 5$' als das Wahre mental bzw. sprachlich anerkennen. In der Symbolik wird dies durch den Urteilsstrich '|' in Kombination mit dem Inhaltsstrich '⎯' (als waagerechter Strich folgend), also zusammen durch '⊢', zum Ausdruck gebracht. Wir dürfen daher '$2 + 3 = 5$' in Deutsch nicht als '2 plus 3 ist gleich 5' lesen, sondern eher als 'das Gleichsein von der Summe von 2 und 3 mit 5', eine Nominalphrase also, wo jedes Behaupten oder Urteilen noch ausbleibt. Um das Urteil bzw. die Behauptung auszudrücken, kann man dazu '... ist der Fall' hinzufügen und somit einen Satz erhalten, der dem Deutschen '2 plus 3 ist gleich 5' logisch synonym ist.

Zahlen sind Gegenstände, weil Ausdrücke wie '2', 'die kleinste Primzahl', '$+\sqrt{4}$', '$(3^3 - 5 \cdot 3)/6$', 'die größte Zahl n, für die die Gleichung $x^n + y^n = z^n$ nichttriviale Lösungen hat' ergänzungsunbedürftige Eigennamen sind, so dass die Zahlen die Gegenstände sind, die wir mit Hilfe solcher Eigennamen bezeichnen. Warum aber verwendet Frege GgV, um sehr indirekt an diese Gegenstände zu gelangen, statt einfach die Zahlen als Gegenstände zu postulieren?

Der Grund liegt in Freges Forderung, dass die Anwendung der Zahlen in sogenannten Zahlangaben so zu berücksichtigen sind, dass jedwede Anwendung in der Definition der einzelnen Zahlen sowie im Gattungsbegriff im Prinzip vorgesehen wird. In seinen *Grundlagen der Arithmetik* (Grl) formuliert er seine Forderung im Inhaltsverzeichnis für § 46 so:

> Eine Zahlangabe enthält eine Aussage von einem Begriffe (Grl: [6], § 46)

und führt aus:

> Wenn ich sage, "der Wagen des Kaisers wird von vier Pferden gezogen", so lege ich die Zahl vier dem Begriffe "Pferd, das den Wagen des Kaisers zieht" bei.

In moderner Schreibweise bedeutet das:

> $\square$ $x[x$ ist ein Pferd und x zieht den Wagen des Kaisers$]$

Hier ist der Begriff $\square$ $x[\Phi(x)]$ ein Begriff zweiter Stufe, der durch einen Begriff erster Stufe gesättigt wird. Das geometrische Symbol '$\square$' wird hier anstelle von 'vier' verwendet, weil das bei uns sonst bekannte Zeichen '4' für einen anderen Zweck gebraucht wird und weil wir Mehrdeutigkeit vermeiden wollen.

Warum aber sind Zahlen dann nicht Quantoren, Begriffe zweiter Stufe, wie unser '$\square$ $x[\Phi(x)]$' hier? So haben einige Logiker, etwa Whitehead und Russell oder Church, diese eingestuft. Frege bleibt dabei: Weil Zahlen eben Gegenstände sind!

Frege muss daher den Übergang von $\Box\, x[\Phi(x)]$ zum Eigennamen '4' schaffen. Das geschieht über eine unmittelbare Äquivalenz (Grl: [6], § 57)

$$\text{QG}: \quad \Box\, x[\Phi(x)] \leftrightarrow Zx[\Phi(x)] = 4$$

Es gibt vier Evangelisten genau dann, wenn die Anzahl der Evangelisten gleich vier ist. Es kommt jetzt darauf an, den gegenstandsbildenden Operator $Zx[\Phi(x)]$ (in Worten: die Anzahl der x derart, dass $\Phi(x)$) zu definieren.

3. Zahldefinitionen

In einem ersten Anlauf (Grl: [6], § 64) startet Frege folgenden Versuch zur Erklärung von Zahlen. Er gibt an, unter welchen Bedingungen zwei Zahlen gleich sind:

$$\text{KP}: \quad Zx[\Phi(x)] = Zy[\Psi(y)] \leftrightarrow \text{Zgl}\ z[\Phi(z), \Psi(z)]$$

In Worten:

die Zahl der Φ = die Zahl der Ψ genau dann, wenn es genauso viele Φ wie Ψ gibt.

Diese Äquivalenz, die ich das *Kardinalitätsprinzip*[1] nenne, enthält das Minimum, was man von einem Begriff verlangen kann, der die Zahlen als Gegenstände darstellt.

Frege aber lehnt diesen Versuch ab (Grl: [6], § 66), weil er das (später) so genannte *Cäsar-Problem* nicht lösen kann. Die Äquivalenz KP sagt nämlich nichts darüber, wie allgemein der Wahrheitswert einer Identität der Form

$$Zx[\Phi(x)] = a$$

---

[1] In der Kommentarliteratur wird es meistens nach Boolos Humes Prinzip genannt, was auf eine Fußnote in Grl § 63 zurückgeht. Hume aber vergleicht nicht Dinge, die unter Begriffe fallen, sondern die Einheiten, die (angeblich) in Zahlen selbst vorkommen, so etwa 2 plus 3 die gleiche Anzahl von Einheiten enthält wie 12 – 7, nämlich fünf. Frege argumentiert vehement gegen diese Auffassung der Zahl als aus Einsen bestehend; umso merkwürdiger ist es also, dass er Hume als Zeuge seiner eigenen Auffassung heranzieht.

für beliebige Eigennamen a zu bestimmen ist. Daher kann sie nicht entscheiden, ob die Anzahl der Planeten gleich oder ungleich Julius Cäsar ist.

In einem zweiten Anlauf (Grl: [6], § 68) zieht Frege daher folgende Definition heran:

$$\text{EDZ}: \quad Zx[\Phi(x)] = U\theta[\equiv z[\Phi(z), \theta(z)]]$$

wo '$\equiv$' die Gleichzahligkeit zweier Begriffe bedeutet und 'U' der *Umfangsoperator* (zweiter Stufe) darstellt: $U\theta[\mathcal{F}z[\theta(z)]]$ ist der Umfang der Begriffe θ derart, dass $\mathcal{F}(\theta)$, oder in Freges Argumentstellen andeutender Schreibweise, $\mathcal{F}z[\theta(z)]$. Das Problem dieser Definition liegt allein darin, dass nicht klar ist, was ein Umfang sein soll, insbesondere ein Umfang eines Begriffs zweiter Stufe, wo also Begriffe erster Stufe unter (oder "in") diesen Begriff fallen. Es sei beispielsweise $\Phi(z)$ der Begriff 'z ist ein Evangelist'. Dann "enthält" $U\theta[\equiv z[\Phi(z), \theta(z)]]$ diejenigen Begriffe, unter die genau vier Gegenstände fallen, und ist somit nach Freges Bestimmung die (An)Zahl 4.

Zwischen 1884 und 1892 revidierte Frege seine Logik dahingehend, dass er die Begriffe als einstellige Funktionen mit den zwei Wahrheitswerten neu konzipierte, und Wertverläufe von Funktionen als Verallgemeinerung der Umfänge von Begriffen deutete. Somit wird der Umfang eines Begriffs der Wertverlauf einer Funktion mit Wahrheitswerten, ein Sonderfall also. Zahlen sind Umfänge, Umfänge sind Wertverläufe, Wertverläufe sind logische Gegenstände, also sind Zahlen logische Gegenstände.

In seinem dritten Anlauf (Gg: [7], § 40) werden Zahlen daher so definiert, dass die Funktion 'die Zahl von' nunmehr eine Funktion *erster* Stufe wird, die für alle Gegenstände definiert ist, aber nur "interessant" ist für diejenigen Gegenstände, die Umfänge von Begriffen sind:

$N u$, die (An)Zahl, die dem Gegenstande u zukommt $= Df$. Der Wertverlauf der Wertverläufe w, für die es eine Bijektion gibt zwischen den Gegenständen, die unter w und denjenigen, die unter u fallen.

Mit dieser Definition gab sich Frege bis zur Entdeckung des Widerspruchs zufrieden.

Zahlen sind nicht nur irgendwelche Gegenstände, sie sind *logische* Gegenstände, weil ihre Anwendung (Zahlangaben) universell ist: sie geniessen maximale Allgemeinheit in der Anwendung (wie die Gesetze der Logik), daher müssen die Zahlen durch rein logische Operationen definiert werden; dazu gehören – nach Auffassung Freges – die Begriffsumfänge (Wertverläufe). Also sind Erkenntnisse der Arithmetik und der Analysis nicht nur a priori, sondern auch analytisch (nach einer erweiterten, nicht-Kantischen Auffassung der Analytizität). Auf dieser Weise meinte Frege, sein Leibnizsches Programm des Logizismus zu erfüllen. Dazu aber bedurfte es einer besseren Logik, was zur Entwicklung von Freges Begriffsschrift geführt hat.

4. Freges Theorem und das schottische Programm

Aus KP allein folgt – in einer Prädikatenlogik zweiter Ordnung (L2O) – die Peano-Arithmetik zweiter Ordnung. Dieses Ergebnis, das inzwischen allgemein als *Freges Theorem* bezeichnet wird, ist unabhängig von der defekten Definition der Zahlen über die Wertverläufe und Grundgesetz V und dient daher als Ansatzpunkt für Versuche, möglichst viel von Freges Programm in seinem Sinne zu retten (Parsons [13], Wright [18], Heck [10], vgl. Boolos [2], Teil II).

Falls also KP eine logische oder analytische Wahrheit ist, hat Frege den Logizismus für die Dedekind–Peano Arithmetik bewiesen. Ist KP aber logisch oder analytisch?

"Ja!" lautet die Antwort von Crispin Wright und Bob Hale, die einige Jahre lang in Schottland zusammenarbeiteten, und deren neo-Fregesches Programm ich daher als das 'schottische' bezeichne (Wright [18], Wright und Hale [9]). KP ist nach der schottischen Auffassung analytisch, eine Art "implizite Definition" des Begriffs $Zx[\Phi(x)]$; die Äquivalenz KP führt Zahlen als Gegenstände ein. Wegen des Cäsar-Problems, so führen Wright und Hale aus, muss man mit dieser Konsequenz wohl oder übel leben. Freges Erwiderung darauf wäre, dass es sich in diesem Fall nicht um wohldefinierte Gegenstände handelt, worauf die Antwort kommt, dass abstrakte Gegenstände wie Zahlen usw. einfach nicht in derselben Weise vollkommen in jeder Hinsicht bestimmt sind wie konkrete Gegenstände.

5. Abstraktionsprinzipien

KP ist eine Art von Äquivalenz, die in der Betrachtung vermeintlich abstrakter Gegenstände häufig auftritt. Diese sind im einfachsten Fall Äquivalenzen der Form

$$\text{ÄS1}: \quad \S(a) = \S(b) \leftrightarrow a \ \ddot{A} \ b$$

Hier soll $\ddot{A}$ eine Äquivalenzrelation über den Gegenstandsbereich sein, in dem Namen wie 'a' und 'b' ihre Denotata haben. $\S$ ist eine Funktion, deren Werte ebenfalls Gegenstände sind, deren Identitätsbedingungen durch ÄS1 gegeben sind. Wir nennen die Gegenstände wie a und b (relative) Konkreta (in bezug auf $\ddot{A}$), die "neuen" Gegenstände $\S(a)$, $\S(b)$ (relative) Abstrakta (in bezug auf $\ddot{A}$). Freges Beispiel (Grl: [6], § 64) nimmt Geraden als Konkreta an, das Parallelsein als Äquivalenzrelation, und liefert Richtungen als Abstrakta:

$$\text{PAR}: \quad \text{die Richtung von a} = \text{die Richtung von b} \ \leftrightarrow \ a \parallel b$$

Weitere, logisch analoge Abstraktionsschemata gelten für Funktionen. Wenn F und G zwei Funktionen sind, die in einer Beziehung höherer Ordnung stehen, die einer Äquivalenzrelation analog ist, dann gibt es hier auch Abstrakta, die Gegenstände sind, nach dem Schema

$$\text{ÄS2}: \quad \P x[F(x)] = \P y[G(y)] \ \leftrightarrow \ \ddot{O}x[F(x), G(x)]$$

und Ähnliches gilt für Relationen von zwei oder mehr Stellen, z.B.:

$$\text{ÄS3}: \quad xy[R(x,y)] = zw[S(z,w)] \ \leftrightarrow \ \ddot{I}xy[R(x,y), S(x,y)]$$

Es sind hier zwei wichtige Charakteristika dieser Äquivalenzen zu bemerken. Sie (die Äquivalenzen) sind logischer Natur, d.h., sie gelten notwendigerweise. Darüber hinaus aber, sind die zwei Seiten nicht nur logisch äquivalent, sie sind (als ganze Sätze) synonym oder sinngleich. Frege sagt zu PAR:

Wir ersetzen [...] das Zeichen $\parallel$ durch das allgemeinere =, indem wir den besonderen Inhalt des ersten an a und b verteilen. Wir zerspalten den Inhalt in anderer als der ursprünglichen Weise und gewinnen dadurch einen neuen Begriff (Grl: [6], § 64).

Der Sinn dieser Einschränkung zeigt sich durch ein Beispiel. Falls man KP als eine logische Wahrheit akzeptiert, ist es ebenfalls eine logische Wahrheit, dass

$$\text{KP}+2: \quad Zx[\Phi(x)] + 2 = Zy[\Psi(y)] + 2 \ \leftrightarrow \ \text{Zgl } z[\Phi(z), \Psi(z)]$$

aber die zwei Seiten dieser Äquivalenz sind nicht synonym, und man kann die linke Seite nicht aus der rechten allein durch eine "Neuzerspaltung" gewinnen.

Zweitens, durch die Einführung der Wertverläufe erzielt Frege eine bemerkenswerte Vereinfachung der hier angedeuteten Vielfalt der Abstraktionsprinzipien, indem er Begriffe und Beziehungen seines logischen Systems nunmehr als einfache oder doppelte Wertverläufe definiert. Dass diese Vereinheitlichung auf Kosten der Konsistenz des Systems ging, mindert indes die Virtuosität seiner Definitionen nicht. Sie ist am besten mit der späteren Vereinheitlichung der Grundlagen der Mathematik auf der Basis der Mengentheorie zu vergleichen.

6. Der Status der Abstraktionsprinzipien

Die zwei Seiten der Abstraktionsäquivalenzen sollen nach Frege sowie nach dem schottischen Programm analytisch äquivalent sein. Aber sie gehen anscheinend verschiedene ontologische Verpflichtungen ein. Während etwa die rechte Seite von PAR nur von Geraden spricht, handelt die linke Seite sowohl von Geraden als auch von deren Richtungen.

Falls Sätze logisch äquivalent sind, gehen sie die gleichen ontologischen Verpflichtungen ein. Wenn die zwei Seiten von KP und verwandte Äquivalenzen verschiedene Verpflichtungen eingehen, dann sind sie nicht äquivalent. Falls die Verpflichtung auf beiden Seiten doch gleich ist, dann stellt sich die Frage: verpflichten sie zu abstrakten, platonischen Gegenständen oder nicht? Wright und Hale sagen, dass beide Seiten platonistische Verpflichtungen eingehen, nur dass auf der rechten Seite diese Verpflichtungen nicht transparent sind, während sie auf der linken, synonymen Seite klar zum Vorschein kommen. Ich meine hingegen, dass die rechte Seite keine platonistische Verpflichtungen eingeht, so dass die linke Seite, falls sie mit der rechten synonym ist, ebenfalls nicht platonistisch ist. Das bloße

Vorhandensein der Äquivalenzen entscheidet diesen Disput nicht.

Die Fortsetzung des schottischen Programms nach der (vermeintlichen) "Eroberung" der natürlichen Zahlen sieht vor, dass weitere Teile der Mathematik über Abstraktionsprinzipien in der Logik zweiter Ordnung hergeleitet werden. Dies soll geschehen für die reelle Zahlen zum Beispiel bei Hale ([8]), um somit diese Theorie neologizistisch oder abstraktionistisch zu "begründen". Hales Konstruktion der reellen Zahlen aber verlangt zu viel von den nichtmathematischen Quantitäten, die als Konkreta dazu dienen sollen, und übersicht, dass bei Anwendung der reellen Zahlen für Messzwecke eine Isomorphie zwischen Quantitätsbereichen und Zahlen nicht erforderlich ist (Batitsky [1]). Es ist eine durchaus interessante Frage, wie weit eine abstraktionistische Rekonstruktion mathematischer Theorien im Geiste Freges betrieben werden kann (Fine [5]), aber die dadurch entstehenden metamathematischen Komplikationen zeigen, dass die Frage nicht einfach zu beantworten ist (Shapiro [14]).

GgV selbst ist ein Abstraktionsprinzip, das zu Widersprüchen führt. Es können also nicht alle Abstraktionsprinzipien logisch akzeptabel sein, sie sind im voraus suspekt, weil sie sich in solcher "schlechten Gesellschaft" finden. Damit ein Abstraktionsprinzip akzeptabel sein kann, muss es nachweisbar (relativ) konsistent zu einer unproblematischen Theorie sein. Als Kriterium wird vorgeschlagen, dass "anständige" Abstraktionsprinzipien konservativ sein sollen (Hale und Wright [9], 133). Es gibt aber nachweislich (Weir [16]) Paare von Abstraktionsprinzipien, die einzeln konservativ, aber zusammen inkonsistent sind, so dass Konservativität allein kein Garant für "Anständigkeit" ist.

7. Wovon sind Zahleigenschaften Eigenschaften?

Nach Frege sind Zahleigenschaften (wie *vier zu sein*) Eigenschaften von Begriffen (Grl: [6], § 46): der Begriff – *ist ein Evangelist* – fällt unter den Begriff zweiter Stufe $\square\ x[\Phi(x)]$. Diese Auffassung ist aber sehr unnatürlich (Husserl [11]). Im Alltag sowie in der elementaren Pädagogik gehen wir davon aus, dass das, was vier ist (sind), weder der Begriff 'x ist ein Evangelist' ist, der selbst nicht vier, sondern ein Begriff ist (unter den vier Gegenstände fallen), noch die Aufzählung {Matthäus, Markus, Lukas, Johannes} darstellt, die eine Menge ist (die vier Elemente hat). Was vier *sind*, sind *die Evangelisten* (Mehrzahl!). Mehrere Gegenstände sind keine Menge (außer im alltäglichen Sinn), sondern das, was Cantor ([4], S. 443) eine *Vielheit* nennt. Wir sollen daher die Eigenschaft, vier zu sein, von dieser Vielheit prädizieren, nach der einfachen Form

$$IV(\text{die Evangelisten})$$

wo 'IV' ein nicht-distributives Prädikat erster Stufe ist, das folgender Bedingung genügt:

$$\text{für alle } a \text{ gilt} : IV(a) \ \leftrightarrow \ \Box \ x[x \text{ ist eines von den } a]$$

Das bedeutet, dass wir, im Gegensatz zu Frege, um Zahlaussagen richtig ausdrücken zu können, *Pluralterme* einführen müssen (Simons [15]). Diese Modifikation (eigentlich in mancher Hinsicht eine Rückkehr zur Tradition) hat weitreichende Folgen. Freges vorlogischer Fehler war, als nominelle Terme nur Singulärterme zuzulassen. Pluralterme sind aber in der natürlichen Sprache reichlich vorhanden. Wir können somit Zahleigenschaften als Eigenschaften von Vielheiten betrachten.

8. Reform der Logik

Wir sollten daher im Unterschied zu Frege die Logik mit denotativ uneingeschränkten Termen erweitern. Eine solche Logik gibt es bereits, nämlich die sogenannte Ontologie von Stanisław Leśniewski (erfunden zirka 1920: vgl. Lejewski [12]). Um aber die Peano-Arithmetik aus der Ontologie abzuleiten, müsste man wie Whitehead und Russell die Existenz unendlich vieler Individuen annehmen (Unendlichkeitsaxiom), was dem Logizismus zuwider läuft. Nach Leśniewski – und mit ihm stimme ich überein – ist es keine Sache der Logik, wieviele Individuen es gibt: Die Logik soll ontologisch neutral bleiben. Die Ontologie aber beschränkt sich auf Pluralterme erster Ordnung, das sind Terme, die mehrere Individuen bezeichnen. Es gibt aber Gründe, sowohl linguistische als auch logische, diese Einschränkung aufzuheben und superplurale Terme zuzulassen (Simons [15]), wie aus folgenden Beispielen hervorgeht:

- Rodgers und Hammerstein sowie Rodgers und Hart schrieben Musicals, also gibt es mindesten zwei Paare, die zusammen Musicals schrieben.

- Whitehead und Russell sowie Hilbert und Bernays schrieben mehrbändige Bücher zu den Grundlagen der Mathematik, also gibt es mindestens zwei Paare, die zusammen mehrbändige Bücher zu den Grundlagen der Mathematik schrieben.

Die Anzahl der Paare ist jeweils zwei, also können wir nicht nur Individuen, sondern Vielheiten von Individuen unterscheiden und zählen. Hier handelt es sich nicht um zwei verschiedene Zahlen Zwei, sondern um zwei Anwendungen der Zahl Zwei auf unterschiedliche Dinge, einmal Individuen, einmal Gruppen von Individuen. Eine solche Anwendung machen wir jedesmal, wenn wir sagen, dass vier Gruppen von drei Individuen insgesamt in der Anzahl gleich drei Gruppen von vier Individuen sind, was hinter der alltäglichen Erklärung der Gleichung $4 \times 3 = 3 \times 4$ steckt.

Lässt man solche Vielheiten höherer Ordnung zu, so lässt sich die Peano-Arithmetik aus einer viel schwächeren empirischen Annahme ableiten, nämlich, dass es mindestens zwei Individuen gibt. Wir wissen (pace Parmenides), dass diese Annahme wahr ist, so dass die Peano-Arithmetik in unserer pluralistischen Welt gilt.

9. Neoformalismus

Nach der Entdeckung der Unvollständigkeit vieler logischen Systeme durch Gödel wissen wir, dass die logische Folgerung nicht beweistheoretisch sondern semantisch verstanden werden muss, und zwar im Sinne von Bolzano und Tarski:

p folgt aus A gdw. alle Modelle von A Modelle von p sind.

Dieses Ergebnis kannte Frege nicht, weswegen er noch glauben konnte, dass die logische Folgerung adäquat durch ein axiomatisches Logiksystem angebbar war. Freges mathematischer Platonismus stand dem Formalismus gegenüber. Zu seiner Zeit war der Formalismus eine stark unterentwickelte und schlecht formulierte These. Erst durch David Hilbert kam es zu einer etwas präziseren Formulierung der Idee des Formalismus: Die reine Mathematik bestünde demnach aus Sätzen, die aus konsistenten Annahmegruppen logisch folgen. Hilberts Ansatz beruht jedoch auf einer vor-Gödelschen Auffassung der logischen Folgerung, sowie auf einer überoptimistischen Einstellung zu Konsistenzbeweisen, so dass die Resultate Gödels dieser Version des Formalismus einen Strich durch die Rechnung machten.

In der Folge kam man allgemein zur Auffassung, es können Modelle nur durch Mengen oder sonstige abstrakte Gegenstände konstruiert werden. Für einen Nominalisten wie – im Privaten Tarski – war dieser Zwiespalt zwischen seinen ontologischen Intuitionen und den anscheinend erforderlichen Werkzeugen der Modelltheorie schlichtweg ein Greuel. Eine modernisierte Version des Formalismus wird neuerdings von Alan Weir vertreten ([17]), aber er bleibt noch – ungünstigerweise – bei einem beweistheoretischen Verständnis der logischen Folgerung. Wenn aber Modelle auf der Grundlage von Vielheiten höherer Ordnung konstruiert werden können, dann braucht man überhaupt keine platonistischen Annahmen zu machen, um den Begriff der logischen Folgerung in der akzeptierten Weise zu definieren. Es kann somit der Formalismus wieder aufleben. In diesem Sinne ist die (reine) Mathematik wahrlich "a subject without an object" (Burgess–Rosen [3]).

10. Frege: Freund oder Feind?

Freges Leistungen in der Philosophie der Mathematik sowie in der Logik sind unübertroffen. Er war der erste, der die moderne Logik einführte und der uns damit die Werkzeuge lieferte, um seinen Logizismus zu überprüfen. Er zeigte in nahezu perfekter Weise, wie eine axiomatische Prädikatenlogik zweiter Ordnung zu machen ist. Er setzte neue Maßstäbe für Genauigkeit in der Logik.

Dennoch sind manche seiner philosophischen Auffassungen über Logik und Mathematik überholt oder zumindest fraglich. Sein starker Platonismus ist abzulehnen, aber die Mathematik muss deswegen nicht konstruktiv aufgebaut werden, sondern – im Sinne Hilberts – als das, was aus konsistenten Annahmegruppen (Postulaten) folgt (Formalismus redivivus). Der syntaktische Formalismus ist von Gödel widerlegt worden, aber mit der Annahme von Vielheiten höherer Ordnung kann ein semantisch verstandener Formalismus nominalistisch expliziert werden. Dazu bedarf es einer *radikalen* Erweiterung der Logik Freges und sogar Leśniewskis, in der eine Vielheitstheorie als Teil der Logik die Mengenlehre ersetzt. Diese Erweiterung kann durchaus im Geiste Freges geschehen und dabei seine Fehler vermeiden.

Literaturverzeichnis

[1] **Batitsky, V.**: Some Measurement-Theoretic Concerns about Hale's 'Reals by Abstraction'. Philosophia Mathematica 10 (2002), 286–303.

[2] **Boolos, G.**: Logic, Logic, and Logic. Harvard University Press, Cambridge, Mass 1998.

[3] **Burgess, J. P. and Rosen, G.**: A Subject without an Object. Strategies for Nominalistic Interpretation of Mathematics. Clarendon, Oxford 1997.

[4] **Cantor, G.**: Gesammelte Abhandlungen mathematischen und philosophischen Inhalts. Springer, Berlin 1932.

[5] **Fine, K.**: The Limits of Abstraction. Clarendon, Oxford 2002.

[6] **Frege, G.**: Die Grundlagen der Arithmetik. Eine logisch-mathematische Untersuchung über den Begriff der Zahl. Koebner, Breslau 1884.

[7] **Frege, G.**: Grundgesetze der Arithmetik, begriffsschriftlich abgeleitet. Pöhle, Jena, Bd. 1 1893, Bd. 2 1903.

[8] **Hale, B.**: Reals by Abstraction, Philosophia Mathematica 8 (2000), 100–123. Nachdruck in [9], 399–420.

[9] **Hale, B. and Wright, C.**: The Reason's Proper Study. Essays towards a Neo-Fregean Philosophy of Mathematics, Clarendon, Oxford 2002.

[10] **Heck, R. G.**: The Development of Arithmetic in Frege's Grundgesetze der Arithmetik. Journal of Symbolic Logic 58 (1993), 579–601.

[11] **Husserl, E.**: Philosophie der Arithmetik. Pfeffer, Halle/Saale 1891.

[12] **Lejewski, C.**: On Leśniewski's Ontology, Ratio 1 (1958), 150–176.

[13] **Parsons, C.**: Frege's Theory of Number, in: M. Black (Hg.), Philosophy in America, Cornell University Press, Ithaca 1965, 180–203.

[14] **Shapiro, S.**: The Nature and Limits of Abstraction. Philosophical Quarterly 54 (2004), 166–174.

[15] **Simons, P.**: The Ontology and Logic of Higher-Order Multitudes, in: M. Carrara, F. Moltmann and A. Arapinis (eds.), Plurality and Unity. New Essays in Logic and Semantics. Clarendon, Oxford 2014 (forthcoming).

[16] **Weir, A.**: Neo-Fregeanism: An Embarrassment of Riches. Notre Dame Journal of Formal Logic 44 (2003), 13–48.

[17] **Weir, A.**: Truth through Proof: A Formalist Foundation for Mathematics. Clarendon, Oxford 2010.

[18] **Wright, C.**: Frege's Conception of Numbers as Objects. Aberdeen University Press, Aberdeen 1983.

Autor

Prof. Dr. Dr. h.c. Peter Simons
Department of Philosophy
Trinity College Dublin
Dublin 2
Ireland
Email: psimons@tcd.ie

Carlo Penco

Frege's Theory of Demonstratives as a Model for Indexical Thought

Abstract. In this paper I will give some hints towards a proper treatment of indexical thoughts as expressible with complex demonstratives. After a short discussion of the conflict of interpretations on Frege's theory of indexicals (Kripke, Künne and Burge), I analyze some Fregean remarks on the relation between linguistic expressions and indexical thoughts, pointing to the relevance of demonstrations in Frege's view. I then try to show how complex demonstratives represent the best way to express a demonstrative thought, placing Frege's theory of demonstrations at the heart of his view of the context dependence of natural language.

1. Introduction

Gottlob Frege did not elaborate a theory of indexicals and provided only hints of a theory to be developed. These hints were developed by Reichenbach in his *Elements of Symbolic Logic* ([30], §50) and by David Kaplan's *Demonstratives* [16]. Saul Kripke, not completely satisfied with Kaplan's assessment, attempts a new interpretation of Frege's remarks on indexicals. Kripke [19] also rejects Burge's notorious statement according to which Fregean sense is not linguistic meaning [4] and criticizes Künne's account of "hybrid proper names". Kripke maintains that Fregean senses are linguistic meanings, and claims that other interpretations cannot hold together two main Fregean tenets: the dependence of indexicals on the context of utterance and the compositionality of sense.

I have dedicated two papers respectively to the conflict between Kripke and Künne and Kripke and Burge (see Penco [26],[27]). In this paper, after summarizing the essential elements of the conflict (section 2), I shortly describe a possible solution, relying on the ambivalence of the Fregean notion of sense, oscillating between a semantic and a cognitive aspect (section 3). A careful reading of some of Frege's *Nachgelassene Schriften* (section 4) may illuminate some debated Fregean statements, opening the way to a proposal that uses some hints from Burge's and Künne's remarks on demonstratives: the idea of indexicals as hidden complex demonstratives (section 5); eventually some difficulties of this approach are discussed and answered (section 6).

2. The price to pay for Kripke's interpretation of Frege

The main criticism Kripke [19] gives against Burge's claim that sense is not linguistic meaning is that this step runs against Frege's principle of compositionality of sense. While Burge [4] claims that the identification of Frege's notion of sense with the notion of linguistic meaning is a "basic misunderstanding" of Frege's work, he relies – among other quotations – on the discussion in 'Der Gedanke', where Frege ([14], p. 64) says that *"the time of utterance is part of the expression of the thought"*. In saying that Frege remarks that

> if someone wants to say today what he expressed yesterday using the word 'today', he will replace the word with 'yesterday'. Although the thought is the same, its verbal expression must be different, in order that the change of sense which would otherwise be effected by the different time of utterance may be canceled out.

Kripke's criticism is not only against Burge, but also against Frege; in fact, assuming that sense is linguistic meaning, "Yesterday" and "Today" have different linguistic meanings and therefore the two sentences cannot express the same thought, that is the same sense, given that their component parts have different senses. However, Burge himself acknowledges that we have two different "epistemic perspectives" in saying or thinking "Today is F" and saying (or thinking) the subsequent day "Yesterday was F". In fact "Frege's primary motivations for introducing sense was to account for difference in cognitive value. Thus the thought expressed by the different utterances may be different, as will the senses associated with indexicals. There is no reason to think that when he came to indexicals, Frege forgot his own ground for postulating senses" (Burge ([4], p. 216)). On this ground one should therefore conclude that "Today is F" and "Yesterday was F" said the subsequent day express different thoughts (and the same holds for "Today is F" said at time t and "Today is F" said at time t'). Therefore, the main argument for claiming that sense is not linguistic meaning gives rise to the following question: if sense accounts for the difference in cognitive values, how is it possible that sentences that contain expressions with different cognitive values ("Today is F" and "Yesterday is F" said the subsequent day) express the same thought?

Answers to this problem have been relying on the "context bound character of thought" (Burge), on the idea that indexicals represent "hybrid proper names" (Künne); also Kripke accepts the idea that indexical thoughts require a non-linguistic feature as part of the expression; yet he insists in claiming, against Frege, that "Today is F" and "Yesterday is F" said the subsequent day express *different* thoughts.

Kripke treats "today is F" as an ordered pair with a linguistic and a non-linguistic part, in order to express Frege's idea that "time is part of the expression of the thought". In the ordered pair $<L, t>$ "L" stands for the linguistic part (for instance "Today is F") and "t" stands for the time of the utterance. But what are the sense and the reference of "t"? Following his interpretation of Frege's theory of indirect speech, Kripke (cf.[19], p. 202) says that to understand the idea that time is part of the expression of the thought, the time must refer autonomously to itself, and the sense expressed by the nonverbal part in the ordered pair is the sense of autonymous designation: the speaker will be acquainted "both with the time of utterance (...) and he must be acquainted with the *Sinn* as well, a *Sinn* of autonymous designation." ([19], pp. 202-203).

With this move Kripke recovers the compositionality of thought; the two thoughts corresponding to the two utterances ("Today is F" and "Yesterday was F") are built from the senses of the component parts, including the senses of the time of the utterance; the time of the utterance is supposed to be different, and the sense of "Today" is different from the sense of "Yesterday".

The price to pay is that of rejecting the Fregean claim that "Today is F" and "Yesterday is F" (said on the subsequent day) express the *same* thought. Is this a price worth paying? Moreover, equating Fregean sense and linguistic meaning is something which should be better specified, given the different ways in which we may speak of "meaning" after XX Century philosophy of language (see Russell [31]). Are there other alternative interpretations?[1]In what follows I propose a way of achieving a solution of the conflict and a proposal.

---

[1]A well known suggestion has been given by Evans ([9],[10]) with the dynamic notion of "keeping track of an object" in space and in time. As also Textor ([33], p. 146) remarks, this is a fascinating possible *development* of Frege's ideas. It seems however difficult to interpret the most static entities of the eternal realm of sense as "dynamic"!

3. A solution of the conflict

That the notion of sense in Frege is too rich and has been put to serve too many functions is a widespread idea. Starting from some remarks in Dummett [8], on a deep ambivalence in Frege's treatment of thought, many authors dis-cussed what may be called a "bifurcation of sense" between a cognitive and a semantic aspect[2]. Although there are strong disagreements on different points of Fregean exegesis, it seems that, beyond differences, some convergence among interpreters could now be taken for granted. A tension in the notion of Fregean Sinn has often been expressed as the contemporary holding of two contrasting Fregean tenets:

(1) structurally different sentences can express the same thought;

(2) the structure of a sentence (uniquely) reflects the structure of the thought it expresses.

The solution of the contrast is suggested by different, but converging exegetical claims: the Fregean theses (1) and (2) reflect two different trends in his conceptions of sense, the semantic, truth conditional sense and the cognitive one. Künne [20] tries to give more coherence to different Frege's remarks, speaking of the difference between "thoughts" – at a semantic or ontological level – and "ways of articulating the thought" – at an epistemological or cognitive level.

How may we use this ambivalence to better understand the conflict of interpretations of Frege's treatment of indexicals? When entangled with the cognitive conception it is difficult to interpret the Fregean claim of the sameness of sense expressed by two sentences that uses different expressions. For this reason authors like Dummett, Perry and Kripke have reacted by saying that the passage of the sameness of sense of "Today is F" and "Yesterday was F" is a mistake on Frege's part and does not represent the correct vision of sense. This and other passages however are compatible with Frege's truth conditional idea of sense, and should not be discarded if considered under this view.

---

[2]Although with many differences among them we may quote Burge [5], Beaney [1], Bell [2], Penco ([24],[25]), Kemmerling [17]. A warning: the term (found in Horty [15]) is reminiscent of the "bifurcation of content" used to distinguish narrow content and wide content after Putnam discussion on Twin Earth. But this is not the case; in fact the cognitive aspect of sense is not necessarily subjective, and it is typically discussed in Frege as an objective way in which a reference is given to the thinking subjects. These "modes of presentations" are not just subjective mental features, but something that can be "grasped" and expressed in language (and in the formalism).

The result may be summarized as follows: utterances of "Today is F" and "Yesterday was F" said the subsequent day have the same objective truth conditions. And these utterances express the same "semantic" sense, the same eternal, objective thought. From Kripke's point of view, too, they should have the same truth values in all possible worlds (in which *that* day exists). It seems therefore awkward to reject Frege's claim of sameness of thought of the two utterances, if we regard the truth conditional notion of sense. Still, they have different cognitive significance, or – in Künne's terminology – they are two different ways of articulating the same objective thought.

Kripke and Burge gave importance to different sides of the Fregean notion of sense; they are partly misled by the Fregean tendency to encapsulate the cognitive and the semantic aspect of sense in different settings: on the one hand the cognitive notion in the discussion of indirect discourse and the different attitudes of speakers, and on the other hand the objective notion in the discussion of logical equivalence and the distinction between sense and tone. Frege was probably too anxious to avoid the intrusion of psychology into logic and insisted, especially in his last papers (where he began to speak of indexicals) on the semantic side of the concept of thought[3].

But how to answer Frege's idea according to which "time is part of the expression of the thought"? Kripke, who rejects Frege's claim of sameness of thought in the passage of 'Der Gedanke' accepts literally the idea the time itself is part of the expression of the thought. His solution using the idea of antonymous senses is an original solution to this effect. But the Fregean statement on time as part of the expression of the thought should be interpreted on the light of other remarks on the same topic. Before proposing some consequences of my solution to the puzzle, I will present a short analysis of Fregean texts on this point.

4. Time as expression of the thought. Frege's remarks

In 'Der Gedanke' Frege says that time is part of the expression of the thought. This sentences has to be taken in the context: his main aim in this passage is to ascertain that two sentences uttered in different times

---

[3]Penco [25] analyzes the motives for Frege's inability of realizing the contrast.

may express the same thought if the expression of the thought changes. Speaking of time as "part of the expression of the thought" seems a short way to speak of the need to *know* the relevant time in order to understand the thought; but in order to know the time we need some *specification* that makes explicit reference to the time of the utterance. Therefore the suggestion is to impose a requirement on providing some specifications of the time, as Frege clearly states:

> only a sentence with the time specification filled out, and therefore complete in every respect, expresses a complete thought. (Frege [14], p. 76)

Somebody might be tempted to see in this statement an anticipation of Quine's eternal sentences, where the explicit specification of the time is enough to eternize a sentence, and give a normal form to what is an indexical thought expressed in natural language. But Quine's solution is *not* Frege's one. According to Frege, indexical thoughts in natural language are essentially linked to behavior and non-linguistic features that are not part of a written language. Written language in many cases is not enough to represent the thought expressed in uttering a sentence in a context. The cognitive content of an indexical thought is therefore linked to non-linguistic features of communication. If we look at the paper 'Logik', written in 1897 as an anticipation of the topic developed in 'Der Gedanke', we find a careful explanation of the role of non-linguistic features in the expression of indexical thoughts:

> Words like 'here' and 'now' only acquire their full sense thought the circumstances in which they are used. If someone says 'it is raining', the time and place of the utterance have to be supplied. If such a sentence is written down, it often no longer has a complete sense, because there is *nothing to indicate who uttered it, and where and when.* (Frege [12], p. 146, author's emphasis)

Here the contrast is made between a written sentence and a spoken sentence; a written sentence has no "indications", while a spoken sentence, an utterance, can "supply" indication for the time and the place that permit to understand the thought. Frege finds therefore an explanation for the apparent counterexample of exception to the objectivity and impersonality of thought: with indexicals like "I", "here", "now" the same sentence does not always express the same thought, because the words need to be supplemented in order to get a complete sense, and how this is done vary according to the circumstances (ibidem).

Which kind of *supplement* (*Ergänzung*) is needed is an *indication* of speaker, place and time. In 'Der Gedanke' Frege clarifies some of the various ways in which we may supplement the words according to circumstances, and, just after having said that time is part of the expression of the thought, he continues saying that in case of indexical thoughts

> the mere wording, as it can be preserved in writings, is not the complete expression of the thought; the knowledge of certain conditions accompanying the utterance, which are used as means of expressing the thought, is needed for us to grasp the thought correctly (Frege [14], p. 64).

Which are those conditions accompanying the utterance, conditions we have to know in order to understand the thought? A simple answer would be: time, location and speaker are conditions accompanying the utterance. Frege is certainly influenced by Kant and for him time is an *a priory* condition of knowledge; we need to have a structure of time division in order to understand what we mean with "now", "today", "yesterday", and so on. Speaking of time as part of the expression of the thought Frege is first of all referring to the indication of time of the present tense:

> if a time indication is conveyed by the present tense one must know when the sentence was uttered in order to grasp the thought correctly.

Part of the knowledge of the conditions accompanying the utterance is the knowledge of the time in which the sentence has been uttered; but how is the time part of the expression if not through the tense? Which kind of role has the tense if not as *indication* of the time? It seems to me that speaking of time as part of the expression is a short way to say that present tense is an indication of the time of the utterance. But there are other ways to produce an indication of the conditions accompanying the utterance. Some suggestions on that come from what follows in the last quotation from 'Der Gedanke' where Frege says that we need to know certain conditions accompanying the utterance that are means of expressing the thought; this knowledge should extend also to the following:

pointing the finger, hand gestures, glances may belong here too. (Frege [14], p. 64)

We have here something relevant: Frege, the master of abstract and impersonal thought, requires the help of the most basic aspects in communicative behavior: gestures. These kinds of actions seem to be essential to determine what is needed to "supplement" the mere wording of an utterance, and help clarify a central aspect of his idea of supplementing the wording when trying to understand a sentence uttered in a context. But where pointing the finger and hand gestures have an essential role? The apparent answer is: in the use of demonstratives.

Gestures or glances, but also general bodily attitudes are demonstrations that accompany demonstratives (*this*, *that*) helping to clarify the sense and reference of demonstratives. In fact gestures, as Textor ([32]) remarks, are *conventional signs*, depending partly on culture and as signs they are endowed of sense and reference and certainly belong to the expression of a thought, although they are not a linguistic expression.

Discussing the contrast between concepts and objects, Frege makes the example of complex demonstratives like "that man...", with which we designate now this now that person, but always a particular individual and not a concept. In a famous passage that stimulated Künne's theory of hybrid proper names, speaking of demonstratives Frege comments:

> The sentences of our everyday language leave a good deal to guesswork. It is the surrounding circumstances which enable us to make the right guess. The sentence that I utter does not always contain everything that is necessary; a great deal has to be supplied by context, by the gestures I make and the direction of my eyes. But a language that is intended for scientific employment must not leave anything to guesswork. A concept-word combined with the demonstrative pronoun or definite article often has in this way the logical status of a proper name in that it serves to designate a single determinate object. But then it is not the concept word alone, but the whole consisting of the concept-word together with the demonstrative pronoun and accompanying circumstances which has to be understood as a proper name. (Frege [13], p. 213)

Frege uses "proper name" for "singular term" and here again the idea is that the sentence containing a demonstrative must be supplemented by further information; one has to know to whom the demonstrative is referring, and we may imagine that the "accompanying circumstances" are in this case connected with a pointing gesture or a hand gesture or other kinds of demonstrations. I will use here the generalization given by Textor [32] using "demonstration" for any "attention guiding action", basically an extension of gestures.

We have now a better awareness of what is needed to "supplement" words in indexical thoughts: deeds, actions, those kinds of institutional or social actions that are gestures of different kinds, especially demonstrations that point to objective features of the context of utterance. It would require some work to better define these kinds of actions. Think for instance to our intentional postures: my bodily position in front of you is part of a demonstration of you when I utter "You" in front of you. I could not normally utter the same indexical to refer to you while in front of another person. Think of an auction where the auctioneer – after a new painting or any other object is positioned near him, without even looking at it – says something like "and now this painting starts from x Euros...". The demonstrative "this" is connected with an institutional gesture, which may avoid the motion of the hand because the setting is already organized to avoid unnecessary movements; it is "as if" we point to the object posed to be sold; it is an institutional "attention guiding action".

Why can't we extend this analysis of gestures to the demonstration of time? Actually we normally and typically use demonstratives concerning pieces of time: "I will arrive this morning", "let us complete the paper this month"; the project will be finished this year" and so on. We may then interpret expressions like "now" and "here" as abbreviations for "this moment of time" or "this point of space". This would help to understand Frege's idea of time as part of the expression of the thought as a way to claim that, in order to understand a sentence with an indexical like "today" or "yesterday" or "now", we need a demonstration of time, an action that guides our attention to the piece of time we refer to. And these demonstrations, being social and institutional gestures, are signs that can be interpreted as having a sense (the mode of presentation of the segment of time) and a reference (the segment of time we refer to).

5. Indexicals as complex demonstratives

Many authors have attempted to interpret the role of non-linguistic features as ways to complete an indexical thought; different scholars propose different strategies and interpretation; it seems difficult to make Kripke, Künne and Burge compatible each other. However, the differences among them seem to disappear at a point: when facing demonstratives we find a great deal of agreement. According to Kripke a formal presentation of "this" requires something like <this, d>, where "this" is the linguistic part and "d" is the non-linguistic part, that is a demonstration of the relevant object; in this case there is no more an attempt to explain indexicals as presenting a sense given by an object that autonymously refers to itself; here senses are given by gestures like pointing, that is a demonstration, a sign with sense and reference. This aspect is explicitly accepted by Künne who rejects the Kripkean idea that a time may autonymously designate itself.

Given that a theory of demonstration seems a solid core in Frege's view - as it is recognized by Kaplan himself – why couldn't we try to generalize this strategy and interpret all indexicals as expressible with a complex demonstrative? Apparently this does *not* mean that an indexical is *synonymous* with a complex demonstrative. "He" is not *synonymous* with "that male this speaker is demonstrating"; the point is that we may better express the cognitive sense of "he" as used in a context, with a reduction of indexicals to complex demonstratives; this is a way to show that in using and understanding and indexical thought we need a demonstration, without which no indexical thought is accessible.[4] The linguistic meaning - or the character - of an indexical is a linguistic rule that given a context produce a content. But that is not enough to fix our understanding of the working of indexicals. As Kripke ([19], p. 195) says, Kaplan's theory of character plus content gives only "general directions for the referents in the language, no matter when and by whom they are uttered. One does not, it would seem, need anything more. However, *in any particular case, to determine the reference one needs a specification of the speaker, the time, or both* (or alternatively, of the particular utterance token, which might determine both)." (author's emphasis)

---

[4]I am apparently referring to Kaplan's criticism to Frege interpreted as if the sense of and indexical were its meaning, therefore the sense of an indexical would be a synonymous expression of the indexical itself (Kaplan [16], p. 518); but part of this criticism is empty if we take the sense of an indexical the way of fixing the reference, as it appears to be in most of Frege's texts.

Kripke expresses a need of completing the picture with some ways of giving a specification of the contextual elements. I think of specific procedures attached to our use of indexicals. Following a suggestion given by Künne and rediscussed by Textor, we may interpret the same act of uttering "I" as a kind of gesture, a demonstration of the speaker. In the same way "you" is connected to an implicit demonstration of the person in front of the speaker, given that "you" is typically used when having a person in front of us; analogously "he" conveys a demonstration towards something which is neither near to the speaker nor to the interlocutor; "today" encloses a kind of demonstration of the time, as "here" requires a demonstration of the relevant place. Kaplan distinguishes the indexical "here" from the demonstrative uses of "here" (as while looking at a map and saying "we should arrive here" pointing at a particular pace). But – this is my point – the demonstrative use of indexicals begins at home: we can find an implicit demonstration in the standard indexical use of "here", as if the speaker was saying "this place surrounding this speaker".

The idea to treat indexical thought as expressible with complex demonstratives is not new. Burge [4] was maybe the first to suggest *expressing an indexical thought with the aid of a complex demonstrative* such as "that G is F": here we have, according to Burge, an application of the concept F to an entity which is described, but "not completely individuated" by the concept G (e.g. "speaker of the utterance" for "I", "day of the utterance" for "today"). Every indexical has in its character a descriptive part, but the character alone is not enough to give the content in a context; an implicit demonstration might fill the gap of what is missing in the descriptive part, indicating a way to be acquainted with a non descriptive sense.

Framed in a proposal that tries to formalize indexicals as ordered pairs of linguistic and non-linguistic part, instead of having times or places as nonlinguistic parts, we will have demonstrations of time and place: the linguistic part "today" is accompanied not by time-as-part-of-the-expression of the thought, but by a demonstration *of the time*, a non-linguistic sign that has sense and reference (the time itself). We have here the correspondence between "Today is F" and "Yesterday was F" as "this time is F" and "that time was F", where demonstrations of time are correlated analogously to demonstrations of space ("here" and "there").

6. Some Problems and Some Answers

Although this is a very schematic suggestion, it raises immediately very strong problems. As suggested by many authors complex demonstratives can be treated as demonstrative descriptions (therefore as quantified expressions like definite descriptions). A complex demonstrative like "that man is a philosopher" might then be presented as

[that x Man x] (Philosopher x)

where we might translate "that man" with "the actual man I am demonstrating", with a rigidification of the description.[5] In case of indexicals we have already decided the sortal of the complex demonstrative, but we need – following Frege's suggestions – something more, that is a demonstration of the relevant components of the context; indexicals as complex demonstratives like "Today" or "I" should therefore be presented as

([This x day x], d) (Sunny x) as rendering "Today is sunny"
([this x speaker x], d) (Hungry x) as rendering "I am hungry".
(where "d" stands for a demonstration).

Being context dependent, the "translation" of indexicals into complex demonstratives will always rigidify the descriptive part to a particular time or space or speaker. This solution avoids the criticism made by Kaplan to the so-called "Fregean theory of demonstratives", according to which the referent of a demonstrative "varies in different counter-factual circumstances as the demonstrata of the associated demonstration would vary in those circumstances" (Kaplan [16], p. 517). But this criticism is avoided if we use a demonstration to fix the referent at a context, rigidifying the demonstrative description.

There are other difficulties – besides Kaplan's criticism to Frege's theory of demonstratives – that are common to criticisms to complex demonstratives as demonstrative descriptions. A strong criticism has been proposed by Emma Borg [3] concerning bare demonstratives (like "this" and "that"). In fact, either bare demonstratives are directly referential terms or they are quantified expressions. In the former case we should have a split into two different semantic categories, where one (bare demonstrative) changes semantic category when applied to a description (which sounds quite peculiar, facing apparent similarities of uses of both bare and

---

[5]Neale [23] develops further analysis in respect of his original introduction of the idea of demonstrative descriptions.

complex demonstratives); in the latter, bare demonstratives as demonstrative descriptions runs counter the apparent prototypical example of what a directly referential description is: something "simple". Borg [3] argues as follows: "furthermore, if bare demonstratives were relocated to the class of quantified noun phrases, we might then wonder what such a move would entail for indexicals, for it seems hard to imagine, given the close parity of function stressed by theorists such as Kaplan and Perry, an argument to show that they belong to different semantic categories."

It seems to me that Borg assumes two claims that might however be put in question:

(1) bare demonstratives are the prototype of directly referential expressions;

(2) if they are considered quantified phrases we need an argument for separating them from indexicals.

Against (1) we may think of bare demonstratives as quantified phrases if we think them connected with a hidden sortal. We can speak here of a "sortalism about demonstrative reference" that falls short of views of sortalism like Wiggins', Dummett's and Strawson's, and presents a better understanding on the link between the use of bare demonstratives and their connection with kinds of objects.[6] The problem with bare demonstratives is that they cannot properly stand on their own when used as an anaphoric initiator in a dialog to fix there referent: we need to attach to demonstratives a hidden sortal as if saying "this is G" counted as "this F is G". Bare demonstratives can be considered connected both to a demonstration and a hidden sortal concerning the kind of object. Mastering the use of demonstratives requires a procedure that helps us to understand the role of demonstrations in referring to sorts of things; sortal conflicts (Kaplan [16], p. 515) happen just because we typically and implicitly attach a sortal to a bare demonstrative using it as a complex demonstrative.

Against (2) we may give the reverse argument; if indexicals, as Kaplan and Perry have abundantly shown, are a single semantic category,

---

[6]Dickie [7] speaks of *sortalism about demonstrative reference*. For this and other reasons I am not convinced by other attempts like Lepore-Ludwig [22] or Dever ([6], p. 206) when they claim that sentences with complex demonstratives express two propositions (shortly: "that F" should be read as "The x, x is that and x is F" or "that F is G" should be read as "that is F and that is G"). I can give only some hints on this terribly complex set of problems, relying partly on the tradition of complex demonstratives as quantified expressions (King [18]) and on the specifications given in Dickie [7].

why couldn't we treat them all as quantified expressions? Like bare demonstratives may be represented as having a hidden sortal, indexicals may be considered as having a hidden demonstrative in their logical form. Borg says that some test would be needed to ascertain the difference between indexicals and proper names, but this is a problem of empirical works about the plausibility of a hypothesis, and I assume that independence of the context for proper names is such a fundamental difference from indexicals to accept at least the possibility that proper names are the only directly "simple" referential expressions, (while they share with indexicals their being rigid designators).[7]

What distinguishes indexicals from "normal" complex demonstratives is probably that indexicals seem to be immune of "sortal conflicts", which may happens with bare demonstratives. Is that really so? Well, it is if we think of indexicals as complex demonstratives that have an implicit definition of the sortal kind they refer to (day, place, time, speaker, and so on). But this immunity is not given for some indexicals like "he", where – for instance – we might have a sortal conflict when pointing to somebody believing to be a man, while it is an inanimate object. We might therefore classify indexicals depending on the kinds of hidden demonstrations and their relative immunity from ambiguity.

Bibliography

[1] **Beaney, M.**: *Frege: Making Sense*. Duckworth: London 1996.

[2] **Bell, D.**: *The formation of Concepts and the Structure of Thoughts*. Philosophy and Phenomenological Research, pp. 583-597, LVI, 3: 1996.

[3] **Borg, E.**: *Complex Demonstratives*. Philosophical Studies 97, pp. 229-249: 2001.

[4] **Burge, T.**: *Sinning Against Frege*. Philosophical Review 88, pp. 398–432: 1979.

[5] **Burge, T.**: *Frege on sense and linguistic meaning.* In D. Bell and N. Cooper (eds.): The Analytic Tradition, Meaning, Thought and Knowledge. Blackwell: Oxford 1990.

[6] **Dever, J.**: *Complex Demonstratives.* Linguistics and Philosophy 24, pp. 271-330: 2001.

---

[7]Do we have to abandon the idea of purely referential terms, whose semantic contribution is just their referent? I don't know. Emma Borg suggest a different solution where (bare and complex) demonstratives and indexicals are directly referential terms with an inner complex structure, abandoning the idea that directly referential terms have to be structurally simple like proper names. I don't think that my solution is incompatible with this.

[7] **Dickie, I.**: *The Sortal Dependence of Demonstrative Reference.* European Journal of Philosophy, doi: 10.1111/j.1468-0378.2011.00470.x: 2011.

[8] **Dummett, M.**: *The Interpretation of Frege's Philosophy.* Duckworth: London 1981.

[9] **Evans, G.**: *Understanding Demonstratives.* In H. Parret and J. Bouveresse (eds.): Meaning and Understanding. Walter de Gruyter: New York 1981.

[10] **Evans, G.**: *The Varieties of Reference.* Oxford University Press: Oxford 1982.

[11] **Frege, G.**: *Über Sinn und Bedeutung.* Zeitschrift für Philosophie und philosophische Kritik 100, pp. 25-50: 1893.

[12] **Frege, G.**: *Logik.* In Frege Gottlob: Nachgelassene Schriften, ed. Hans Hermes, Friedrich Kambartel, and Friedrich Kaulbach, Felix Meiner, pp.137-163: Hamburg 1969.

[13] **Frege, G.**: *Logik in der Mathematik.* In Frege Gottlob 1969: Nachgelassene Schriften, ed. Hans Hermes, Friedrich Kambartel, and Friedrich Kaulbach, Felix Meiner: Hamburg 1969.

[14] **Frege, G.**: *Der Gedanke. Eine Logische Untersuchung.* Beiträge des Deutsche Idealismus 1, pp. 58-77: 1918.

[15] **Horty, J.**: *Frege on Definitions.* Oxford University Press: Oxford 2007.

[16] **Kaplan, D.**: *Demonstratives.* In J. Almog, J. Perry and H. Wettstein (eds) Themes from Kaplan. Oxford University Press: Oxford 1989.

[17] **Kemmerling, A.**: *Thoughts Without Parts: Frege's Doctrine.* Grazer Philosophische Studien 24, pp. 165-188: 2008.

[18] **King, J.C.**: *Complex Demonstratives as Quantifiers: Objections and Replies.* Philosophical Studies 141, pp. 209-242: 2008.

[19] **Kripke, S.**: *Frege's Theory of Sense and Reference: Some Exegetical Notes.* Theoria 74, pp. 181-218: 2008.

[20] **Künne W.**: *A Dilemma in Frege's Philosophy of Thought an Language.* Rivista di Estetica 34, pp. 95-120: 2007.

[21] **Künne W.**: *Sense, reference and Hybridity. Reflections on Kripke's Recent Reading of Frege.* Dialectica 64, pp. 529-551: 2010.

[22] **Lepore, E. and Ludwig, K.**: *The Semantics and Pragmatics of Complex Demonstratives.* Mind 109, pp. 199-240: 2000.

[23] **Neale, S.**: *Term Limits Revisited.* Philosophical Perspectives 22, pp. 375-442: 2008.

[24] **Penco, C.**: *Two Theses, Two senses.* History and Philosophy of Logic, 24 (2), pp. 87-109: 2003.

[25] **Penco, C.**: *Frege, Sense and Limited Rationality.* Modern Logic, vol. 9, Issue 19, pp. 53-65: 2003.

[26] **Penco, C.**: *Indexical as Demonstratives. A Way out of the debate between Kripke and Künne.* Grazer Philosophische Studien 88: 2013.

[27] **Penco, C.**: *Sense and Linguistic Meaning* Paradigmi 3, pp. 675-689: 2013.

[28] **Perry, J.**: *Frege on Demonstratives.* The Philosophical Review 86, pp. 479-497: 1977.

[29] **Recanati, F.**: *Reference through Mental Files: Indexicals and Definite Descriptions.* In C.Penco, F. Domaneschi (eds.) What is Said and What is Not. CSLI Publications: Stanford 2013.

[30] **Reichenbach, H.**: *Elements of Symbolic Logik.* The Free Press, New York 1947.

[31] **Russell, G.**: *True in Virtue of Meaning.* Oxford University Press: Oxford 2008.

[32] **Textor, M.**: *Frege's Theory of Hybrid Proper Names Developed and Defended.* Mind 116, 947-981: 2007.

[33] **Textor, M.**: *Frege on Sense and Reference.* Routledge: London 2011.

Author

Prof. Dr. Carlo Penco
Department of Philosophy
University of Genova
Via Balbi 4
16128 Genova, Italy
Email: penco@unige.it

Dieter Schott

Die Gottlob-Frege-Konferenz in Wismar – ein Rückblick

Zum Umfeld der Konferenz

Zunächst bestand eine wichtige Aufgabe im Vorfeld der Konferenz darin, bekannte Frege-Experten als 'Zugpferde' zu gewinnen und ein attraktives Programm für die Konferenz zusammenzustellen. Neben 5 Einladungsvorträgen wurde eine begrenzte Zahl von weiteren Vorträgen vergeben, die vom Programmkomitee aus den Bewerbungen ausgewählt wurden. Unter anderem wurde die Konferenz auch von der *Gesellschaft für Analytische Philosophie* (GAP) und der *Deutschen Vereinigung für mathematische Logik und für Grundlagenforschung der exakten Wissenschaften* (DVMLG) unterstützt. Damit trafen hier Philosophen, Logiker und Grundlagenmathematiker aufeinander. Der strenge Auswahlmodus für die Vorträge und die Begrenzung auf knapp 3 Tage führten zu einer relativ kleinen Teilnehmerzahl (37 Teilnehmer aus 10 Ländern). Dafür gab es aber ein hochkarätiges Programm.

Am Sonntag, dem 12. Mai, liefen 12 Konferenzteilnehmer bei der 27. Gottlob-Frege-Wanderung mit, die von der Hansestadt Wismar gemeinsam mit dem Wanderverband Mecklenburg-Vorpommern organisiert wurde. Auf der klassischen Wanderstrecke von Bad Kleinen nach Wismar (20 km) wurden auch einige Stätten besichtigt, die an GOTTLOB FREGE erinnern. Neu war diesmal eine in Bad Kleinen frisch gepflanzte *Linde*, deren Vorgängerin an Freges dortigem Wohnhaus in seinen philosophischen Betrachtungen über Vorstellungen und Begriffe eine Rolle spielte. Am Abend nach der Wanderung stellte CHRISTIAN FREGE aus Bad Gandersheim in einem öffentlichen Vortrag an der Hochschule die weit verzweigte Familie Frege vor. Neben dem Wissenschaftler GOTTLOB FREGE gab es u.a. einen sehr engagierten Pastor FREGE, nach dem in Berlin-Schöneberg eine Straße benannt ist. In Leipzig waren mehrere Bankiers und Unternehmer FREGE ansässig, die ihr Vermögen auch für gemeinnützige Zwecke einsetzten. Noch heute findet man dort ein FREGE-Haus und eine FREGE-Straße. ANDREAS FREGE, alias *Campino*, ist Sänger bei den 'Toten Hosen'. Er vermag heute viel mehr Leute in seinen Bann zu ziehen als sein genialer Verwandter GOTTLOB FREGE.

Das wissenschaftliche Programm wurde am Montagmorgen vom Minister für Bildung, Wissenschaft und Kultur Mecklenburg-Vorpommerns, MATHIAS BRODKORB, eröffnet, der diese Gelegenheit zum Anlass nahm, um die philosophischen Arbeiten FREGEs mit denen der antiken *Stoiker* in Verbindung zu bringen. Ein Grußwort wurde u.a. auch vom Vorsitzenden der DVMLG, Prof. BENEDIKT LÖWE (Amsterdam), überbracht (siehe Beitrag in diesem Band). Eine kleine Posterausstellung zeigte Schwerpunkte des Wirkens von FREGE und der Traditionspflege. Gegen Mittag wurden die Konferenzteilnehmer fotografiert (siehe Abb. 1).

Abb. 1: Konferenzteilnehmer im Hof des Zeughauses in Wismar

Die Konferenz stand unter dem provokanten Motto der Triade 'Frege: Freund(e) und Feind(e)'. Damit sollten sowohl die Anhänger als auch die Widersacher von FREGEs Ideen zu Wort kommen. Während der Vorträge wurden drei Hauptrichtungen in den Arbeiten von GOTTLOB FREGE angesprochen. Seine Versuche, die Mathematik logisch zu begründen, haben viel zur Grundlegung beigetragen, waren letztendlich aber nicht erfolgreich. Die zu diesem Zwecke entwickelte moderne mathematische Logik hat sich aber durchgesetzt und wird überall angewandt, nicht zuletzt auch in der maschinellen Wissensverarbeitung. Die sprachphilosophischen

Arbeiten FREGES haben zur Entwicklung der analytischen Philosophie geführt, sind auch heute noch aktuell und werden von vielen Philosophen weltweit diskutiert.

Am Montagabend wurden die Konferenzteilnehmer vom Bürgermeister der Hansestadt Wismar, Herrn THOMAS BEYER, im Rathaus empfangen. Nach anregenden Gesprächen, die die Bedeutung FREGES und die Traditionspflege zum Inhalt hatten, konnten sie zunächst dem Chor der FH Lausitz lauschen, der als Krönung die musikalische Übersetzung 'Gott lobt Frege in C-Dur' von FREGES Logik aufführte (siehe auch den Beitrag von MARIO HARZ). Danach beeindruckte der Kammerchor der Hochschule für Musik und Theater aus Rostock die Konferenzteilnehmer mit seinem hochklassigen internationalen Programm (siehe Anhang).

Am Ende der Konferenz wurde den Organisatoren herzlich gedankt. Die Konferenz fand in einer bemerkenswert fruchtbaren und aufgeschlossenen Atmosphäre statt. Die Teilnehmer waren von dem wissenschaftlichen Programm, dem Rahmenprogramm und der Aufmerksamkeit durch Vertreter der Öffentlichkeit sehr angetan. Die Organisatoren ihrerseits dankten den Sponsoren (siehe Anhang) für ihre finanzielle Unterstützung. Ohne sie wäre das großartige Ergebnis dieser Konferenz nicht möglich gewesen.

Zu den Vorträgen

Zunächst wird kurz auf die Hauptvorträge eingegangen.

Zu Beginn sprach Prof. HANS SLUGA (Berkeley) FREGES sprachanalytische Arbeiten zum Thema 'Sinn und Bedeutung' an. Ausgangspunkt von FREGES Überlegungen war die Gleichheit (Identität) in der Mathematik, die sowohl in der Form 'a=a' als auch in der Form 'a=b' auftreten kann. FREGE argumentierte, dass für den Erkenntniswert der *Sinn* von 'a=b', nämlich der damit ausgedrückte Gedanke, ebenso in Betracht kommt wie seine *Bedeutung*, nämlich sein Wahrheitswert. Im Zusammenhang damit steht auch die Frage, ob Gleichungen der Form '2+2=4' *analytische* (logisch ableitbare) oder *synthetische* Wahrheiten sind, die schon LEIBNIZ und KANT beschäftigte. Im Gegensatz zu KANT war FREGE zunächst der Überzeugung, dass sie analytisch seien. Durch das Scheitern seines logizistischen Programms wurde diese aber wieder in Frage gestellt. FREGE kehrte später zur Auffassung KANTS zurück.

Prof. WOLFGANG KÜNNE (Hamburg) würdigte in seinem *Gedenk-vortrag* den wohl bekanntesten FREGE-Kenner unserer Zeit, den Ende 2012 verstorbenen Engländer Sir MICHAEL DUMMETT. KÜNNE beschäftigte sich mit FREGES Unterscheidung von *gerader* und *ungerader Rede*. Sätze drücken nach FREGE Gedanken aus, normalerweise in direkter (gerader) Rede, oft aber auch in indirekter (ungerader) Rede. FREGE irritierte, dass man einer Feststellung oder Behauptung gelegentlich noch hinzufügte, dass sie wahr sei. Obwohl das Wort 'wahr' einen Sinn haben müsse, würde es dann zum Sinn des Satzes nichts beitragen. FREGE interpretierte Sätze des Typs 'A denkt (glaubt, vermutet,...), dass p' als Bezeichnungen von Gedanken. Im Anschluss an DUMMETT und im Gegensatz zu FREGE schlug KÜNNE vor, auch Sätze des Typs 'Es ist wahr, dass p' als Bezeichnungen von Gedanken anzusehen.

Ein weiterer öffentlicher Vortrag, den Prof. BERTRAM KIENZLE (Rostock) für den erkrankten Prof. RAINER STUHLMANN-LAIESZ (Bonn) verlas, untersuchte das Versagen der Axiomatik in FREGES Logik. Das Gesetz (Axiom) V ist danach bei genauem Hinsehen in verschiedener Hinsicht problematisch. Teil Vb führt zur bekannten RUSSELLschen *Antino-mie*. Die Klasse aller Klassen, die sich nicht selbst angehören, ist logisch widersprüchlich. Aber auch im Teil Va stecken Probleme: Die Existenz von Begriffsumfängen wird generell vorausgesetzt. Es wird angenommen, dass Werteverläufe bei (logischen) Funktionen eindeutig sind. Zudem ist nicht klar, ob Teil Va ein Identitätskriterium darstellt, das verschiedenen Begriffen denselben Umfang zuordnet.

Prof. PATRICIA BLANCHETTE (Notre Dame) sprach über die axio-matische Begründung von Theorien. Seit EUKLID hat sich die Auffassung, was Axiome sind und in welchem Verhältnis sie zu Theoremen stehen, mehrfach verändert. Obwohl FREGE den Übergang zur modernen Logik realisierte, hielt er an der alten Auffassung fest, dass die einzelnen Axiome eine feste inhaltliche Bedeutung haben müssen. HILBERT dagegen vertrat schon die moderne Auffassung von Theorien auf der Grundlage von Axio-mengeflechten, die verschieden interpretiert werden können (Formalismus). Die vergleichende Analyse beider Auffassungen gestattet es, die Vor- und Nachteile moderner Interpretationen herauszuarbeiten.

Prof. PETER SIMONS (Dublin) spekulierte in seinem Vortrag, was FREGE wohl gedacht hätte, wenn er in unserer Zeit leben würde. SIMONS schilderte, wie sich die Grundlagen weiterentwickelt haben, welchen Platz dabei die *Neo*-FREGEschen Auffassungen einnehmen und wie seine eigenen

Ideen dazu aussehen, mit denen der 'moderne FREGE' sicher teilweise nicht einverstanden gewesen wäre.

Die übrigen Vorträge boten ebenfalls viel Gesprächsstoff. Dr. DA-VID ZAPERO (Paris) ging auf den entschiedenen Kampf FREGEs gegen *psychologistische* Begründungsversuche der Logik ein, die in ihr nur einen nützlichen kognitiven Apparat zur Unterscheidung von 'wahr' und 'falsch' sahen. ZAPERO wies darauf hin, dass FREGE diese Auffassung zunächst einfach nur für falsch, später aber für völlig sinnlos hielt. FREGE sah wah-re (und falsche) Gedanken nicht als Produkte des menschlichen Gehirns, sondern in einer eigenen *dritten Welt*, die neben der physischen Welt und der psychischen Welt subjektiver Vorstellungen existiere. Nach FREGE war die Logik normativ im Sinne des '*Wahrseins*' und nicht faktisch im Sinne des '*Fürwahrhaltens*'. Andererseits vertrat der Psychologismus gar keinen absoluten Wahrheitsanspruch im Sinne FREGEs, wodurch er seiner Kritik den Boden entzog. Auch aus heutiger Sicht ist nach ZAPERO die Kritik am Psychologismus als einer Illusion vertretbar. Dabei stützte sich der Vortragende auf Überlegungen von LUDWIG WITTGENSTEIN und moderne Entwicklungen des FREGEschen Denkansatzes.

Prof. INGOLF MAX (Leipzig) stellte Auszüge aus Briefen von FREGE an WITTGENSTEIN aus den Jahren 1911 bis 1920 vor. FREGE bewunderte darin WITTGENSTEINs Fähigkeit, in Kriegszeiten ein solch grundlegendes Werk wie den '*Tractatus logico-philosophicus*' zu schreiben, bekannte aber auch, dass er schon den Sinn der ersten Thesen des Werkes nicht verstand. FREGE sah sich aber mit WITTGENSTEIN dem gemeinsamen Ringen um philosophische Einsichten 'für die Menschheit' verpflichtet.

Dr. NIKOLAY MILKOV (Paderborn) arbeitete FREGEs Verbindung zum *deutschen Idealismus* heraus. Er wandte sich gegen die Annahme, dass FREGE als Pionier der analytischen Philosophie diesen Idealismus rundweg ablehnte. Das würden nicht nur die Kontakte zu Neukantianern belegen. Es ließen sich viele Textstellen finden, die FREGE ein lebendiges Denken weit ab von der seelenlosen Mechanik logischer Schlüsse bescheinigen. Das sähe man schon an seiner intensionalen Begriffsfassung im Rahmen der Logik. Oft benutzte FREGE außerdem Vergleiche aus der Biologie. So waren Funktion und Argument organisch verbunden. Die Definitionen der Arithmetik enthielten die Ordinalzahlen so wie die Samen die daraus sprie-ßenden Pflanzen. MILKOVs Interpretation dieser 'Begriffsanleihen' schien den meisten Teilnehmern aber überzogen.

TABEA ROHR (Jena) sprach über den Einfluss von KANT auf das Denken FREGEs. FREGE machte sich während seiner akademischen Ausbildung in Vorlesungen und Selbststudien intensiv mit der Philosophie KANTs vertraut. Es gab daher im Denken viele Berührungspunkte. Das Anliegen des Vortrages war, die Kontroversen und Übereinstimmungen beider Denker neu zu bewerten. Es wurde erläutert, wie FREGEs Projekt, die Analytizität der Logik formal zu beweisen, zu verstehen ist. Ein solches Vorhaben wäre KANT völlig fremd gewesen. FREGE glaubte außerdem im Gegensatz zu KANT, dass die Arithmetik nicht auf der Anschauung beruhte. Es wurde ausgeführt, was FREGE unter nicht anschaulicher Erkenntnis verstand.

Dr. EDOARDO RIVELLO (Pisa) untersuchte die Auffassungen von PEANO und FREGE zur Funktion mathematischer *Definitionen*. Beide lebten etwa zur gleichen Zeit und wandten sich Fragen der mathematischen Logik zu. Sie korrespondierten brieflich miteinander und diskutierten ihre unterschiedlichen Auffassungen. Ausgehend von unterschiedlichen logischen Schreibweisen kämpften sie als Konkurrenten darum, durch Strenge und logische Begründung der mathematischen Praxis einen sicheren Halt zu geben. Aber durch ihre unterschiedlichen Vorgeschichten und durch unterschiedliche Motivationen kamen sie zu alternativen Lösungen.

Dr. JAN MICHEL (Münster) beleuchtete bekannte moderne Strategien, FREGEs Unterscheidung von *Sinn* und *Bedeutung* einzufangen. Im *Neodeskriptivismus* wird dazu ein zweidimensionaler Rahmen benutzt, in dem zwei verschiedene 'Dimensionen' der Bedeutung von Aussagen durch zwei verschiedene Intensionen (Funktionen) formal modelliert werden. Solche Ansätze versuchen, die sprachphilosophischen Traditionen von *Kennzeichnungstheorien* und *Theorien rigider Designationen* in Einklang zu bringen. MICHEL zeigte jedoch, dass der zweidimensionale Ansatz im Lichte der KRIPKEschen Argumente gegen Kennzeichnungstheorien generell problematisch ist.

Dr. JOACHIM BROMAND (Bonn) reflektierte FREGEs Kritik an *ontologischen Gottesbeweisen*. Geht man wie FREGE davon aus, dass Existenz keine Eigenschaft ist, so folgert das Standardargument, dass Existenz dann auch kein Merkmal des Gottesbegriffes sein könne. Gegen dieses Argument, das auch FREGE oft unterstellt wird, gibt es ernstzunehmende Einwände. BROMAND ging zunächst der Frage nach, ob FREGE seine Kritik überhaupt in diesem Sinne verstanden wissen wollte. Er zeigte außerdem, dass das Standardargument nur bestimmte Arten von Gottesbeweisen widerlegt, aber keine prinzipielle Widerlegung darstellt. BROMAND stellte schließlich auf der Grundlage von Literaturstudien eine neuartige Deutung von FREGES Kritik vor, die im Gegensatz zur Standardinterpretation im Rahmen ihrer Reichweite durchaus stichhaltig zu sein scheint.

Prof. Dr. CARLO PENCO (Genua) war zum Vortrag eingeladen, musste aber aus gesundheitlichen Gründen auf eine Teilnahme verzichten. In Absprache mit dem Programmkomitee wurde der ausgearbeitete Vortrag trotzdem in diesen Band aufgenommen.

Ein origineller Beitrag von Dr. MARIO HARZ (Cottbus) stellte eine Codierung vor, die *logische Formeln* in *Musik* in Form von Akkord-Folgen überträgt.

Autor

Prof. Dr. Dieter Schott
Gottlob-Frege-Zentrum
Hochschule Wismar
Philipp-Müller-Str.14
D-23966 Wismar
Email: dieter.schott@hs-wismar.de

Anhang — Appendix

1. Öffentliche Vorträge und Hauptvorträge

Sonntag, 12.5. 2013
Hochschule Wismar, Hörsaal 101 Hauptgebäude

18:00 - 19:00 Öffentlicher Lichtbildervortrag
Christian Frege, Bad Gandersheim
Familie und Abstammung von Prof. Gottlob Frege sowie Erinnerungen an die Frege-Ehrung 1998 in Wismar

Montag, 13.5. 2013
Zeughaus, Konferenzraum

11:15 - 12:45 Hauptvortrag A (Invited speaker)
Prof. Dr. Hans Sluga, University of California, Berkeley (USA)
Wie Frege zu Sinn und Bedeutung kam

16:30 - 18:00 Hauptvortrag B (Invited speaker), Dummett-Gedenkvortrag
Prof. Dr. Wolfgang Künne, Universität Hamburg
Von dem, was einer denkt

Dienstag, 14.5. 2013
Hochschule Wismar, Rechenzentrum, Konferenzraum

11:15 - 12:45 Hauptvortrag C (Invited speaker)
Prof. Dr. Patricia Blanchette, University of Notre Dame (USA)
Axioms in Frege

16:30 - 18:00 Hauptvortrag D (Invited speaker), Öffentlicher Vortrag
Prof. Dr. Stuhlmann-Laeisz, Universität Bonn
Die Logik - auch eine Feindin Freges?

Mittwoch, 15.5. 2013
Hochschule Wismar, Rechenzentrum, Konferenzraum

11:15 - 12:45 Hauptvortrag E (Invited speaker)
Prof. Dr. Peter Simons, Trinity College Dublin (Ireland)
Frege 2.0

2. Conference Programme

Sunday 2013-05-12

27th Frege hiking tours: Public event

9:00 Start, Meeting place: Wismar, Runde Grube
9:15 Bus transfer to the starting positions

a) Tour A: Dorf Mecklenburg (Burgwall) - Wismar Baumhaus (10 km)
b) Tour C: Bad Kleinen (Sportplatz, Frege-Haus) - Wismar, Baumhaus
(20 km), Traditional Tour following the first Frege hiking tour

16:00 End of Tour C

Evening Lecture
Venue: Hochschule Wismar, Main building 1, Lecture Hall 101

18:00 -19:00 Invited Public Powerpoint Lecture
Christian Frege, Bad Gandersheim
Familie und Abstammung von Prof. Gottlob Frege sowie Erinnerungen an
die Frege-Ehrung 1998 in Wismar

Monday 2013-05-13
Venue: Wismar, Zeughaus, Conference Room

9:15 *Registration* of participants

10:00 Welcome Addresses
Matthias Brodkorb, Secretary of Mecklenburg-Vorpommern
Michael Berkhahn, Vice Major of Wismar
Prof. Martin Wollensak, Vice Rector of Hochschule Wismar
Prof. Benedikt Löwe, President of DVMLG (German Society for Mathematical Logic and Basic Research in the Exact Sciences)
Prof. Dieter Schott, Gottlob Frege Centre of Hochschule Wismar, Chairman of Organizing Committee

10:30 Opening of *Frege poster exhibition*

10:45 Coffee Break

Chairman: **Prof. Hans-Peter Schütt** (Karlsruhe)

11:15 - 12:45, Invited Lecture A
Hans Sluga, University of California, Berkeley (USA)
Wie Frege zu Sinn und Bedeutung kam

12:45 *Photo shooting* in the inner courtyard of Zeughaus

13:00 -14:00 Lunch, Zeughaus

Session I

14:30 - 15:15, Lecture 1
David Zapero Maier, Université de Paris 1 (France)
Zwischen Fehler und Unsinn

15:15-16:00, Lecture 2
Mario Harz, Technische Universität Cottbus
Logik, Musik und Gott lobt Frege in C-Dur

16:00 - 16:30 Coffee Break

16:30 - 18:00 Invited Lecture B, Michael Dummett Memorial Lecture
Wolfgang Künne, Universität Hamburg
Von dem, was einer denkt

Evening arrangement
Location: Wismar, Market Place 1, Town Hall, Bürgerschaftssaal (Hall of Citizens)

19:00 - 19:45 Official Reception
Thomas Beyer, Major of Hanseatic Town Wismar
Welcome Address Meeting with finger food and drinks

19:45 - 20:00 Choral Concert
Pop Choir of Hochschule Lausitz
Conductor Poller
Gott lobt Frege in C-Dur, musical transformation of Frege's Logic

20:00 - 20:45 Choral Concert (see also Choral Programme)
Chamber Choir "Vocalisti Rostochienses"
University for Music and Theatre Rostock
Conductress Prof. Gatz

Tuesday 2013-05-14
Venue: Hochschule Wismar, Computer Centre, Conference Room
Chairman: **Prof. Niko Strobach** (Münster)

Session II

9:15 - 10:00, Lecture 3
Ingolf Max, Universität Leipzig
Wieso Frege nicht über das Lesen der ersten Sätze von Wittgensteins Logisch-philosophischer Abhandlung hinaus kam

10:00 - 10:45, Lecture 4
Nikolay Milkov, Universität Paderborn
Frege and the Philosophy of German Idealism

10:45 - 11:15 Coffee Break

11:15 - 12:45, Invited Lecture C
Patricia Blanchette, University of Notre Dame (USA)
Axioms in Frege

12:45 - 14:30 Lunch, canteen of Hochschule Wismar

Session III

14:30 - 15:15, Lecture 5
Tabea Rohr, Universität Jena
Allgemeinheit der Logik versus logische Allgemeinheit
bzw. *Kant: Freges Freund oder Freges Feind?* (ursprünglicher Titel)

15:15 - 15:45, Lecture 6
Joachim Bromand, Universität Bonn
Frege über die Existenz und den ontologischen Gottesbeweis

16:00 - 16:30 Coffee Break

Venue: Hochschule Wismar, Main building 1, Lecture Hall 301

16:30 - 18:00, Invited Lecture D, Public Lecture
Rainer Stuhlmann-Laeisz, Universität Bonn
Die Logik - auch eine Feindin Freges?

Evening arrangement
Location: Wismar, Market Place, Restaurant Reuterhaus
19:00 - 21:00 Conference Dinner

Wednesday 2013-05-15
Venue: Hochschule Wismar, Computer Centre, Conference Room
Chairman: **Prof. Bertram Kienzle** (Rostock)

Session IV

9:15 - 10:00, Lecture 7
Jan Michel, Universität Münster
Der von Frege inspirierte Neodeskriptivismus und seine Probleme

10:00 - 10:45, Lecture 8
Edoardo Rivello, University of Turin (Italy)
Frege and Peano on definitions

10:45 - 11:15 Coffee Break

11:15 - 12:45, Invited Lecture E
Peter Simons, Trinity College Dublin (Ireland)
Frege 2.0

12:45 - 13:00 Closing Ceremony

3. Zusammenfassung

Vortragsliste

- CHRISTIAN FREGE, Bad Gandersheim, Nachfahre von GOTTLOB FREGE: Familie und Abstammung von Prof. Gottlob Frege sowie Erinnerungen an die Frege-Ehrung 1998 in Wismar (öffentliche Veranstaltung).

- HANS-DIETER SLUGA, University of California, Berkeley (USA): Wie Frege zu Sinn und Bedeutung kam.

- DAVID ZAPERO-MAIER, Université de Paris 1: Zwischen Fehler und Unsinn

- MARIO HARZ, Technische Universität Cottbus: Logik, Musik und Gott lobt Frege in C-Dur

- WOLFGANG KÜNNE, Universität Hamburg: Von dem, was einer denkt (Dummett-Gedenkvortrag).

- INGOLF MAX, Universität Leipzig: Wieso Frege nicht über das Lesen der ersten Sätze von Wittgensteins Logisch-philosophischer Abhandlung hinaus kam.

- NIKOLAY MILKOV, Universität Paderborn: Frege and the Philosophy of German Idealism

- PATRICIA BLANCHETTE, University of Notre Dame (USA): Axioms in Frege

- TABEA ROHR, Universität Jena: Allgemeinheit der Logik versus logische Allgemeinheit

- JOACHIM BROMAND, Universität Bonn: Frege über die Existenz und den ontologischen Gottesbeweis

- RAINER STUHLMANN-LAEISZ, Universität Bonn: Die Logik - auch eine Feindin Freges? (wegen Erkrankung vorgetragen von BERTRAM KIENZLE, Universität Rostock)

- JAN MICHEL, Universität Münster: Der von Frege inspirierte Neodeskriptivismus und seine Probleme.

- EDOARDO RIVELLO, University of Turin: Frege and Peano - On definitions.

- PETER SIMONS, Trinity College Dublin: Frege 2.0

Veranstalter: Gottlob-Frege-Zentrum der Hochschule Wismar in Zusammenarbeit mit dem Lehrstuhl für Philosophie der Universität Rostock

Organisationskomitee

- Prof. Dr. rer. nat. habil. DIETER SCHOTT (Wismar), Gottlob-Frege-Zentrum, Vorsitzender

- Prof. Dr.-Ing. UWE LÄMMEL (Wismar), Leiter des Gottlob-Frege-Zentrums

- Prof. Dr. rer. nat. Dr.-Ing. habil. ANDREAS KOSSOW (Wismar), Gottlob-Frege-Zentrum

- Dr. rer. nat. GABRIELE SAUERBIER (Wismar), stellv. Leiter des Gottlob-Frege-Zentrums

- THOMAS LANGEMANN (Wismar), Firma Click Solutions

Programmkomitee

- Prof. Dr. phil. habil. BERTRAM KIENZLE (Rostock), Vorsitzender

- Prof. Dr. phil. habil. NIKO STROBACH (Münster)

- Prof. Dr. phil. habil. HANS-PETER SCHÜTT (Karlsruhe)

- Prof. Dr. rer. nat. habil. BENEDIKT LÖWE (Amsterdam/Hamburg), Vorsitzender der DVMLG

- Prof. Dr. phil. habil. VOLKER PECKHAUS (Paderborn), stellv. Vorsitzender der DVMLG

- Prof. Dr. rer. nat. habil. DIETER SCHOTT (Wismar), Vertreter des Organisationskomitees

Sponsoren

- Hansestadt Wismar

- Fakultät für Ingenieurwissenschaften der Hochschule Wismar

- Fakultät für Wirtschaftswissenschaften der Hochschule Wismar

- Philosophische Fakultät der Universität Rostock

4. Chorprogramm

Kammerchor "Vocalisti Rostochienses"
Hochschule für Musik und Theater Rostock
Leitung: Prof. Dagmar Gatz

Heinrich Schütz (1585 - 1672)
Gib unsern Fürsten
Motette aus 'Geistliche Chormusik 1648'

Albert Becker (1834 - 1899)
Lobet den Herrn, op. 32, 1
Psalm 147 für 8-stimmigen Chor a cappella

Benjamin Britten (1913 - 1976)
A Hymn to the Virgin

Vytautas Miškinis (* 1954)
O salutaris hostia

Fanny Hensel (1805 - 1847)
aus 'Gartenlieder', op. 3
Morgengruß
Abendlich schon rauscht der Wald

Rubén Uquillas (Ecuador)
Ojos Azules
Choral version: Gerardo Guevara

Helmut Barbe (*1927), Satz
Es waren zwei Königskinder

Hugo Distler (1908 -1942)
Aus: Neues Chorliederbuch
Minnelieder II: *Schlaf, mein Liebchen*

Minnelieder I : *Im Maien*

Paul Mealor (*1975)
From four Madrigals on Rose Texts
Now sleeps the Crimson Petal

Emil Råberg
The Tyger (2009)

Eric Whitacre (*1970)
Her sacred spirit soars

Bildnachweis

Die Fotos der Abbildungen dieses Bandes sind im Besitz des Gottlob-Frege-Zentrums der Hochschule Wismar.